NEW 주방관리론

cuisine management argument

황춘기 / 나영아 / 김덕한 / 김현덕 / 안 홍 / 양신철 / 이재진
정수식 / 정진우 / 하대중

Cooking

a Cooking

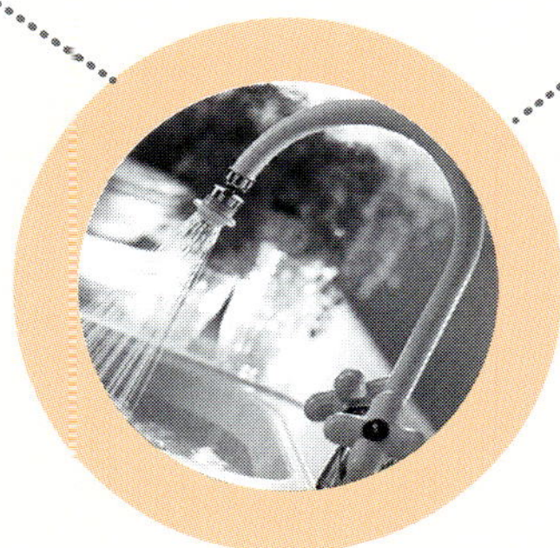

kitchen

지구문화사
JIGU PUBLISHING Co.

머리말

주방은 최고의 생산능력으로 최상의 음식상품을 생산하여 고객에게 높은 품질의 음식과 최고의 서비스를 제공하는 곳으로, 고객의 다양한 욕구, 취향 및 기호에 대응하기 의해서는 잘 설계되고 관리되어야 합니다.

잘 구성된 운영시스템과 공학적으로 설계된 공간배치와 동선, 적절한 시설장비와 훈련된 조리사, 적절하게 준비된 식재료, 위생적인 설비 등에 의해 음식의 품질과 서비스가 결정되고 이는 고객의 만족을 이끌어 냅니다.

외식기업의 운영과 관리의 가장 중심부에는 주방이 있으며 주방은 외식기업 활동의 근간을 이루며 품질과 경영효율성을 좌우해 외식기업성공의 성패를 좌우하는 아주 중요한 곳입니다.

이 책은 전체가 4장으로 구성되어 있습니다. 이론적인 면보다 실제적인 면에 주력하여 전체적인 내용의 흐름을 구성하였습니다. 주방의 개요와 업무, 주방경영, 시설관리와 장비관리, 인체공학적인 설계와 공간분석, 배치 등의 순으로 이루어져 있습니다.

호텔외식 · 외식관련 학과 학생들에게 주방을 이해하고 주방관리를 배우는 데 도움을 주며 조리외식산업현장 실무자들에게는 전공서적 및 지침서로 활용될 수 있도록 하기 위해 미흡하지만 다양하고 실제적인 내용을 담고자 노력하였습니다.

주방에서 보낸 시간이 벌써 30년이 다 되어 가고 있습니다. 그 동안 보고 배우고 느낀 것들을 틈틈이 모아놓은 자료들을 정리하여 책으로 만들어 놓고 보니 미흡하다는 생각에 기대보다 두려움이 큽니다. 앞으로 더 많은 연구와 노력으로 더 좋은 내용의 책이 나올 수 있도록 노력하겠습니다.

아울러서 이 책이 출간될 스 있도록 많은 도움을 주신 선·후배 여러분께 진심으로 깊은 감사를 드립니다.

갑오년 새봄에

황 춘 기

차 례

Part 1 주방개론

Part 2 주방경영관리

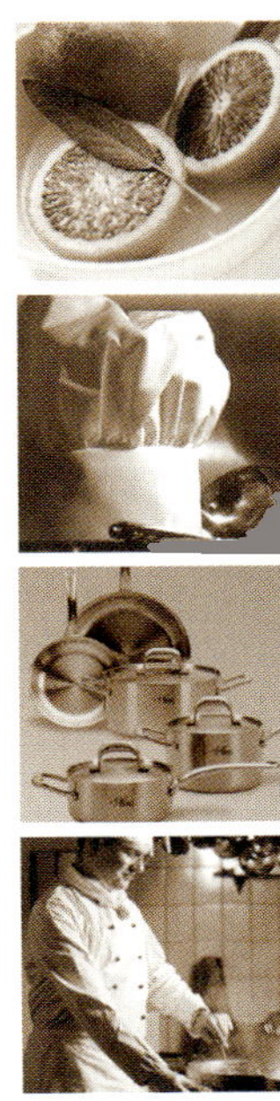

차 례

PART 4 주방시설의 설계와 배치

PART 1

주방 개론

CHAPTER 1

주방의 일반적 개요

제1절 주방의 개념

1. 주방의 정의

외식업소는 고객에게 상품을 제공하기 위한 공간으로 크게 식당과 주방으로 구성된다. 고객에게 제공되는 식음료 상품을 만드는 공간이자, 식음료 상품의 질을 결정하는 공간인 주방은 의식업소에서 고객에게 제공하는 상품 중 대부분의 유형적인 상품을 생산하는 공간이다. 이처럼 주방은 외식업소의 상품에 결정적인 영향을 미친다.

식당을 방문하는 고객은 그 식당의 이미지와 본인의 과거 경험 등으로부터 그 식당에 대한 기대가치를 갖고 있다. 식당은 고객의 기대가치를 충족시켜서 고객에게 만족감을 주어야 한다. 그럼으로써 만족을 느낀 고객은 재구매를 통해 식당의 단골 고객이 된다. 식당에서 고객의 기대가치 중 가장 많은 부분을 충족시켜 줄 수 있는 곳이 바로 음식상품을 생산하고 맛을 좌우하는 주방이다.

주방의 합리적이고 능률적인 배치와 주방기기류, 설비 등의 운용관리는 꼭 필요하며, 언제나 고객의 욕구를 충족시킬 준비가 되어 있어야 한다. 인력난과 생산성 저하, 그리고 생산 활동 개선은 외식업계의 주요 연구과제이다. 따라서 주방의 관리와 시설 및 기기류의 과학적인 운영관리는 식당 경영의 필수적인 요건이자, 식당 경영 성공의 열쇠가 되었다. 최근에는 급속한 주방기기의 발전으로 식품의 가공, 조리, 포장, 저장 등의 대량생산과 관리가 가능해졌다.

이와 같은 기술혁신은 긍정적으로 고객만족을 통한 외식기업의 지속적인 발전과 성장에 도움이 되고 있다. 또한 외식기업의 효율성 증대를 위한 표준화 · 간편화 · 전문화는 주방 시스템 개선의 새로운 전략으로 떠오르고 있다.

주방시설 및 기기의 기술혁신은 시계열을 통해 시간을 경영할 수 있도록 하였으며, 음식의 품질뿐만 아니라 생산원가를 줄이고 가격경쟁과 서비스에서 좋은 기대효과를 얻을 수 있게 한다.

주방은 조리책임자를 중심으로 일정한 자격을 갖춘 조리사가 조리량 목표(Standard Recipe)에 의해 식용이 가능한 재료를 위생적으로 조리기구나 장비를 이용해 화학적 · 물리적 및 기능적 방법을 통해, 조리 상품을 만들 수 있도록 각종 조리기구 및 식재료의 저장시설을 준비한 장소라고 할 수 있다.

주방은 서비스 특성상 생산과 소비가 동시에 이루어질 수 있는 상황변수가 많은 독특한 공간, 조리기능과 판매기능 · 서비스기능의 복합적 시스템이 함께 어우러지는 외식업소의 경영성과에 가장 중요한 역할을 하는 공간이다.

식당 경영에서 주방이 차지하는 비중은 매우 크다. 조리기술 축적과 생산 공장의 기능인 생산관리와 유 · 무형의 품질관리가 필요하고, 서비스관리 · 위생관리 · 원가관리 · 시설관리 등이 필요한 곳이다. 때문에 주방의 효율적인 관리를 위해서 전문적인 경영기법을 적용하여 고객의 만족과 경영자의 만족, 그리고 종업원의 만족을 동시에 이룰 수 있어야 한다.

2. 주방 발전의 역사적 배경

(1) 고대시대의 주방

불의 사용은 사람의 식생활에 큰 전환점이 되었다. 인류가 불을 발견하여 이용함으로써 음식을 익혀 먹게 되었고, 이는 소화흡수율을 높여 주었으며, 맛을 좋게 하였고, 위생적인 살균처리와 함께 유독성분이 불활성화된 음식을 섭취하게 해주었다.

원시적인 가열조리는 무조건 불에 굽거나 익히는 것이었으나, 신석기시대 이후 토기를 제작하면서 이를 조리도구로 사용해 식재료를 삶거나 찌고, 볶는 등 다양한 조리법이 개발되어 사람들의 식생활은 풍요로워지게 되었다.

인간의 역사는 음식과 더불어 살아온 역사이다. 고대에는 가족이나 씨족들의 생존을 위해 음식을 만들었다. 하지만, 사회가 복잡해지면서 사람들이 모이게 되고 여행을 시작하면서 많은 사람들이 음식을 나누어 먹게 되었으며, 이로 인해 식당이 생겨나기 시작했고 아울러 주방도 생기게 되었을거라고 추정한다.

고대 유적에서 외식산업의 증거들이 많이 발견되고 있다. B.C. 10000년에 이미 덴마크에서 살던 종족과 오크니 섬에서는 많은 사람들이 주방에서 조리와 식사를 함께 하였다는 증거가 있으며, B.C. 5000년경 스위스 호수에 살던 사람들이 단체로 식사 했던 기록이 남아있다.

고대 이집트의 무덤과 사원의 벽화를 통해 음식의 준비와 서비스가 존재하였음을 알 수 있으며, 중국에서도 기원전부터 여행자들이 여관에서 식사를 하였다는 자료들이 남아있다. 또한 파키스탄에서 발굴된 고대 모헨조다로 유적에서는 당시 사람들이 많은 양의 음식을 준비할 수 있는 석조 오븐과 스토브가 설치된 식당과 같은 곳에서 음식을 만들고 먹었음을 나타내는 흔적이 발견되었다.

또한 구약 성경에도 급식에 대한 기록이 많이 나타나 있다. 솔로몬의 잔치에 대한 기록이 있으며, 앗시리아의 조리경연대회(Culinary Olympics) 개최 기록도 있다. 로마시대에도 많은 레스토랑들이 운영되었다. 폼페이 유적의 레스토랑 주방에는 현재 사용 중인 것과 유사한 오븐이 사용됐으며 다른 조리기구들 역시 다량 발견되었다.

(2) 중세시대의 주방

중세시대는 여행을 통제하던 시대로 대중적인 문화가 없어짐에 따라 이른바 암흑시대로 불렸다. 이 때는 극소수의 레스토랑이 있었으며, 수도원을 중심으로 식당들이 나타나기 시작하였다. 중세 암흑 시대가 지나고 르네상스 시대가 시작되면서 부터는 길드(Guilds)들이 대량으로 음식을 준비하여 판매하기 시작했다. 길드에서는 전문 조리장이 체계적으로 조리사를 가르치는 전문적인 조리교육도 시작하였다.

르네상스 시대에는 프랑스를 중심으로 많은 조리기술이 개발되었고 아울러 조리기구도 많이 발전하였다. 나이프와 포크 및 스푼을 사용하게 된 시기도 이 때이다. 조리학교도 설립되었고 귀족을 중심으로 식문화가 발전하였다.

1800년대부터 1900년대 초반까지 '앙트완느 카렘'과 '오귀스트 에스꼬피에'는 요리 발전에 많은 기여를 하였다. 이들은 식사 코스의 개념을 처음으로 도입하였으며, 프랑스요리의 각종 소스를 개발하였다. '에스꼬피에'는 프랑스요리를 현대 과학의 발전에 맞게 요리의 체계를 분류하고 간소화하였으며, 조리사들의 주방 조직과 직무에 대한 세세한 분류도 처음으로 시도하였다.

주방의 위생개념 역시 체계적으로 도입하여 위생관리지침을 만들었다. 오늘날 사용하고 있는 주방 시스템의 창시자도 당시 인물인 '에스꼬피에'이며, 그는 음식의 대량생산이 가능하게 시스템을 만들기도 하였다.

(3) 현대적 의미의 주방 출현

고대에서 중세까지 요리는 왕과 귀족을 중심으로 발전하였다. 18세기 말에 들어서면서 상류계층을 중심으로 대중들을 위한 본격적인 레스토랑이 출현하였다. 산업혁명이 발발하여 사업가 · 상인 · 금융업자 · 제조업자들이 유럽사회를 지배하면서 고급요리에 대한 시장이 커졌으며, 이 때부터 중산계급 등 일반대중을 대상으로 하는 식당이 많이 생기면서 현대적 외식산업이 시작되었고, 넓은 시장을 기반으로 한 외식산업이 급속도로 발전하였다.

1600년경 프랑스에 최초의 카페가 출현하여 유럽 전역으로 확산되었다. 이는 훗날 레스토랑의 시초가 되었다. 1760년 '몽블랑게'라는 카페에서 식사를 판매하기 시작하였고, 길드와의 재판에서 이긴 후에 레스토랑이라고 불리는 카페들이 많이 생겨나기 시작했고 이는 현대적 레스토랑의 기원이 되었다.

레스토랑 사업은 프랑스 혁명 이후(1789)에 전 유럽으로 확산되었다. 외식이 본격적으로 산업화하기 시작한 것은 제1차 세계대전 이후에 근로자의 가처분소득이 증가하면서 레스토랑과 카페테리아가 기하급수적으로 늘어나고, 공장 · 학교 · 병원 등에서 단체급식이 시작되면서 부터이다.

미국의 발전과 더불어 호텔이 출현하였고, 호텔에서 고급요리들을 판매하기 시작하며 외식산업을 주도해 나가기 시작했다. 호텔의 레스토랑이 유명해지면서 호텔의 식당들이 체인 상태로 호텔 밖으로 나왔고, 그것이 체인 레스토랑의 효시가 되었다.

20세기에 접어들면서 공장 · 학교 · 병원 · 기타 상업지역에서 많은 사람이 식사를 하게 되면서 대중적인 레스토랑이 번성하였다. 또한 제2차 세계대전 이후 단체

급식과 패스트푸드가 급성장하기 시작하였다. 1950년대에는 본격적으로 싼 가격과 신속한 서비스로 패스트푸드가 대중의 인기를 얻었으며, 대량판매와 한정된 메뉴로 합리적이고 간편한 운영을 하였다. 주방 시스템도 효율성 강조와 대량생산으로 비용절감이 이루어졌다.

3. 주방기구의 발전

조리기구의 역사는 인류가 음식을 익혀 먹으면서 시작되었다고 할 수 있다. 사냥을 하고 곡식을 재배하면서 공동생활이 시작되었고, 여러 사람들이 먹을 음식을 조리하기 위하여 조리기구들이 생겨나게 되었을 것이다. 처음에는 자연 상태에서 구할 수 있었던 기구들을 이용하여 음식을 익혀 먹다가 커다란 나뭇잎 같은 것에 곡류를 싸서 땅에 묻고 그 위에 불을 피워서 음식을 익혔으며, 막대로 꼬치를 만들어서 불에 고기를 굽거나 넓은 돌을 이용하여 굽기도 하고, 둥근 돌을 뜨겁게 달구어서 짐승의 배 속에 넣고 사용했으리라고 추측된다.

그 후 조금씩 사회가 발전하면서 질그릇을 이용한 국물이 있는 음식이 생겨났다. 청동기와 철기시대를 거치며 금속류의 주방기구와 장비들이 만들어져 대량으로 음식을 끓이거나 구울 수 있게 되었다. 연료는 주로 자연 상태에서 구할 수 있는 나무나 숯 또는 동물의 기름 등을 이용하였다.

주방기구가 발전하는 것은 주변산업의 발전과 그 맥을 함께 하고 있다. 석기시대에는 주로 돌이나 질그릇 등이 주방기구의 주를 이루었고, 철기시대는 철제석쇠와 무쇠 솥 및 번철 등 금속류의 주방기구들이 생겨났으며, 전기가 발명된 후로는 전기를 이용한 냉장고나 열기구 등이 생겨났다.

고대의 유적을 통해 보면 주방기구에 대한 발전과정을 엿볼 수 있다. 고대 그리스 로마시대의 벽화는 조리장면이 조금씩 나타나 있으며, 폼페이 유적에서는 철제석쇠나 조리기구들과 현재에도 사용할 수 있을 것 같은 정교한 벽돌로 만든, 직화 오븐이나 스토브 등을 볼 수 있다. 로마의 대형 목욕탕 유적에도 식당과 주방과 관련된 유적들이 남아 있다.

그 후 중세 암흑기를 거치고 산업혁명이 일어나면서 외식산업이 발전하였고, 이에 따라 식당에 대한 사회적 요구가 커지게 되었다. 외식산업이 대량화되고, 조리용 기구와 장비가 눈부시게 발전하였다.

19세기 말에는 전기 시설과 냉장기능 및 가스시설을 갖춘 현대식 주방이 등장하였다. 특히 전기의 발명으로 조리기구와 장비의 발전이 획기적으로 이루어졌으며, 아울러 외식산업의 조리방법 등에서도 획기적인 변화와 대량생산이 가능하게 되었다. 또한, 전기를 이용한 냉장 · 냉동 장비와 동력을 이용한 각종 장비, 열기구들이 등장하였다.

최근에는 가스를 열원으로 하는 각종 열기구와 스팀기구, 마이크로웨이브를 이용한 기구와 적외선을 이용한 기구들, 컴퓨터를 내장한 정교한 조리기구들, 영하 60℃ 이하로 급속 동결이 가능한 기구와 진공을 이용한 기구 등, 다양한 형태의 조리기구와 장비들이 인체공학을 기초로 제작되고 있다. 조리기구, 장비의 발전과 더불어 조리방법과 기술의 발전이 동시에 이루어지고 있다.

제2절 주방의 유형

1. 형태별 분류

(1) 기본형 주방

소규모의 주방형태로 메뉴수도 적고 생산공정이 간단한 식당에 적합한 형태이다. 구매된 식재료를 검수 · 저장 · 조리준비 · 조리 · 서비스 하는 전 공정이 동일한 장소에서 이루어지는 주방 형태로, 오염구역과 비오염구역의 구분이 어렵고 조리업무를 세분화 하여 분업하기가 어렵다. 능률이나 효율성 및 기술축적 등에 어려움이 있는 주방형태로 소규모의 레스토랑에 적합하다.

편의형 주방	기본형 주방	혼합형 주방	분리형 주방
세척 공간	저장고	저장고	저장고
마무리 공간	전처리 공간	전처리 공간	전처리 공간
저장고	세척 공간	준비 주방	세척 공간
	마무리 공간	세척 공간	준비 주방
		간이 저장고	간이 저장고
		마무리 공간	제과, 콜드키친
			부처, 핫키친
			보조 주방

그림 1-1 주방의 기능적인 형태

(2) 편의형 주방

기본형 주방형태보다 더 간편한 주방으로, 간이형 주방형태이다. 완전 혹은 반가공된 식재료를 사용하는 주방으로, 간이형 저장 공간과 마무리 업무 공간만 있는 소규모 간이형 주방에 적합한 주방 형태이다.

(3) 혼합형 주방

전통적이고 규모가 작은 주방 공간에서, 작업량이 늘어나고 관리의 효율화가 필요함에 따라 나타난 주방형태이다. 메뉴와 종사원의 직무가 어느 정도 전문화되어 연속적으로 작업이 이루어지는 곳에 적합하다.

혼합형 주방은 작업 전처리 공간, 세척 공간, 저장 공간, 조리완성 공간으로 나뉜다. 보통 오염구역과 비오염구역으로 구분하며, 오염구역은 저장 공간 · 작업 전처리 공간 · 세척 공간으로 구분하고, 비오염구역은 간이 저장시설과 조리완성 공간 및 서비스 공간으로 구분한다.

전통적인 주방형태로 생산과 판매가 한 곳에서 이루어지며 비용을 최소화할 수 있다. 생산 후 판매까지의 시간이 짧으므로 질적으로 우수한 음식을 고객에게 제공할 수 있으며, 상황에 적합한 메뉴로 변경이 쉽고 식품구입비를 절약할 수 있다.

하지만 음식생산에 필요한 각종 설비나 주방 장비를 구입해야 하므로 투자비가 많이 들며, 주방 장비의 이용률이 비효율적인 것이 단점이다. 또한 전문화의 부족으로 숙련된 조리사의 비율을 높여야 하므로 인건비가 올라간다. 작업이 비효율적으로 이루어져서 생산성이 떨어질 가능성이 있다.

(4) 분리형 주방

메인 주방(Main kitchen) 혹은 중심지원 주방(Centeral kitchen)이라고도 불리며 기초적인 준비작업 혹은 반제품, 완제품을 생산하는 조리업무를 수행하는 주방 공간과 마무리 조리업무를 하는 공간이 분리된 형태의 주방이다.

각 부분별 조리공정이 고도로 전문화되었으며 업무가 기능적으로 구분되어 있다. 기능적으로 유사한 공정을 동일공간에 배열함으로써 위생적이고 효율적으로 관리할 수 있으며, 분업화되어 전문적 기술 축적과 대량생산에 적합한 주방형태이다.

오염구역과 비오염구역을 확실히 구분할 수 있다. 저장공간, 전처리 공간, 준비 공간, 세척 공간, 제과 · 제빵 공간, 냉장조리 공간, 육류 공간, 온요리 공간, 완성 공간 등을 분리할 수 있다. 이는 체인 레스토랑의 모체 주방이나 대형 호텔의 메인 주방 등 대규모 주방에 적합한 형태이다.

2. 기능별 분류

(1) 중심지원 주방(Main kitchen, Centeral kitchen)

중심지원 주방은 대형 호텔이나 외식체인 레스토랑의 단위 영업장에 필요한 식자재를 생산 · 공급하는 주방이다. 일반적으로 서양식 조리 부문에서 채택하고 있는 주방의 조직 형태로, 동일 부문에 여러 개의 주방을 가지고 있으며, 기초적인 준비작업과 반제품 혹은 완제품을 생산하여 각 단위 주방에 제공하며 단순화 · 표준화 · 전문화가 용이하다.

기능별로 온요리, 냉요리, 육류, 제과 · 제빵을 생산한다.

[중심지원 주방 설치의 장점]

- 효율적인 생산관리가 가능하다.
- 전문화 · 표준화가 쉬워서 품질관리가 용이하다.
- 비용절감이 용이하다.
- 신규 메뉴개발이 용이하다.
- 분업화로 인건비가 절감된다.
- 대량구입으로 식재료비가 절감된다.

1) 온요리 주방(Hot kitchen or Production kitchen)

온요리 주방은 중심지원 주방 가운데서도 가장 중심이 되는 주방으로, 육수 · 각종 소스 · 수프 · 야채 등의 온요리를 만들어서 각 영업 주방에 지원해 주는 주방이다. 넓은 공간에 각종 장비와 대형 저장시설을 갖추고 있으며, 온요리를 만드는 데 필요한 장비들을 갖추고 있다.

roasting, poaching, braising, boiling, blanching, steaming, deep fat frying, sauteing, baking, broiling, grilling 등의 조리방법을 사용하여 각종 제품을 만들어서 각 단위 주방에 제공한다. 체인 레스토랑의 본 주방에서는 순수한 의미의 중심지원 주방(Centeral kitchen)을 운영하지만, 호텔 등에서는 메인 주방(Main kitchen) 기능과 연회 주방 기능들을 동시에 사용하는 곳이 많다.

[기본 조리 방법]

① 구이(Broiling) : 석쇠 위쪽에 열원이 있는 Over Heat 방식이다.

② 석쇠구이(Grilling) : Under Heat 방식으로 훈연의 향을 돋울 수 있는 장점과 석쇠의 온도 조절이 용이하다.

③ 로스팅(Roasting) : 오븐(Oven) 굽기 정도로 보면 된다. 이것은 육류나 가금류 등을 통째 혹은 큰 덩어리를 오븐 속에 넣어 굽는 방법으로, 뚜껑을 덮지 않고 조리한다.

④ 굽기(Baking) : 오븐 안에서 건조 열로 굽는 방법으로 Bread류, Tart류, Pie류, Cake류 등 빵집에서 많이 사용된다.

⑤ 소테(Sauteing) : 전도열에 의한 대표적인 조리방법으로 얇은 Saute pan이나 Fry pan에 butter혹은 oil을 넣고 채소나 잘게 썬 고기류 등을 200℃ 정도의 고온에서 살짝 볶는 방법이다.

⑥ 팬 후라이(Pan frying) : 팬 후라이는 소테와 동일하나 조리시작 때의 표면 온도는 소테보다 비교적 낮으며 조리시간도 길다. 팬 후라이를 할 때 연기가 날 정도는 아니라도 충분히 예열이 되어 있어야 한다. 그 이유는 조리할 재료에 필요 이상으로 기름이 스며드는 것을 막아야 하기 때문이고 낮은 온도에서 시작하면 완성되었을 대 요리의 질감이 떨어지기 때문이다. 팬 후라잉을 시작하는 온도는 소테보다 조금 낮은 170℃~220℃가 적합하다.

⑦ 튀김(Deep-frying) : 튀김은 건식열 조리방법에서 기름의 대류원리를 이용하는 대표적인 조리로 기름에 음식물을 튀기는 방법이다. 튀김온도는 수분이 많은 채소일수록 비교적 저온으로 하며 생선류, 육류의 순으로 고온 처리한다.

[습식열 조리방법]

① 삶기(Poaching) : 삶기는 액체온도가 재료에 전달되는 전도 형식의 습식열 조리방법이다. 삶기는 달걀이나 단백질 식품들을 비등점 이하의 온도(65℃~92℃)에서 끓고 있는 물, 혹은 액체 속에 담가 익히는 방법인데 그 이유는 낮은 온도에서 조리함으로써 단백질 식품의 건조하고 딱딱해짐을 방지하고 부드러움을 살릴 수 있기 때문이다. 적은양의 야채스톡이나, 닭육수, 생선육수, 백포도주를 사용하여 생선류나 가금류를 요리하는데 액체의 양은 내용물의 1/2 이하로 넣고 조리하는 것이 좋다.

② 은근히 끓이기(Simmering) : 은근히 끓이기는 낮은 불에서 대류현상을 유지하지만 재료가 흐트러지지 않도록 조심스럽게 끓이는 것을 의미한다.

③ 증기찜(Steaming)

④ 끓이기(Boiling)

⑤ 데침(Blanching) : 데침은 짧은 시간에 재빨리 재료를 익혀내기 위한 목적으로 사용되는 조리법으로 적은 양의 식재료를 많은 양의 물 또는 기름 속에 집어넣어 짧게 조리한다.

⑥ 글레이징(Glazing) : 설탕이나 버터, 육즙 등을 농축시켜 음식에 코팅시키는 조리방법이다.

⑦ 브레이징(Braising) : 브레이징은 서양요리의 건식열과 습식열 두 가지 방식을 이용한 대표적인 조리방법으로 우리나라의 찜과 비슷한 조리법이다.

⑧ 스튜(Stewing)

⑨ 쁘왈레(Poeler) : 팬(pan)속에 재료를 넣고 뚜껑을 덮은 다음, 오븐 속에서 온도를 조절해 가면서 조리하는 방법이다.

2) 냉요리 주방(Cold kitchen)

냉요리를 생산하는 주방으로, 가드망제(Garde de manger)라고도 한다. 냉요리 주방은 모든 음식을 차게 하여 제공하는 곳이기 때문에 다른 주방보다 위생에 취약하므로 특히 위생과 청결에 많은 주의를 요한다. 또 섬세한 작업이 많으므로 조명도 다른 주방보다 더 밝아야 하며, 작업대 높이도 적절하게 조정되어야 한다. 냉요리는 시각적 요소가 가장 중요하므로 음식의 모양과 색상 및 조화를 유념해야 한다.

냉요리를 담당하는 주방은 과일 · 야채 · 어류 및 육류와 가금류 등의 식재료를 이용하여 찬 상태의 음식을 만들어 각 영업 주방이나 파티에 제공한다. 냉요리주방의 주요업무는 냉 전체요리(Cold Appetizer), 각종 샌드위치(sandwich), 냉소스(cold sauce), 냉 수프(cold soup), 각종 샐러드(salad), 테린(terrine), 빠테(pate), 갈라틴(galantine) 등을 만들어 각 영업장에 공급하는 것이다. 과거 냉요리 주방에 얼음조각 담당자가 있는 곳이 많이 있었으나, 현재는 대부분의 얼음조각을 외부 전문업체에서 구입해서 쓴다.

3) 어육가공 주방(butcher kitchen)

부처(butcher)는 고기 잡는 사람을 뜻하며 푸줏간을 의미하기도 한다. 부처 주방의 주요업무는 각종 어패류, 가금류, 육류를 숙성과 연화시킨다. 또 햄이나 소시지 및 훈제제품 등을 만들고, 각 업장에서 주문한 방법에 따라 부위별 모양과 중량 및 형태별로 크기를 조절하거나 적당량씩 재단하여 각 단위 영업장에 제공한다. 세부적인 업무는 외식 업체별로 조금씩 다르다.

육류는 시장상황이 불안정할 때를 대비하여 양질의 재료를 비축해야 하고, 숙성에도 약 1개월 정도의 기간이 필요하기 때문에 대형 냉장 · 냉동 저장고가 필요하다.

4) 제과 · 제빵 주방(pastry & bakery)

제과와 제빵은 서로 구분된다. 제빵은 밀가루(강력분)와 이스트 혹은 버터 등을 사용해 빵을 만들며, 숙성을 거쳐 뜨거운 상태에서 제품이 생산되므로 주방 온도가 제과보다 조금 더 높게 유지되어야 한다.

제과는 케이크 · 초콜릿 · 쿠키 · 파이 등 디저트 제품을 만드는 작업이다. 아름다운 장식을 위한 섬세한 작업이 많으며, 크림 같은 종류는 주방의 온도가 높으면 안 되기 때문에 제빵 주방보다 온도가 낮아야 한다.

각 영업장이나 연회행사 등에 필요한 다양한 빵과 케이크 및 생과자 등을 만들어 제공하는 주방으로, 보통 독립적인 판매 공간을 확보하여 주방에서 만들어 낸 각종 제과 · 제빵류의 제품을 고객에게 직접 판매하기도 한다.

(2) 영업 주방(bussines kitchen)

영업 주방은 중심지원 주방에서 만들어진 완제품, 반제품과 영업 주방 자체에서 구매한 식재료로 고객의 주문에 따라 음식을 완성해 판매하는 곳이다. 생산과 소비가 동시에 이루어지므로 주방 기기류의 배치와 동선이 신속한 서비스 제공에 용이해야 한다. 저장시설은 간이 냉장 · 냉동고와 소형 창고가 있어야 하고, 영업장 특성에 적합한 기본적인 조리시설을 갖추어야 한다.

3. 업장별 분류

(1) 양식당

양식당은 가장 발달된 형태의 주방구조를 가지고 있다. 대체로 분업화되어 있으며 대형화된 곳이나 체인 레스토랑들은 중심지원 주방을 가지고 있다. 메뉴별 표준량 목표와 더불어 단순화 · 표준화 · 전문화가 비교적 잘 되어 있다.

① 전채(Appetizer)

- 일정한 순서의 차림표대로 요리가 나오기 전에 제공하는 소품 요리로 식사 전 적은 양으로 식욕을 촉진시키기에 적합한 요리이다.
- 일반적으로 전채는 어패류, 육류, 가금류, 과일, 야채, 유제품과 치즈 등을 이용하여 식욕을 촉진시킬 수 있는 음식으로 조리를 하거나, 이들의 여러 가지 조합으로 만들기도 한다.
- 세계 3대 진미로는 고급 전채요리에 자주 등장하는 철갑상어알(cavia), 거위간(goose liver), 송노버섯(truffle)이 있다.

② 수프(soup) : 수프는 스톡, 즉 퐁드(fond)이나 부이용(bouillon)을 기초로 육류, 생선, 채소, 가금, 야조류 등을 단독 또는 조합으로 결합해 만든 국물요리의 일종이다. 국물이 주(主)가 되는 것과 건더기가 주가 되는 것이 있다.

③ 샐러드(Salad) : 샐러드는 일반적으로 주재료와 끼얹어 먹는 소스인 드레싱(dressing), 제일 위에 고명처럼 얹어 시각적인 맛을 돋우는 가니쉬(garnish)로 구분된다.

④ 드레싱(Dressing) : 드레싱은 여자의 옷이 부드럽게 입혀지는 것처럼 채소에 옷을 입힌다는 뜻으로 쓰인 것이다. 소스의 일종인 드레싱은 재료를 끓이지 않고 혼합하여 만드는 것이므로 냉소스로 분류된다. 드레싱의 기본은 두 가지로 나눌 수 있다. 식초와 식용유를 주로 한 프랜치 드레싱과 달걀 노른자, 식용유, 식초 등으로 만든 마요네즈 드레싱이 있다.

⑤ 생선(Fish) : 생선 코스는 수프 다음에 내놓는 요리로서 바다 생선, 물고기, 갑각류, 패류, 식용개구리 등 여러 가지를 사용한다.

⑥ 주 요리(Main Dish) : 주 요리는 크게 생선요리와 육류 요리로 나뉘는데, 육류요리는 식사의 중심이 되는 주요리이다.

⑦ 디저트(dessert) : 디저트는 식사의 마지막을 장식하는 요리로 감미(Sweet), 세이저리(Savoury), 과일(Fruit)의 3요소가 포함된다. 디저트는 식사가 끝나고 식욕도 충족된 상태에서 식사의 끝맺음을 우아하고 향기롭게, 눈을 즐겁게 해 주는 것이다. 맛있는 요리를 먹는다는 것은 즐거운 것이다. 즉 디저트는 그 즐거움을 위해 만들어진 요리의 꽃이라고 할 수 있다.

현대주방의 특색은 컴퓨터의 이용으로 정보화된 주방과 기기, 음식을 표준화할 수 있는 컴퓨터칩이 내장된 각종 조리기계 및 냉장 · 냉동기술의 발달, 전기나 가스 등 편리한 에너지의 사용으로 인한 외식주방의 대형화이다.

1) 프랑스식 식당

프랑스는 역사적으로 정치 문화의 중심지였으며, 지형적으로 이태리, 독일, 스위스, 스페인, 바다 건너 영국과 인접하고 있어 이들과 쉽게 문화적 교류가 이루어졌고, 전 국토가 평야로 되어 있어 요리에 필요한 식재료, 버터 등 유제품, 조리에 필수라 할 수 있는 포도주 등이 풍부하여 일찍이 요리가 발달 할 수 있는 여건이 조성되었다.

프랑스요리는 이탈리아의 '매디치' 가문에서 유래되었다고 알려져 있다. 16세기 앙리 4세 때부터 크게 발전한 프랑스요리는 현재 세계적으로 가장 유명하다. 프랑스요리의 특징은 다양한 소스에서 비롯되며, 와인과 리큐르 · 버터 · 생크림을 많이 이용하여 농후한 맛이 난다. 대부분의 요리와 소스는 즉석에서 만들며, 준비된 음식을 가지고 손님 앞에서 즉석으로 만들기도 하고, 고객이 앉은 테이블 앞에서 조리기구와 재료가 준비된 카트(wagon)을 이용하여 직접 조리해 제공하기도 한다.

각 지방의 기후 및 지리적 특성에 영향을 받으며 발달한 프랑스 요리는 풍부한 재료와 양념, 향료와 소스의 사용, 세련된 기술로 섬세한 맛을 낸다. 또한 지방마다 특색 있는 소스와 요리조화를 이루는 포도주, 치즈 등이 특색 있게 발달하였다.

2) 이탈리아식 식당

남부지방과 북부지방의 음식이 각기 다르게 발전하였는데, 남부지방에서는 해산물과 파스타요리가 발달하였다. 토마토 소스와 포도주, 마늘, 다양한 종류의 치즈와 올리브유를 많이 사용하는 한편, 북부지방에서는 버터와 생크림을 많이 사용한다.

피자의 원산지는 나폴리이며, 치즈가 많이 들어간 리조토도 유명한 음식 중의 한 가지다.

이태리 요리는 주 요리(main course) 개념이 희박하다. 정식 메뉴의 구성이 있지만, 특정한 요리가 두드러지게 우위를 차지하거나 주 요리로 취급되는 것보다는 각 코스의 요리가 독립성이 강하다. 이태리 음식 중에서 가장 유명한 파스타요리는 코스요리 중 두 번째이지만 지금은 훌륭한 단독 메뉴로 많은 사람들에게 사랑을 받고 있다.

[이탈리아 요리의 특징]

① 주 요리 개념이 희박하다.

② 코스요리가 서르 독립적이다.

③ 포도주와 토마토소스를 많이 사용한다.
④ 베질, 마늘, 치즈, 올리브 오일, 버터를 많이 사용한다.

- 파스타 : 파스타는 세몰리나(강력분)를 반죽하여 형태를 갖추어 건조시켜 만들거나 신선하게 만든 스파게티, 마카로니, 라비올리 등이 있다.
- 뇨끼 : 뇨끼는 밀가루, 감자, 호박 등을 기본 재료로 하여 둥글게 빚은 반죽을 말한다. 작은 경단 모양의 뇨끼는 삶은 후 버터에 볶아 프리모 피아토나 주 요리로 제공된다.
- 리조토 : 쌀과 다양한 육수를 이용하여 조리하고 강판에 갈은 치즈류를 넣어 만든 요리 이다. '리조(riso)' 는 쌀을 의미한다.
- 피자 : 정통 피자는 토마토를 기본적으로 사용하여 만드는 두 가지가 있다. 하나는 마늘, 오레가노, 올리브오일을 넣은 마리나라 피자이고, 또 하나는 모차렐라 치즈와 바질을 사용한 마르게리타 피자이다.

3) 미국식 식당

미국식 식당의 대표적 요리는 비프스테이크이다. 최근 들어서 가장 성업 중인 체인 레스토랑들이 미국식 식당에 그 기원을 두고 있는데, 베니건스 · 시즐러 · 아웃백 스테이크 하우스 등이다. 그 밖에도 바비큐, 피자, 치킨 등을 들 수 있다. 이들은 대개 빵과 곡물, 고기와 계란, 낙농식품, 과일 및 야채 등의 재료를 이용하여 간편하고 고 칼로리이며 많은 양의 요리를 만드는 것이 특징이다. 보통 간소한 메뉴와 경제적인 재료로 영양본위의 실질적인 식단을 구성하고 있다.

패밀리 레스토랑의 주요 메뉴인 피자와 치킨, 비프스테이크, 또띨라 같은 요리들은 특정한 나라의 주요 전통 음식이었지만, 미국의 실용주의 및 현대적 경영방식과 만나면서 미국적 특색을 갖춘 실용적인 요리로 바뀌었다. 이로써 체인화하여 세계적으로 퍼지고 있다.

(2) 한식당

한국 전통음식점 주방으로, 교자상 · 반상 · 일품요리 · 계절별 특선요리 등을 잘 만들 수 있어야 한다. 한식요리는 식재료 · 주방기구 · 화력 · 양념 등의 네 가지 요소를 중요하게 여기며, 유교의 영향을 받아서 일상식은 독상 중심이다. 주식과 부식이 분리되어 있으며, 곡물조리법과 탕음식이 발달하였다. 한국요리의 특징은 국물요리와 손맛에 있으므로 아주 소량의 양념으로도 맛이 변화한다. 그래서 표준화에 어려움이 있다.

[한국요리의 구체적인 특징]

① 주식과 부식이 분리되어 발달하였다.
② 곡물조리법이 발달하였다.
③ 음식의 간을 중요하게 여긴다.
④ 조미료 · 향신료의 사용이 섬세하다.
⑤ 발효음식이 많다.
⑥ 자극적이고 강한 양념을 많이 사용한다.
⑦ 음식을 처음부터 상에 차려서 내온다.
⑧ 유교 의례를 중히 여기는 상차림이 발달하였다.
⑨ 아침식사를 중하게 여겼다.

우리나라는 사계절의 구분이 뚜렷하고 기후의 지역 차이가 있어서 각 지방마다 다양한 재료들이 생산된다. 따라서 이러한 재료들의 특성을 살린 각 지역마다의 향토음식과 궁중음식 및 양반가 음식, 서민음식 등이 잘 발달되어 있다.

한식요리는 서양요리에 비해 아직 다양한 메뉴가 제공되지 못하고 있는 실정이며, 표준화 작업도 한식 메뉴의 특성상 아직 미흡한 실정이다. 아직 주방구조도 대부분이 기본형 구조 혹은 혼합형 구조로 되어 있다. 최근에는 표준화된 주방구조와 메뉴가 많은 사람들에 의해 시도되고 있다. 국내 한식당의 외식업체(놀부, 늘봄 등)들이 자체개발한 메뉴를 표준화하여 분리형 주방구조를 가지고 성공리에 영업 중이다.

(3) 중식당

중국요리를 지역적으로 크게 분류하면 북경요리, 남경요리, 광동요리, 사천요리 등이 있다. 북경은 튀김이나 볶음요리 등 농후한 요리가 발달되어 있다. 남경은 해산물을 많이 쓰고 간장과 설탕을 많이 써서 달고 농후한 맛을 내며 선명한 색채의 화려한 음식이 많다. 광동은 중국 남부의 더운 지방으로 구미풍이 섞인 재료에 우유나 식빵 등을 이용한 특이한 요리들이 많다. 사천은 내륙지역으로 바다가 멀고 채소가 풍부하여 소금에 절인 생선을 많이 쓴다. 매운 고추 · 마늘 · 생강 · 파를 이용해서 자극적인 맛이 특징이다.

중국요리는 색채배합보다는 미각의 만족에 초점을 두고 있다. 단맛, 짠맛, 신맛, 매운맛, 쓴맛의 배합이 조화를 이룬다. 동 · 식물의 유지방을 잘 사용하고, 높은 온도에 단시간 처리하는 조리방법이 대부분이다. 음식을 담을 때도 수북이 담아서 풍성한 여유를 느끼게 한다.

[중국요리의 특성]
① 다양한 식재료를 사용한다.
② 맛의 배합이 복잡하고 다양하다.
③ 조리법이 다양하다.
④ 대체로 기름을 많이 사용한다.
⑤ 조미료와 향신료의 종류가 많다.
⑥ 접시에 많은 양의 음식을 화려하게 담는다.
⑦ 조리용 기구가 간단하고 사용법도 단순하다

중식 주방은 중국요리의 다양성에 비해 조리용 기구는 그 수가 대단히 적고 사용법도 단순한 것이 특징이다. 중화 팬, 국자, 도마, 칼과 강한 불만 있으면 대개의 요리를 할 수 있다. 중화 팬 하나로 볶음요리, 튀김요리, 조림, 찜요리를 할 수 있다. 그래서 중식 주방은 간편하게 꾸며져 있는 편이다.

중국요리는 한 번에 익혀서 먹지 않고 데치거나 튀겨서 애벌 조리를 한 후에 다시 마무리하는 특징이 있다.

강한 화력과 다량의 기름 사용으로 유증기가 많이 발생하므로 벽이나 천장 및 후드 등을 자주 세척하여 화재를 예방해야 한다. 또한 강한 화력 때문에 중화 레인지 주변에 물을 흘릴 수 있으므로 물기 제거에도 노력해야 하며, 간편하고 위생적인 주방환경을 조성할 수 있도록 구성하여야 한다.

중국의 4대요리

① 북경요리

일명 징차이(京菜)라고도 하며, 베이징을 중심으로 남쪽으로는 산둥성부터 서쪽으로는 타이완까지의 요리를 포함한다. 베이징은 고급요리가 발달하여 가장 호화스러운 요리문화를 이룩한 곳이며, 지리적으로는 한랭한 북반에 위치하여 높은 칼로리가 요구되기 때문에 육류 중심의 강한 화력을 이용해 짧은 시간에 조리하는 튀김요리와 볶음요리를 특징으로 한다.

더욱이 북경지방은 소맥분 생산이 많아서 면류가 주식을 이루며 전반적으로 도시풍의 고상하고 세련된 요리가 많다. 대표적인 북경요리로는 북경오리, 양 통구이, 물만두, 자장면 등이 있다.

② 남경요리

남경요리는 난징(南京), 상하이(上海), 쑤조우(蘇州), 양조우(楊州) 등의 요리를 총칭하는데 상하이 요리라고도 한다.

중국 내륙의 젖줄인 양자강 하구는 옛날부터 난징을 중심으로 풍부한 해산물과 미곡을 바탕으로 한 식생활이 발달하였다. 남경요리는 19세기부터 밀어 닥치기 시작한 서유럽의 중국대륙 진출에 영향을 받아서 구미풍으로 변하였으며, 특히 서양 사람의 입맛에 맞게 변형된 요리가 유명해졌다.

이 지방의 특산물인 장유(醬油)를 이용한 달콤하고 기름기가 많은 요리가 발달하였으며, 요리의 색상이 진하고 화려한 조리방법이 특징이다.

유명한 요리로는 화젠(花捲: 꽃 모양의 빵)과 후롱칭셰(芙蓉煎蟹: 바다게 요리) 등이 있다.

③ 광동요리

광동요리는 광주(廣州)요리를 중심으로 복건(福建)요리, 조주(潮州)요리 및 동강(東江)요리 등의 지방요리 전체를 일컫는다. 광주요리는 진나라 시황제 시절부터 내려온 오랜 전통이 있으며, 북쪽의 북경요리와 맞먹는 요리이다.

광동요리는 흔히 난차이라고도 한다. 광동요리는 빈번한 외국과의 교류를 통해 받아들인 쇠고기, 서양 채소, 우유, 식빵, 토마토 케첩, 우스터 소스 등의 서양 요리 재료와 조미료를 광동의 특이한 요리에 접목시켜 독특한 맛을 이룬 것이 특징이다. 광동요리의 재료는 상어 지느러미, 제비둥지, 사슴 뿔, 곰의 발바닥 등의 특수 재료에서 뱀의 뼈, 고양이, 개, 원숭이의 뇌수에 이르기까지 다양하다.

④ 사천요리

사천요리는 중국 양자강 상류의 산악지대와 사천을 중심으로 한 운남 및 귀주지방의 음식을 말한다. 이 지역은 추위와 더위의 차이가 심해 악천후를 이겨내기 위해 향신료를 이용한 요리가 발달했다. 따라서 마늘, 파, 고추 등을 넣어 만드는 매운 요리가 많아서 사천요리의 대부분은 신맛과 매운맛, 그리고 톡 쏘는 자극적인 맛과 향기가 요리의 기본을 이루고 있다. 대표적인 사천요리는 마파두부나 새우칠리소스 등이 유명하다.

(4) 일식당

일본요리의 기본이 되는 조리법은 오법, 오미, 오색의 조화에 계절감각을 매우 중요시하는 특징이 있다. 기본조리법 중 오법은 익히지 않은 생 재료를 그대로 처리하여 먹는 요리인 '나마'가 있으며, 끓임 · 조림 · 구이 · 찜요리, 그리고 튀김요리가 있다.

일본요리는 눈으로 먹는다고 할 만큼 요리의 맛 뿐만아니라 색 역시 중요하게 여긴다. 그리고 가능한 조미료를 사용하지 않고 재료가 가지고 있는 맛을 최대한 살리며 계절에 적절한 재료를 사용한다.

비교적 요리의 양이 적고 섬세하며, 그릇에 가득차게 담지 않고 공간이 넉넉하게 담는다. 칼이 중요한 조리기구 중 하나이다.

일식 주방은 몇 개의 구역으로 나누어서 음식을 조리한다.

① **초밥 카운터** : 고객과 대화하면서 음식을 제공하는 공간이다. 청결한 위생, 정성어린 배려와 서비스, 신선한 음식, 즐거운 분위기 등을 제공해야 한다. 오픈돼 있으므로 고객관리 및 신속 · 정확 · 친절한 서비스가 요구되는 공간이다.

② **익힘요리 담당 코너** : 뜨거운 요리를 담당하는 곳으로, 조림요리와 냄비요리를 끓여 내며, 튀김요리를 만들고, 각종 구이를 요리하는 공간이다.

③ **칼판** : 생선회, 초회 등을 만들고 야채 등을 다듬는 공간이며, 수족관을 관리하기도 한다.

④ **담기 담당 코너** : 전체요리를 만들고 각종 샐러드 및 오싱꼬를 담당한다. 구이 요리와 도시락 등 완성된 요리를 접시에 담아서 제공한다.

⑤ **철판구이 코너** : 고객을 직접 접대하면서 두꺼운 철판 앞에서 요리를 제공하는 코너이다.

(5) 카페테리아 식당

음식을 차려놓으면 고객이 요금을 지불하고 직접 음식을 선택하여 먹는 식당이다. 가격이 저렴하고 편리성에 중점을 두며, 보통 셀프 서비스로 운영하므로 인건비를 절약할 수 있다. 전통적 카페테리아는 고객이 줄의 한 쪽 끝에 들어가서 접시를 들고 도중에 메뉴를 선택하면서 음식이 있는 카운터를 통과해 나가는 일직선으로 된 형태이지만, 현재는 다양한 형태의 카페테리아가 운영되고 있다.

자유로운 흐름의 카페테리아는 속이 빈 사각형의 형태를 연상하면 된다. 뜨겁고 차가운 음식을 구별해 놓은 카운터들이 보통 세 개의 벽을 따라 배치되어 있고, 네 번째 면은 줄을 서고 빠져 나가기 위해 문으로 열려져 V자 모양으로 음식이 정렬되어 있다. 카운터는 90도도 위치해 있거나, 각이 엇갈린 사다리꼴이나 톱니처럼 정렬돼 있다.

사각광장 안으로 들어온 고객은 줄에서 기다리지 않고 곧바로 뜨겁거나 찬 음식이 놓여있는 곳으로 갈 수 있지만, 고객이 가장 많은 시간에는 인기있는 음식 쪽으로 긴 줄이 생길 수도 있다. 음료는 사각광장의 중간, 또는 식사 때 곧바로 쉽게 접근할 수 있도록 테이블이 있는 지역에 배치시킬 수 있으며, 굽거나 튀긴 음식의 카운터는 융통성 있게 배치할 수 있다.

포크 · 나이프 · 냅킨 · 무료제공 음식 등은 기다리는 시간을 줄이기 위해 가능한 한 캐셔가 위치해 있는 건너편에 비치하는 것이 좋다.

이러한 카운터에서는 고객들로 하여금 줄을 정연히 유지하게 하는 것이 필수적이다. 고객들이 흩어져 음식에 접근하게 되므로 한꺼번에 많이 들이닥치는 고객을 접대할 때 효과적이다.

식사비용은 고객이 음식 카운터에서 음식을 선택한 후 그곳을 떠날 때 지불하게 된다. 그래서 다수의 고객들이 식사비용을 동시에 지불할 수 있도록 카운터를 여러 개 만들기도 한다.

스크램블형이나 분산형 시스템의 주요 특징은 고객이 자유롭게 음식을 선택할 수 있도록 다양한 코너를 제공한다는 점이다. 또한 서비스 속도가 빠르다는 점을 들 수 있다. 서비스 라인이 직선형인 경우에는 서비스 속도가 크게 지연되고, 분산형 시스템은 직선형보다 빠른 서비스를 제공할 수 있다.

스크램블형의 유일한 단점은 한 코너에서 다른 코너로 고객이 자유롭게 이동할 수 있는 넓은 순환 공간이 필요하다는 것이다.

(6) 단체급식 식당

단체급식은 크게 직영 시스템과 위탁운영 시스템의 두 가지 형태로 운영되고 있다. 기본적으로 단체급식의 방향은 단체에 소속된 사람들에게 음식 서비스를 통하여 달성하고자 하는 단체의 목표에 의해 결정된다.

급식시설의 확보는 기업들이 좋은 근무환경을 제공하여 노동력을 확보하고 우수한 직원들을 유인할 수 있는 조건이 된다. 또한 단체 소속원들의 생산성 향상에도 이바지한다.

음식은 일반의 주방과 동일하게 각각의 파트별로 나누어서 생산하게 된다. 단체급식은 생산과 서비스 사이에 시간적 차이가 있으며, 대부분의 음식들은 배식시간 동안 대량으로 서비스 라인에서 적정한 상태로 보존된다.

여러 단체의 급식을 운영하는 곳에서는 음식을 중심지원 주방(Centeral kitchen)에서 냉장된 상태로 준비하고, 그것을 다시 데워서 마무리 조리실로 운송한 후 고객에게 제공한다. 이러한 운영체계는 인력의 절감과 함께 유리한 구매력과 중앙집권적 시스템에 의한 식재료비와 운영비의 절감을 가져온다.

[단체 급식 시스템]

① **전통적 급식체계** : 직영 시스템의 단일 주방형태에서 많이 쓰는 시스템이다. 식품을 구매하고 조리하는 과정부터 배식까지 한 장소에서 이루어지며, 생산과 소비가 동일한 장소에서 이루어지는 재래식 급식 형태의 주방이다.

② **중앙공급식 급식체계** : 분리형 주방을 운영하며, 중심지원 주방(Central kitchen)에서 음식을 생산하여 여러 급식소로 분배해 주는 생산체계를 갖는 주방 시스템이다. Cook-chilled 시스템을 이용하여 반 가공 혹은 완제품의 음식을 공급한다.

③ **예비저장식 급식체계** : 제품을 냉장 · 냉동하여 일정기간 동안 저장한 후, 필요한 시기에 간단한 재가열을 통하여 음식을 제공하는 시스템이다. 생산과 소비가 분리되므로 주방설비 운영과 조리인력 운영을 효율적으로 할 수 있다.

④ **조합식 급식체계** : 식품제조 가공업체로부터 제품화된 편의식품을 구입하여 제공하는 방식으로, 간단한 주방설비로도 운영이 가능한 시스템이다.

(7) 연회 식당

연회 주방의 형태는 단체급식 주방과 비슷한 구조를 가지고 있다. 대량 생산을 위해서 주방은 일자배열되어 있으며, 주방 기기류나 공간구성은 대량생산이 가능하도록 갖추어져 있다. 대부분의 연회 주방은 자체 주방에서 음식의 마무리 작업을 하며, 소스류와 육류 및 냉요리와 제과 · 제빵은 중심지원 주방에서 완제품 혹은 반제품 상태로 지원을 받아서 운영하고 있다.

제3절 주방의 조직

1. 주방 조직의 구성요건

외식산업은 노동집약적 산업으로 인건비가 전체비용에서 차지하는 비율이 가장 높은 산업 중의 하나이다. 그렇기 때문에 효율적인 인원관리는 외식 기업체의 성패를 결정할 만큼 중요한 요인이다. 인사 관리자는 조직을 잘 정비하고, 그 구성원들은 자신의 직무를 명확히 알고 책임있게 합리적으로 일한다면 주방업무의 성과는 높아지고 비용은 줄어들 것이다.

주방 조직이란 요리의 생산, 식자재의 구매, 인력관리, 메뉴 개발 등 요리상품과 주방운영에 관계되는 전반적인 업무를 효율적으로 수행하기 위한 일체의 인적구성을 의미한다.

주방은 식용 가능한 재료를 위생적으로 처리하여 화학적 · 물리적 방법을 가해 적정한 가격으로 고객에게 제공할 상품을 생산하는 곳이다. 그러므로 이러한 목적을 달성할 수 있는 주방 조직이 이루어져야 한다.

주방 조직은 다품종 소량 주문생산을 하기 위한 유연성(flexibility)과 서비스 상황이나 고객의 변화에 적절히 대처하기 위하여 조정성(modularity)이 있어야 한다. 또한 효율성 증대를 위하여 단순성(simplicity)이 있어야 하며, 종사원 이동의 효율성(efficiencity), 위생관리와 관리의 용이성(easily), 공간 활용의 효율성 등이 고려되어야 한다.

주방 조직을 결정하기 위한 조직의 내용적 측면은 메뉴 · 서비스 유형과 방법, 메뉴 개발, 영업장의 형태 등에 따라 결정된다. 조직의 규모는 규모별 조직, 부서별 조직, 기능별 조직 등 다양한 형태로 구성된다.

각 형태에 따라 업무의 내용도 다르다.

[형태별 업무내용]

① **규모별 조직** : 조직의 규모에 따라서 적합한 크기로 만드는 조직

② **부서별 조직** : 업장 단위 혹은 지역 단위 등을 부서별로 만드는 조직

③ **기능별 조직** : 각 업무의 기능별로 그 기능에 적합하게 만드는 조직

2. 주방직무별 업무 내용

주방 조직은 규모와 기능에 따라 조직 구성원의 업무 내용과 형태가 다르다. 주방 조직의 업무 내용은 전문적인 기능을 소유하고 있는 인적 자원으로 구성되었기 때문에 구성원들 간의 직무분담이 분명해야 업무의 효율성을 얻을 수 있다.

(1) 총 주방장(Executive chef, Grand chef)

조리부서의 부서장으로 조리부를 대표한다. 각 식당의 메뉴와 이에 대한 표준량 목표를 작성하고 메뉴 개발을 주도하며, 장 · 단기 계획과 예산편성 및 집행을 관장하고 식재료 구매와 인사권을 가진다. 또한 주방의 위생관리와 시설관리를 관장하고 조리부서의 원활한 운영을 위한 전반적인 업무를 수행하며, 모든 일에 최종적인 책임을 갖고 전 주방 구성원의 작업을 지휘 · 감독한다.

(2) 총 부주방장(Executive sous chef)

총 주방장을 보좌하고 총 주방장 부재 시 업무를 대행하며, 음식준비부터 서비스 · 인원관리 · 조리사들의 교육 및 총 주방장을 도와 메뉴 개발 등을 주도한다. 또한 기술적 · 실무적인 면에서 주방 구성원들을 지휘 · 감독하며, 주방기물 관리나 보수의뢰 등을 지시하여 주방운영의 실질적인 책임을 진다.

(3) 주방장(Sous chef)

단위 주방 혹은 영업 주방의 주방장으로 보통 대형조직에서는 과장의 직함을 가진다. 단위 영업장을 총괄하며, 조리와 영업장에 대한 전문적 지식을 갖추고 있어야 한다. 그리고 영업장 총괄에 따른 책임을 지게 된다.

또한 고객분석 · 영업분석 · 메뉴 분석 등을 하며 영업장의 메뉴 개발과 식재료 검수와 시설을 관리하며, 조리사들의 교육을 담당하고 원가관리 · 위생관리 · 안전관리를 비롯하여 판매하는 메뉴의 품질을 관리한다.

(4) 수석 요리장(Head chef)

주방장을 도와서 주방 구성원에게 기술적인 측면과 이론적인 측면을 교육 · 지도하며 실질적으로 음식에 대해 책임을 지고 있다. 식당 조직의 규모에 따라서 주방장과 같은 의미로 쓰기도 한다.

(5) 부수석 요리장(Assistant Hard chef)

수석 요리장 부재 시에 그 역할을 대신하며, 단위 주방장의 지시에 따라 실무적인 일을 수행한다. 주방장과 일반 조리사들 간의 조정자 역할을 한다.

(6) 요리장(Section chef)

단위 주방의 부분별 음식을 책임지는 요리장으로 주방장의 지시에 따라 실무적인 조리업무를 수행한다. 서양식 식당에서는 Hot Section, Cold Section, Dessert Section, Sauce 등으로 나누며, 한식당에서는 육부, 탕부, 반찬(찬모), 냉면 등으로 나눈다. 또, 중식당에서는 크게 프라이팬 , 칼판, 면 등으로 나눈다.

(7) 1급 조리사(1st cook)

전문 조리사로서 능력을 인정받은 조리사이다. 요리장의 지시를 받아 실질적으로 음식을 조리한다.

(8) 2급 조리사(2nd cook)

1급 조리사나 요리장의 지시를 받으며, 재료를 준비하고 1급 조리사를 도와서 음식을 완성하는 역할을 담당한다.

(9) 3급 조리사(3rd cook)

2급 조리사를 도와서 조리를 하고, 주방 내의 청소를 비롯하여 야채나 육류 준비 등을 한다.

(10) 보조 조리사(Cook helper)

조리사를 보조하며 조리업무를 배우는 견습생으로, 주방 청소 · 야채 다듬기 · 식재료 운반 · 조리기구 세척 등의 주로 단순한 업무를 담당한다.

(11) 기물 관리(Chief Steward)

주방이나 식당에서 사용하는 기물류를 담당하며, 각종 주방용기와 식기류의 구매 의뢰 및 재고 관리와 세척 관리를 한다. 세척원들의 업무를 관리하고 교육 · 감독한다.

(12) 세척원(Steward, Stewardess)

일선 영업장의 쓰레기 수거 및 처리와 조리 기물 세척을 비롯하여 각종 식기류를 세척한다. 남자 세척원(Steward)과 여자 세척원(Stewardess)이 있다.

CHAPTER 2

주방의 유형

제1절 조리업무의 개관

1. 조리의 개요

'조리' 라 함은 일정한 기술을 가진 사람이 식재료에 필요한 향신료를 첨가한 후 조리 기구를 이용하여 굽기, 끓이기, 볶기 등의 행위를 통해 식재료를 상품화하는 것을 말한다.

조리의 목적은 식품을 조리함으로써 식품자체의 성분 및 형태의 변화를 일으켜 우리의 미각적 · 시각적 · 후각적 효과를 최대로 이끄는 데 있고, 또한 소화 · 흡수를 돕고 위생적으로도 안전하게 만든다는 데 있다.

'조리' 란 시대의 흐름에 따라 방법 및 형태가 변화하며, 이 변화의 초점은 미각적 · 시각적 · 후각적 · 영양학적 만족에 있다. 현대사회는 고대에 비해 매우 복잡하고 다양해졌다. 그 결과, 우리 식생활 패턴에도 많은 변화가 일어나고 있다.

영양학적 측면에서 볼 때, 경제성장에 따른 생활수준의 향상으로 고혈압이나 비만 등 고열량 섭취에 따른 각종 성인병이 증가하고 있으며, 바쁜 생활환경의 영향으로 편이식(Fast Food, Instant Food)의 이용이 빈번해졌다.

현대에는 영양소의 절대 섭취보다는 건강식에 대한 배려를 중요시하고 있다. 또한 편이식이 갖는 영양상의 불균형이나 각종 첨가물에 대한 허용 기준 등의 문제에 대한 관심이 과거와 비교해 고조되었다.

요리의 시각적 표현에 있어서는 복잡함을 피할 수 있는 단순하면서도 자연스러운 표현기법이 요구되고 있다. 미각적으로는 인공적인 맛을 가미하지 않는 순수미가 요구되며, 이를 위해서는 좀 더 섬세하고 과학적인 조리기술과 신선한 재료의 사용이 필요하다.

상기한 바와 같이 오늘날의 요리는 항상 주위의 환경변화에 민감한 반응을 보임으로써 식문화의 핵이라고 할 수 있겠다. 접시의 색상과 형태 및 재료의 색채와 분량 그리고 곁들임이 조화를 잘 이루어 통일된 인상을 줄 때, 그 요리는 하나의 예술작품으로도 손색이 없을 것이다.

요리는 창작이며, 끊임없는 노력을 통하여 이루어질 수 있는 것이고 음식문화의 흐름 속에서 쉼없는 메뉴의 개발을 통하여 음식문화를 선도하고 또 그 흐름 속에 같이 할 수 있는 것이다.

조리작업은 조리기구를 이용하여 굽기, 끓이기, 볶기 등의 행위를 하여서 위생적으로 안전한 고객들이 원하는 음식을 만드는 과정이다. 음식을 조리하게 되면 안전성 및 저장성 증가와 소화성 · 기호성 증가 등의 효과를 얻게 된다.

그러나 이때 부적절한 작업을 하게 되면 소기의 목적을 이룰 수 없다. 따라서 조리작업 시에는 시간과 온도에 대한 관리 및 위생관리와 식품취급에 대한 관리가 필요하다.

① **안전성 및 저장성 증가** : 가열에 의하여 유해한 미생물이 사멸하며, 유독한 요소들도 파괴됨으로써 위생적으로 안전성이 증가하고, 식품의 수분이나 효소 등도 불활성화되어 식품의 저장성을 향상시킨다.

② **소화성 증진** : 식재료를 조리하게 되면 전분은 호화하고 단백질은 연화하여 소화하기 쉬운 형태가 됨으로써 소화성이 증진된다.

③ **기호성 증가** : 조리된 음식의 풍미와 외관 등은 음식의 기호성을 증가시킨다. 음식의 외관은 색깔의 배합, 크기, 형태, 조리된 정도, 음식을 담는 그릇이나 차림새 등에 영향을 받는다.

2. 주방관리 업무의 기본 단계

주방에서 조리업무란 조리를 위해 식용 가능한 식재료를 선별 · 구매하여 검수한 후에 저장하고, 조리상품을 생산하여 판매하는 서비스까지의 공정과정에서 발생하는 제반업무를 말한다. 주방관리를 위한 기본 형태는 식재료의 반입 · 검수 · 저장 · 조리 · 서비스 방법 · 영업 · 업장별 조리인원 구성으로 되어 있다.

지원적 업무의 목표는 주방인원에 대한 관리업무와 주방시설에 대한 관리업무를 통해 주방의 주 생산품인 조리 상품의 가치를 극대화하여 다양한 소비자의 욕구를 충족시킴으로써 주방경영의 목표를 달성하는 데 있다.

이는 기업경영의 이념에 따라 시설에 대한 계획과 유지 및 개선과정을 행함으로써 기업특성에 적합한 시설물들의 기능을 가장 효과적으로 활용하는 일체의 활동에 대한 내용을 의미한다.

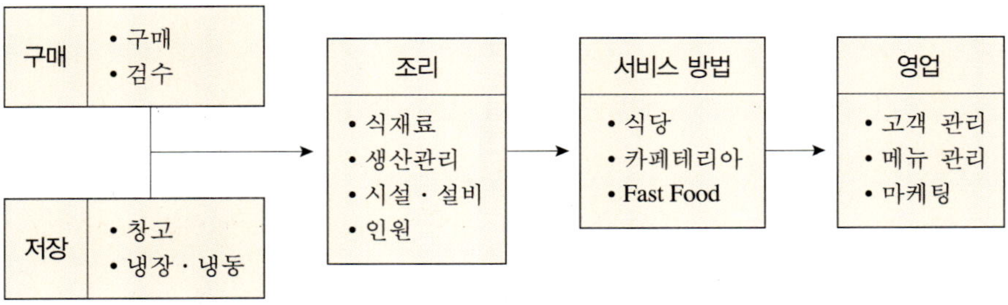

그림 1-2 주방관리 구성

(1) 인적자원관리

기업경영에서 인원관리는 가장 중요한 업무 중 하나이다. 특히 인적 의존도 비율이 높은 외식산업에서는 기업의 성패가 인적 자원 관리에 달려 있을 정도이다.

주방의 효율적인 인적자원관리는 주방 시설 및 주방의 작업공간 형태에 따라 각기 다른 인적 관리 기준이 정해져 있다. 주방 인적 자원 관리의 목표는 주방 조직이 음식을 적절한 품질로 필요한 시간에 정확하게 만들 수 있는 목표를 달성하기 위해 필요한 인적 자원을 조달하고 유지시키는 데 있다.

인적 자원에 대한 관리활동은 각 조리사들의 직무 중심과 경력개발 중심으로 해야 하며, 자율적 · 합리적 · 주체적인 인간상을 갖도록 관리하여야 한다. 직무의 내용에 따라 필요한 장소에 필요한 조리사를 배치한다는 직무 중심의 적재적소 배치는 효율성의 증대를 가져온다. 주방 경영 합리화를 위해서는 직능별이나 특성화에 따라 조리인원을 배치하는 것이 매우 적합한 방법이다.

그리고 제한된 공간과 노동력을 동원해 생산의 탄력성을 적용시켜 원활히 수행하고, 단위면적당 노동생산성 강화를 추구하기 위한 구성원들 간의 순환배치로 잠재능력을 개발해야 한다.

주방 인원에 대한 교육과 훈련 활동은 주방 조직 구성원들의 잠재력을 개발하여 생산 활동에 기여하는 데 중요한 역할을 한다. 인적 자원에 대한 경쟁력을 향상을 통해 주방의 조리업무를 수행하는 데 필요한 자기능력과 가치관을 확립시켜 주는 것이다.

주방 조직의 인적 자원 관리는 주방 구성원의 수급 계획 · 배치 · 전환 · 통제 등과 같은 과정적 측면의 관리와 충원 · 유지 · 활용 · 개발 등 인적 자원의 기능적 측면에 대한 관리도 필요하다.

외식기업의 주방은 서비스 부문으로서의 특성을 지니고 있지만, 주방에서 생산되는 상품의 생산 과정은 제조 부문과 유사한 특성이 있다.

주방의 구조 설정을 위해서는 직무기술과 직무분석이 선행되어야 하고 이를 기초로 주방 조직을 구성해야 한다.

주방 조직은 본질적으로는 서비스의 특성을 지니고 있지만 음식을 생산하는 것은 제조업과 유사하기 때문에 양자가 모두 고려되어야 한다.

(2) 주방시설관리 업무

주방에서는 조리상품을 생산하기 위한 조리 기기와 조리 기물의 사용이 발전을 거듭하여 왔으며, 현대식 주방에서 조리장비는 필수적인 요소가 되었다. 조리방법 또한 장비의 발전에 따라 변화하여 왔다.

조리작업 과정은 점차 조직화 · 기계화되고 있으며, 이러한 과정을 통하여 조리제품의 대량생산과 균일생산 시대로 접어들게 되었다. 조리장비의 현대화는 주방 종사원들의 노동력을 줄이면서 단위면적당 작업의 능률을 증가시키는 결과를 가져왔다.

주방장비와 시설들을 관리하는 이유는 현재 생산하고 있는 상품의 원활한 작업 수행을 위한 것임과 동시에 미래에도 지속적인 기능을 유지하여 고객과 주방 종사원의 만족을 이루어 내는 데 있다. 그러기 위한 주방시설관리 시스템 수립은 고객과 주방 종사원에 대한 공존되는 요소임과 동시에 음식상품의 질을 결정하는 핵심적 요소로서의 특성을 지니고 있다.

(3) 판매 예측 업무

판매 예측 업무는 중요한 조리업무 중 하나로, 조리사들의 근무일정이나 식자재 발주량 및 작업계획 등과 관련이 있다. 전년도 매출, 현재의 추세, 날씨, 예약상황,

휴일사항 등 기초자료를 이용하여 예상 고객 수를 예측하여 소요 식자재의 구매를 의뢰하며 작업계획을 세운다.

판매 예측 업무를 위하여 시장경제에 항상 관심을 가져야 하고 동일 업계 답사, 정기적 시장조사, 관련서적 탐독 등을 통해 변화에 항상 민감하게 대처하도록 해야 한다.

또한 성수기와 비수기, 평일과 주말에 대비하여 식자재의 구매, 저장과 적정 재고량 유지를 위한 정기 재고조사 및 구매물품에 대한 철저한 검수 등을 하여야 한다.

(4) 생산 업무

생산 업무는 조리상품의 생산단계로서, 표준량 목표에 의한 상품생산과 기타 생산에 필요한 여러 조리공정을 철저히 지켜야 한다. 또한 손님의 욕구에 합당한 상품 생산이 올바르게 진행되는지에 대한 품질관리에 신경써야 한다.

이때 부적격 조리상품을 사전에 방지하기 위해 예방적 측면의 조리공정 관리를 철저히 해야 하며, 이를 통해 낭비를 줄일 수 있다. 조리상품은 입지적 · 시간적 제약 때문에 불량품을 적발해서 폐기할 수 있는 검사기능이 취약함을 항상 염두해야 한다.

주방의 설계단계부터 어떠한 작업동선에 따라 주방기구를 배치하는 것이 품질관리에 용이한가를 염두에 두어야 하고, 음식이 완성되어 고객에게 서비스되기 전에 음식을 검사할 수 있는 시스템을 만들어 품질관리에 노력해야 한다.

외식산업에서 맛이 차지하는 비중은 고객이 식당을 처음 선택할 때는 약 20%~30% 정도이지만, 한 번 찾았던 고객이 재방문할 때는 50%~60% 정도를 차지한다.

(5) 사후관리 업무

사후관리는 조리상품을 생산하여 판매하는 과정을 통해 얻어낸 다양한 고객의 정보를 수집 · 활용하는 단계이다. 조리상품의 판매와 사후관리로 상품을 통한 손님의 욕구를 극대화해야 하고, 이를 위해서 접객원은 요리를 신속하고 정확하게 전달해야 한다.

또한 손님의 요리에 대한 반응을 수시로 점검하고 손님의 특성을 정확히 파악하여 신메뉴 개발의 기초자료로 사용한다. 이를 위해서는 고객카드나 과학적인 메뉴 분석을 정기적으로 실시하여 메뉴 관리를 철저히 하고 비인기 상품에 대한 대체품목 개발과 신메뉴 개발로 고객관리에 최선을 다하여야 한다.

메뉴 분석은 식당의 사업방향을 결정하기 위한 정보를 획득하는 것으로 현재와 미래의 고객과 기업의 내외 환경분석이 필요하다. 메뉴 분석은 기업의 운영 상태와 고객의 정보 등 많은 것을 알려 준다.

제2절 조리직무 관리

1. 주방경영

식당경영에 경영주와 종사원 사이의 원만한 인간관계와 업무협조 하에 서비스를 제공하여야 고객에게 만족을 줄 수 있다. 즉, 주방의 효율적인 경영을 위해서는 주방경영의 일반적인 경영지침에 따라야 한다.

① 모든 종사원은 자기의 직무에 따라서 업무에 대한 책임이 있다.
② 모든 업무시설이나 비품에 이르기까지 책임자가 필요하다.
③ 주방에서 일어나는 모든 일을 통제할 수 있는 방법이 있어야 한다.
④ 모든 업무, 즉 조리법과 계획표와 규정 및 기타 방침들은 문서화되어 있어야 하며 이를 모든 구성원들이 알고 있어야 한다.
⑤ 모든 종사원은 업무를 수행하기 전에 반드시 교육을 받아야 한다.
⑥ 주방장의 주요업무는 종사원의 교육 · 개발 · 통제를 통하여 표준 시스템을 항상 유지하는 것이다.
⑦ 주방장은 일정 간격으로 고객의 입장에서 업무를 파악하여야 한다.
⑧ 생산은 사전계획을 통해 통제되어야 한다.
⑨ 생산과 서비스는 식당을 청결히 할 수 있는 능력에 맞게 이루어져야 한다.
⑩ 완전한 위생상태에서 음식을 공급함으로써 고객의 건강을 보호해야 한다.
⑪ 표준 시스템을 유지하면서 얼마나 많은 고객을 접대할 수 있는가에 대해 관심을 가져야 한다.
⑫ 구매된 모든 재료는 가능한 한 모두 고객에게 판매되도록 노력해야 한다.

2. 주방관리

관리는 집단 속에서 함께 일하는 개인들이 정해진 목표를 효율적으로 달성할 수 있도록 환경을 조성하고 유지하는 과정이다. 그 기본적인 내용을 정리하면 다음과 같다.

관리자는 계획화(Planning), 조직화(Organizing), 인원의 충원과 배치(Staffing), 지휘(Leading), 통제(Controlling)의 관리기능을 수행한다. 경영관리는 어느 조직에나 적용되고 모든 조직계층의 관리자에게 적용된다. 경영관리의 수행은 생산성과 관련되며, 효율성(efficency)을 내포하고 있어야 한다.

관리자에게는 구성원들이 조직의 목표달성을 이룰 수 있도록 최대의 기여를 할 책임이 있다. 따라서 경영관리는 소규모 조직이나 대규모 조직, 영리기업이나 비영리기업, 서비스 산업이나 제조산업을 막론하고 적용된다.

(1) 계획화

업무수행을 위한 환경을 조성하는 데 있어서는 구성원들이 그들의 목적과 목표를 비롯하여 과업을 수행하면서 지켜야 할 일 등을 알게 하는 것은 중요하다.

전반적인 목적 · 목표부터 메뉴 생산에 필요한 식재료를 주문하거나 음식조리에 필요한 종사원을 고용하고 훈련하는 일과 같이 극히 세부적인 활동에 이르기까지 모든 것이 계획화의 영역이다.

(2) 조직화

조직화는 한 조직의 구성원들이 담당할 역할의 구조를 의도적으로 설정하는 경영관리의 한 분야이다. 목표를 달성하기 위한 필요한 모든 업무가 계획되고 그런 업무가 잘 수행될 수 있도록 적합한 특정인에게 업무가 할당되었을 때 목표에 쉽게 이를 수 있다.

(3) 인원의 충원과 배치

직무수행 요건을 위해 필요한 인원의 목록작성, 모집 및 선발, 배치, 경력계획과 보상, 교육훈련 그리고 재교육 등의 영역이다. 주방의 조리사 충원 시에 신입사원과 경력사원의 충원이 동시에 이루어지며, 인건비의 비중을 줄이기 위하여 정식직원과 임시직원을 함께 채용하기도 한다.

인원의 배치는 적재적소배치와 순환배치관리가 기본이다. 조리사들에 대한 교육은 아주 중요하기 때문에 정기적으로 반복교육을 실시해야 하며, OJT(On the Job Training) 교육을 통해서 기술전수가 이루어져야 한다.

(4) 지휘

지휘란 조직 및 집단목표를 달성하는 데 공헌하도록 영향을 미치는 행위를 말한다. 사람들은 자신의 소망 및 욕구를 충족시켜 줄 수단을 제공하는 사람을 따르는 경향이 있기 때문에, 지휘는 동기부여를 비롯하여 리더십의 형태와 접근방법 그리고 커뮤니케이션 등을 포함한다.

(5) 통제

통제는 부하의 활동을 측정하고 수정하는 것으로, 목표와 계획에 대한 성과를 측정하고, 부정적 편차가 있으면 이를 수정하기 위한 행동조치를 취하는 것이다. 계획을 달성하고 성과를 이루기 위해서는 구성원의 행동을 통제하여야 한다.

3. 직무설계

직무설계는 직무의 내용 · 기능 및 관계 등의 측면에서 적절한 직무구조를 필요로 한다. 직무요건에 대한 객관적 분석이 이루어져야 하고, 직무가 조직과 개인의 요구를 충족시킬 수 있도록 설계되어야 한다.

(1) 직무배분과 작업일정

조직원 각자의 업무에는 어느 정도의 시간이 소비되며, 그 직무가 어떠한 내용의 것인가를 상세히 작성하여 작업관리와 그 개선에 사용하기 적당한 방법으로 직무배분을 할 수 있는 연구가 필요하다. 이를 위해 종업원들이 실제 분담하고 있는 직무를 정확히 알아서 직무배분표를 작성한다.

[직무배분을 조사하기 위한 유의사항]

① 어떤 직무에 가장 많은 시간과 인원이 필요한가?
② 기능이 적절히 이용되고 있는가?
③ 연관성이 없는 작업을 하고 있지 않은가?
④ 작업이 지나치게 세분화되어 있지 않은가?
⑤ 작업이 평균적으로 할당되어 있는가?

작업일정표는 작업시간표라고 할 수 있고 새로 채용된 직원의 훈련에 유용하다. 또한 관리자와 조리사들 간에 의사소통의 수단이 되고 조리사의 작업을 효과적으로 수행하는 데 필요하다

표 1-1 작업일정표

<table>
<tr><th></th><th>10:00</th><th>11:00</th><th>12:00</th><th>13:00</th><th>14:00</th><th>15:00</th></tr>
<tr><td>A</td><td rowspan="2">재료 준비
필요량 계량</td><td>재료 다지기</td><td>재료 썰기</td><td rowspan="2">볶기, 조미</td><td rowspan="2">조리대 정리</td><td rowspan="2">서빙</td></tr>
<tr><td>B</td><td>재료 씻기</td><td>소금에 절이기</td></tr>
<tr><td></td><td colspan="4">전날 준비사항 : 마늘은 깐 것으로 준비</td><td colspan="2">생 산 량 : 50kg
작업인원 : 2명
기 기 : 열원 2개, 저울</td></tr>
</table>

(2) 직무분석

직무분석은 분화된 조직의 직무를 효율적으로 수행하기 위하여 직무의 내용을 분석함으로써 직무와 구성원 간의 상관관계를 파악하고 어떤 요건이 필요한가를 조사하는 과정이다.

주방의 직무분석을 통해 구성원의 세부적인 직무영역이나 구성원의 특성 등을 파악할 수 있다. 직무분석의 결과는 인적 자원관리와 관련하여 충원 · 배치 · 보상지급 · 부서이동 등의 기준으로 활용할 수 있으므로 인적 자원관리에 있어서 필수적인 절차이다.

직무분석의 목적은 직무의 설계와 평가의 기초를 마련하기 위함이다. 구체적으로는 직무평가의 기초자료 제공, 개별 직무에 대한 책임과 권한의 명확화, 구성원 개인에 대한 자료 제공, 구성원 교육 훈련의 기초자료 및 인사 관리 상의 자료제공 등이 있다.

사무 및 업무 시스템적 접근은 인적 자원관리에 있어서 거시적 · 통합적 시각을 제공할 뿐만 아니라 인적 자원 관리 시스템의 동태화를 가능하게 한다.

직무분석은 관찰 · 면접 · 설문지 조사 및 시스템 분석을 통하여 이루어진다. 그렇기 때문에 이러한 직무분석에 기초를 두고 작성된 직무기술서(Job description)는 주요 직무의 내용 · 책임 · 권한관계 및 다른 직무와의 관계를 기술하고 있다.

직무명세서

직무명 : 조리사

부 서 : 조리부 직무코드 : 2-26, 32

감독자 : 조리장

직무내용 : 점심 메뉴인 고기, 주 요리, 수프, 고기 국물 조리

교육수준 : 영어로 메뉴를 이해하는 정도, 고등학교 과정 졸업 이상

경 력 : 카페테리아 또는 레스토랑에서 2년 이상의 조리경험이 있으면 좋음.
(반드시 요구되지는 않음)

지식과 기술 : 준비하는 음식량에 대한 기본적인 지식과 식단을 적용, 그 지시에 따를 수 있는 능력, 작업일정을 계획할 수 있는 능력 요구

신체조건 : 기본 건강진단에 적합

기타조건 : 단정하고 청결한 남 · 여

업무시간 : 주 5일, 오전 6:30~오후 3:00, 휴식시간은 점심시간 중 30분

급료 코드 : 3등급

진급조건 : 조리장으로 진급 가능

업무상 장 · 단점 : 장소, 환경, 안전

그림 1-3 직무명세서

직무분석 결과를 바탕으로 직무기술서와 직무명세서를 작성해야 한다. 직무기술서는 직무자체의 내용과 요건 및 특성을 기술하는 서식으로, 직무확인 · 직무개요 · 감독의 내용 · 도구 · 교재 · 작업요건 · 직무수행의 요건 등이 기술된다.

직무명세서는 직무구성 요건 중 인적요건을 중심으로 작성하는 서식으로, 성별 및 연령 별 구분 · 신장과 체중 · 정신적 지각수준 · 기술과 경험의 정도 · 교육수준과 이해력 수준 · 신분 보장의 상한선 등이 기술된다.

직무기술서

직 무 명 : 조리장

직무코드 : 2-26, 32. 직무장소 : 카페테리아 주방

직무내용 : 점심 메뉴인 고기와 주 요리, 수프와 고기 국물을 준비한다.
식사준비에 이용되는 소도구, 기기를 정비하고 깨끗하게 준비한다.
주방을 청결하게 유지한다.

수행요건 :
- 책임감 – 정해진 시간에 식사를 제공할 수 있도록 준비하는 책임감
- 업무에 관한 지식 – 음식을 조리하는 양에 관한 기본원칙과 사용되는 기구를 조작하는 방법을 알고 있어야 하고, 자신의 작업계획을 세울 수 있어야 한다.
- 정신적 요인 – 정신적으로 방심하지 않아야 한다.
- 신중함 · 정확성 – 음식재료와 1인 분량에 있어서 그 중량과 양이 정확해야 한다.
- 사용장비 – Chopper, mixer, oven, range, steam cooker, fryer, broiler, meat slicer, steam-jacketed kettle
- 조리의 표준화 – 정해진 양만큼을 양질의 음식으로 생산한다.

관리 · 감독 : 일반적으로 주방장의 관리 · 감독을 받으며, 조리사를 감독하기도 한다.

타 업무와의 연계 : 샐러드나 야채 준비를 담당하는 사람이 조리장으로 진급 가능하며, 조리장은 다시 교육 후 능력을 갖추게 되면 주방장으로 진급가능하다.

자 격 : 5년 이상의 경험이 있는 자
- 교육과 훈련 – 기술적 또는 직업적 교육이 없어도 됨.
- 학력 – 전문대학 교육 이상으로 영어로 메뉴를 쓰고 읽고 이해할 수 있는 정도

그림 1-4 직무기술서

(3) 직무설계

직무설계를 할 때에는 적절한 직무범위가 정의되어야 한다. 직무범위가 협소하면 그 직무 해당자는 근무의욕이 저하되어 도전에 의한 의욕이나 성장의 기회 및 일의 성취감 등이 저하될 것이고, 반대로 직무범위가 과도하게 광범위해도 직무수행에 어려움을 겪을 것이다.

직무설계는 전 시간이 요구되는 직무가 부여되어야 한다. 모든 시간과 노력이 요구되지 않은 직무를 부여받게 되면 그 또한 자신의 역량이 충분히 발휘되지 않는다고 생각하게 된다. 그리고 자기직무에 자기의 모든 시간을 바치지 않게 임무

를 부여 받게 되면 다른 사람과 직무 · 책임 및 과업에 대하여 서로 다투게 되면서 서로 상대에게 방해가 된다.

직무설계는 도전적 목표 및 의무와 책임을 가질 수 있도록 설계되어야 한다. 또한 일반적인 직무설계는 직무설계에 의해 요구되는 관리기술의 경우에 수행되어야 할 과업에서부터 시작해야 하며, 직무는 보통 사람들의 욕구와 욕망을 충족시키기에 충분할 만큼 광범위하게 설계되어야 한다.

하지만 모든 사람의 능력이 동일하지 않기 때문에 직무기술서는 특정 직무에 있는 사람이 달성하여야 할 성과를 명백히 나타내야 하지만, 동시에 어느 정도의 융통성을 부여하여 고용주가 개개인이 능력과 특성을 활용할 수 있어야 한다.

직무설계에 대한 초점은 개인직무 또는 작업집단에 맞출 수 있는데, 직무를 충실화하는 접근방법은 다음과 같다.

첫째, 업무관계들을 자연스러운 업무단위별로 분류한다면 개인의 직무는 충실하게 수행될 수 있을 것이다. 이것은 관련 있는 과업들을 하나의 범위에 포함시킨 다음, 그 과업을 각 개인에게 수행하도록 할당하는 것을 의미한다.

둘째, 몇 개의 과업을 하나의 직무에 결합하는 방법이다.

셋째, 고객과 직접적인 관계를 갖게 하는 것이다. 시스템 분석가가 시스템 분석을 통해 발견한 내용이나 건의사항을 시스템 변화에 관련된 상급자에게 보고하여 상급자가 다시 최고경영자에게 그 건의사항을 제시하게 하는 것이 가능하지만, 해당 관리자가 직접 제시할 수도 있다.

넷째, 적절하다면 언제라도 신속하고, 명확한 피드백이 이루어져야 한다.

다섯째, 개인별 직무는 수직적인 직무 · 과업에 의해 더욱 충실화할 수 있는데, 이는 자신의 직무를 계획 · 시행 및 통제해야 할 책임을 증대시키는 것이다.

직무는 작업집단이 완벽하게 과업을 수행할 수 있도록 설계되어야 한다. 나아가 팀에게 권한과 자유를 부여해야 한다. 각 집단에게 상당한 자율권(autonomy)을 허용하면 보다 훌륭하게 직무를 수행할 수 있을 것인지를 스스로 결정할 수 있다.

그리고 직무를 설계하는 데는 기업의 요구사항들이 고려되어야 한다. 그러나 기업이 최대의 이윤을 실현할 수 있도록 하기 위해서는 다른 요인들도 고려되어야 하는데, 이러한 요소에는 개인별 차이, 직무에 요구되는 기술, 직무를 재설계(restruchuring)하는 데 필요한 경비, 조직의 구조 및 조직의 분위기 등이 포함된다.

사람들이 갖고 있는 욕구는 서로 다르다. 어떤 사람은 혼자서 작업하기를 원하지만, 사회적인 욕구를 가진 일반적인 사람은 집단으로 일을 해야 더 효율이 높다.

과업의 성질과 그 직무에 관련된 기술 또한 고려대상이 되어야 하며, 새로운 직무설계를 위해 시스템을 변경하는 데 소요되는 비용도 고려되어야 한다. 주방의 전체직무를 새로 설계하는 경우와 기존입장을 재설계하고 새로운 직무설계의 개념에 상응하게 변경시키는 경우 사이에는 상당한 차이가 있다.

또한, 조직구조도 고려하지 않으면 안 된다. 개별적인 직무들은 전체 조직구조에 적합하게 조화시켜야 하는데 조직의 분위기(organization climate)도 직무설계에 영향을 미치기 때문이다.

각 집단은 참여의 고취와 직무충실화 및 자율적인 작업의 분위기에서는 제 기능을 발휘하지만, 관리적 리더십이 상의하달식인 독재적 기업분위기에는 적합하지 않을 수도 있다.

4. 조리인의 자세

(1) 조리사의 정의

조리사는 '국가 기술자격을 취득한 자가 식용 가능한 재료를 선별하여 물리적 · 화학적 · 기술적 방법을 통하여 위생적으로 새로운 형태의 식품을 만드는 일에 종사하는 사람'으로 정의할 수 있다.

조리사에 대한 관련법규의 식품위생법 및 시행령에는 조리사를 두어야 할 영업장을 규정하고 있다. 식품접객업 중 복어를 조리 · 판매하는 영업과 국가 · 지방자치단체, 학교 · 병원 · 사회복지시설, 정부투자기관관리기본법의 규정에 의한 정부투자기관, 지방공기업법에 의한 지방공사 및 지방공단, 특별법에 의하여 설립된 법인 등일 경우에만 조리사를 두어야 한다고 되어 있다(식품위생법 시행령 제18조).

조리사 면허를 받고자 하는 자는 국가기술자격법에 의한 해당 기술 분야의 자격을 얻은 후에 시 · 도지사의 면허를 받아야 한다.

식당의 음식 조리는 조리사에 의해 주방 공간에서 각종 조리 기구를 이용해 이루어진다. 조리는 시대적 흐름에 따라 많은 변화를 겪어 왔다. 시대의 변천에 따라 조리기기와 기구들이 개발 · 생산되어 과학화 · 현대화되어 대량생산과 대량판매를 가능하게 함으로써 외식산업의 형태를 바꾸어 놓았으며, 그 바탕에는 음식문화와 사회 환경의 변화가 있다.

또, 시대의 흐름에 따라 변화하는 소비자의 다양한 욕구는 조리방법과 조리형태를 바꾸어 놓았다. 식생활 퍼턴에 많은 변화를 가져오게 된 배경이 있다.

첫째, 사회 경제적인 요인이 있다. 경제적 상황의 변화로 소득, 여가시간, 안전의 개념 등에 많은 변화가 왔다.

둘째, 문화 및 종교적 요인이 있다. 서구적 문화와 동양적 문화가 교류하면서 음식문화에 많은 영향을 끼쳤다.

셋째, 개인적 요인을 들 수 있다. 다양한 개인적 요구가 분출되면서 외식산업에 많은 영향을 미치고 있다.

넷째, 주변산업기술의 발전은 조리방법이나 재배 및 저장이나 가공 등에 많은 변화를 가져와 외식산업에 지대한 영향을 미치고 있다.

이러한 배경과 음식이 건강에 미치는 영향 때문에 많은 사람들은 건강식에 관심을 갖기 시작했다. 모든 사람은 위생적이고 건강한 음식을 먹을 권리가 있다. 그러므로 조리사의 역할과 사명은 중요하며, 조리사의 직무는 국민의 건강과 생명에 직결된다. 과거에는 음식이 사람들이 필요로 하는 영양소를 다 채워주지 못하고 부족한 상태였으나, 현대사회에서는 생활수준이 향상되면서 필요한 양보다 더 많은 영양분을 섭취하게 됨어 따라 성인병 등 각종 문제점들이 생겨나고 있다.

또한 식품을 취급하는 사람들이 경제적 논리를 우선시하고, 소비자들도 바쁜 생활환경의 영향을 받음에 따라 편이식(fast food, instant food)의 이용이 늘어나고 있는 실정이다.

조리의 의미는 생명유지, 건강, 즐거움 등에 있다. 즉, 영양적 균형유지와 위생적 관리 및 과다한 열량억제, 시각적인 아름다움, 미각적으로 순수한 맛 등에 있다고 하겠다. 그러기 위해서는 섬세한 조리기술 개발을 통한 과학적인 조리방법 및 투철한 서비스 정신을 가지는 것이 중요하다.

- 식품섭취에 따른 위생상의 안전 의식을 가져야 한다.
- 식품이 지니고 있는 영양분을 최대한 보존해야 한다.
- 소화 · 흡수를 증진시켜야 한다.
- 식재료 고유의 맛과 향기를 보존하며, 매력성을 증대시켜야 한다.
- 색깔과 모양에서 독특성을 지니게 함으로써 상품 가치를 증대시켜야 한다.

(2) 조리사의 자세

경제가 발달하면서 국민 생활수준과 식생활수준이 향상되었고, 개인소득이 늘어나 생활의 형태가 바뀌면서 가정 내 식사는 줄어들고 외식이 점점 늘어나고 있다. 외식이 늘어나는 만큼 조리사의 사회적 비중과 역할 또한 점점 더 커진다고 하겠다.

국민건강의 향상과 행복지수 향상을 위한 사회적 의무와 외식산업의 발전을 위해 사회변화의 흐름을 파악해야 한다. 또한 그 시대의 환경과 국민의 요구사항에 걸맞은 조리사가 되기 위해서는 부단한 자기계발을 통하여 스스로의 능력을 향상시켜야 할 것이다.

① 봉사자의 자세

외식산업 종사자에게 가장 중요한 덕목 중의 하나는 서비스 정신이다. 서비스 정신이란 고객중심으로 모든 일을 행하는 것이므로 조리를 하는 과정에서 일어나는 모든 일이 고객의 입장에서 우선 고려되어야 한다.

조리사의 모든 것은 음식으로 표현된다. 또 이는 그것을 먹는 손님에게 평가받게 되는데 나의 모든 것을 평가해 주는 고객이야말로 처음이요 끝이다. 고객을 위하는 마음으로 정성을 다할 때에 즐거움과 보람을 느낄 수 없다면 조리사로서 성공하기 어렵다.

② 절약하는 자세

재료원가 절감의 자세는 수익성과 직결되며, 절감된 원가는 고객만족으로 되돌아간다. 이는 결국 기업의 경쟁력을 높여 주는 것이다. 기업 경쟁력의 원천은 원가절감에 있으며, 기업은 이익이 있을 때에 존재하기 때문이다.

조리사는 인원, 식재료, 에너지, 기물, 기기, 용기 등을 사용함에 있어서 항상 절약하는 자세를 가져야 한다. 또한 수익원칙의 개념이 있어야 하며, 재료비 · 인건비 · 경비의 개념이 만드는 요리에 포함되어야 한다.

③ 위생관념

위생적으로 안전하지 않은 음식은 음식으로서 의미가 없으며, 오염된 음식은 음식이 아니라 독이라고 할 수 있다. 조리사의 위생에 대한 관념은 손님의 건강과 직결되므로 조리사는 항상 개인위생 · 주방위생 · 식품위생에 최선을 다하여서 안전한 음식을 만들어야 한다.

④ 협동하는 자세

주방에서 음식을 만드는 과정은 혼자서 하는 것이 아니라 여러 사람의 협동에 의해서 완성된다. 한 사람이 잘못하면 음식 전체가 잘못될 수 있으며, 조직의 능력은 구성원의 협동심에 의해 좌우되므로, 좋은 음식이 완성되기 위해서는 동료나 상 · 하 간에 존경심과 협동심이 있어야 한다. 즉, 인화 단결하는 분위기를 조성하기 위하여 솔선수범해야 한다.

⑤ 창조인의 자세

조리사는 내면의 세계를 요리를 통하여 표현한다. 조리는 우리의 기본적 욕구를 충족시켜 주는 창작행위이다. 이러한 창작행위에 의해서 끊임없이 조리는 발전하고 그 속에서 음식문화가 흘러간다. 이를 위하여 조리이론, 기술 습득, 미적 감각 배양 등을 위한 꾸준한 노력과 창조자의 정신이 필요한 것이다.

5. 주방환경의 변화

조리환경이란 조리사가 주방에서 식재료에 물리적 · 화학적 · 기술적인 방법으로 새로운 형태의 음식을 만드는 일련의 과정에 직 · 간접적으로 유형 또는 무형의 영향을 받는 제반 여건이라고 할 수 있다. 주방환경은 주방 내의 조리사 및 관련자들에게 영향을 미친다. 근무의욕이 및 주방조직 관리에 영향을 줄 수 있는 여러 조건이 바로 주방환경이다.

주방에 영향을 미치는 환경은 통제가 불가능한 외부형태의 환경과 주방 내부에서 통제가 가능한 내부형태의 환경으로 나누어진다. 이러한 환경은 천천히 혹은 빠르게 변화한다. 주방의 계획 단계에서부터 좋은 환경을 만들기 위하여 세심하게 배려하여야 하지만, 환경은 계속적으로 변화하므로 이러한 환경의 변화에 적절하게 대응하여야 한다.

주방은 식당에서 판매할 음식을 만드는 곳으로 맛있는 음식과 서비스로 고객의 기대가치에 합당한 만족을 주어야 한다. 이러한 역할을 맡는 조리사는 주방의 인적구성 · 시설 · 공간 · 안전 · 위생과 같은 주방환경에 많은 영향을 받는다. 그러므로 주방환경의 합리적인 운영관리는 제반비용과 생산성에 상당한 영향을 미친다.

(1) 인적 환경

노동집약적인 구조를 가지고 있는 외식기업에서 인적 자원은 가장 중요한 자원 중 하나로 주로 생산지향적인 관점에서 관리되었다. 생산성 향상을 위해 생산의 한 구성요소로서의 역할을 강조하였으나, 최근에는 교육수준의 향상과 소득수준의 증가로 인간중심 경영으로 바뀌어 가고 있다.

인사관리는 기업의 종사원을 대상으로 하는 여러 가지 경영의 시책을 의미하며, 종사원의 채용 · 교육 · 배치 · 이동 · 승진 · 퇴직 등 일련의 인사행정 체계를 포함한다. 특히 주방의 인사관리는 직급별 · 업장별 · 전문분야별 특성을 고려하여야 한다.

주방의 형태나 서비스 형태에 따라서 업무의 내용과 업무의 강도가 다르고, 식당의 형태에 따라 그 구성원들의 주방문화가 다르다. 그렇기 때문에 업무의 효율성 증대를 위하여 주방조직의 문화가 적절하게 이루어져야 동료나 상하의 관계가 원만하게 이루어진다.

(2) 시설 환경

주방의 모든 기구와 장비들은 주방에서 상품을 만드는 과정의 다양한 작업을 합리적으로 수행하기 위한 것으로, 주방 설비의 계획부터 구입 · 배치 · 관리에 이르기까지 세심한 주의를 필요로 한다.

주방의 시설이나 설비는 음식 상품을 제조하는 한 부분으로 좋은 음식 조리에 막대한 영향을 미친다. 좋은 시설 환경에서 좋은 음식 상품이 생산되기 때문이다.

고객의 만족을 위한 음식상품의 품질 및 작업능률의 향상을 위해서는 좋은 식재료 사용과 조리 구성원의 실력과 노력 그리고 주방기기를 가장 효율적으로 사용할 수 있는 주방설비가 함께 어우러져야 한다.

주방설비는 조리 구성원들이 가장 쉽고 편하게 사용할 수 있게 설치하여 생산성과 작업능률 향상에 기여해야 한다. 또한 위생적인 주방설비나 장비는 안전하고 깨끗한 음식을 만들 수 있게 한다.

(3) 그밖의 환경

기타 환경으로는 주방관리의 과학적 시스템화가 있다. 모든 업무가 표준화되고 각종 자료의 처리를 위한 컴퓨터 시스템이 도입되면서 모든 분석이 자동화되고, 메뉴와 인원이 예측되면 자동으로 식재료를 발주하게 되었다. 이러한 시스템의 도입은 주방관리의 효율성을 높여 준다.

컴퓨터의 도입으로 업무는 정확하게 수행되게 되었으며, 업무의 자동화 · 전문화 · 표준화가 빠른 속도로 진행되고 있다. 또한 POS 시스템의 도입으로 업무의 분석이 자동화되었으며, 영업에 관한 자료들을 관련자들이 동시에 공유할 수 있게 되었다.

6. 외식산업 환경의 변화

(1) 경제적 환경의 변화

우리나라의 외식산업 시장규모가 빠르게 대규모 · 선진화되고 있는 가장 큰 요인은 경제발전에 따른 국민소득의 증가이다. 하지만 이러한 외식시장은 경제적 상황에 따라 매출이 증가되기도 하고 침체되기도 하는 불안정성을 보인다.
1997년 IMF시대에 경제가 침체하면서 우리나라의 외식산업은 일시적으로 제동이 걸려 침체되기도 하였다.

경제발전과 소득증가에 따라 가처분 소득과 여유 시간이 늘어났고, 이에 따라 외식시장이 확대되고 외식의 동기가 강하게 작용하게 되었다. 고객들의 소비 성향과 가처분 소득은 연관성이 많다.

가처분 소득의 증가는 보다 나은 생활을 위한 소비활동을 촉진시키며, 여가에 대한 새로운 가치관의 정립과 더불어 다양한 문화 및 레저 활동에 참여하는 여유를 가져다 줌으로써 외식의 기회가 자연스럽게 증대되기 시작하였다.

특히 최근에는 삶의 질에 대한 관심이 높아지면서 가계 소비지출 중에서 외식을 포함한 문화생활을 위한 소비지출이 크게 증가하였다. 반면, 식료품비의 비중은 감소하고 있으며 시간이 흐를수록 부식이나 외식에 대한 지출은 크게 증가할 것으로 전망된다.

(2) 사회적 여건의 변화

대량생산 · 대량판매에 뒤이어 대량소비 문화가 생겨나면서, 생활방식 변화 등 가치관의 변화가 일어나고 있다. 소비성 문화가 팽창되면서 생활 방식의 가치관이 변화되었고, 여성의 사회진출 증가와 핵가족화 등으로 인하여 가정의 식사문화 개념이 바뀌고 있다.

또한, 맞벌이 부부가 증가하면서 여성이 충실하게 가정생활에 전념할 수 없기 때문에 주말의 가족단위 외식의 기회가 많아졌다. 식사문화가 배고픔의 욕구충족에서 점차 즐기는 개념으로 바뀌어 가고 있는 것이다.

소비자들이 자신들의 취향과 스타일에 따라 식당을 선택하게 되면서 외식산업은 다양하게 발달하게 되었다. 또한 건강과 음식의 관계가 중요한 관심으로 부상하고, 레저 문화의 다양화 등이 외식의 동기유발을 촉진시키는 요인으로 작용하고 있다.

(3) 문화적 환경의 변화

음식문화의 양식이 서구화되고 전통적 식습관이 퇴조하면서 외식형태와 외식시장에 많은 영향을 미치고 있다. 간편식 위주의 패스트푸드 증가에 따라 식생활 패턴이 서구화되고 있으며 식당이 단순히 먹는 장소에서 대화와 여가의 장소로 변해 가고 있는 것이다. 전통적인 식습관이 또한 서구식으로 빠르게 바뀌어 가고 있다.

우리나라 외식문화를 새롭게 정착시킨 요인의 하나로 자동차의 보급을 꼽을 수 있다. 자가용 승용차의 보급증대는 가족단위의 여행이 일반화되는 데 크게 기여하였으며, 가족단위 외식이라는 서구형의 외식문화를 만들어 내면서 외식산업의 발전에 많은 영향을 미쳤다.

(4) 기술적인 환경의 변화

모든 산업에서 기술혁신이 빠르게 진행되고 있는 현대사회에서는 외식산업도 이러한 영향에서 벗어날 수 없게 되었다. 외국의 유명 외식 브랜드들이 국내시장에 진출하면서 선진 경영기법이 도입되었고, 이에 따른 영향으로 국내 외식산업의 기술적 환경은 단기간에 빠르게 성장하였다. 합리적이고 신속한 경영관리가 이루어지게 되었으며, 첨단 조리기법과 기계설비 및 포장방법 등의 도입은 국내 외식업계뿐만 아니라 관련 산업에도 큰 영향을 미쳤다. 또한, 주방기기의 발달로 조리시간의 절약과 품질향상을 가져왔고, 운영에서는 컴퓨터 시스템의 도입이 필수적으로 인식되기 시작하였다.

첨단산업과의 기술적인 접목이 가능해지면서 주방 시스템이 자동화되고 인력절감 등 효율적인 경영방식이 도입되고 있으며, 자동화된 조리기술 · 조리설비 등 주방기기가 보급되고 있다. 그리고 주변 환경의 현대화와 중심지원 주방(Central kitchen) 등 효율적인 경영방식이 도입되면서 생산성 증대와 원가절감으로 인한 경영개선이 이루어지고 있다.

(5) 고객의 변화

고객의 취향과 생활 스타일은 빠르게 변화하고 있다. 여성의 취업 기회가 많아지면서 식생활 패턴이 바뀌고 있으며, 가정 내에서보다 가정 밖에서의 외식이 빠른 속도로 증가하고 있다. 그리고 레저 문화의 개념이 식당이라는 기존개념에 부가되고 있다.

점점 세분화되는 시장 환경과 다양화되는 고객의 욕구변화 및 식당개념의 변화는 미래 외식시장을 형성해 나가는 데에 큰 요인으로 작용하고 있는 것이다.

생활수준의 향상과 영양 · 보건 · 의료 환경의 개선으로 평균수명이 늘어남에 따라 노령인구 또한 빠르게 증가하고 있다. 따라서 노령인구의 식생활 패턴과 생활방식에 적합한 외식사업도 필요할 것이다.

또한 성별과 연령에 따라 외식업소를 선택하는 기준이 다르다. 보통 식당을 결정하는 가장 큰 요인은 음식의 맛이지만, 특히 여성은 유행과 분위기에 매우 민감한 반응을 보인다. 중장년층과 젊은 사람들은 다른 성향을 보이고 있으므로 고객의 성향에 따라 변화를 고려해야 한다.

해외여행객이 증가하면서 해외에서 외식기업을 접해본 여행객들이 우리나라 외식업체와 비교하며 서비스와 색다른 맛 등을 찾게 되었고, 대기업들은 해외 브랜드를 도입하여 이들의 잠재적 요구를 만족시켜 주고 있다.

Reviews & Rationales

PART 2

주방경영관리

CHAPTER 1

메뉴관리

제1절 메뉴의 이해

1. 메뉴의 정의

- 메뉴의 의미 : 상세히 기록한 것으로 원래 주방에서 식재료를 조리하는 방법을 기술한 것이었다.

오늘날 일반적으로 메뉴는 '고객이 알아보기 쉽도록 식음료의 품목과 가격을 작성 · 기록하여 고객이 식음료를 주문하는 데 필요한 정보를 제공한다. 또한 고객과 업소 간의 식음료 제공을 약속하는 차림표' 로 정의되며, 식당에서 고객에게 상품을 판매하는 가장 중요한 수단 중의 하나이다.

메뉴는 단순히 식음료의 종류를 기록 · 나열하는 본래의 기능보다는 식음료사업의 성패를 좌우하는 제품역할이 한층 강조되고 있다.

경영자는 고객의 욕구를 최대로 만족시켜 주어야 한다. 그리고 주방부서는 어떤 음식이 어떻게 준비되어야 하는지, 영업장 종업원은 무슨 음식을 어떻게 서빙하는지, 구매 관계자는 어떤 식자재를 구매해야 하는지, 시설관계자는 어떤 시설물들을 어떤 규모로 설치해야 하는지와 어떤 분위기를 제공해야 하는지 등을 고민하고 결정해야 한다.

메뉴는 식음료 경영에 있어서 통제(관리)과정에 기본이 되는 도구이다. 식음료사업 경영활동에 미치는 부분은 구매 · 저장 · 시설 · 기물배치 · 조직 · 생산성 · 서비스 · 수입통제 · 원가관리 등 거의 모든 부문으로 메뉴의 영향은 매우 크다.

메뉴는 식음료 판매업자인 경영자와 수요자인 고객을 연결해 주는 역할을 수행하며, 식음료 서비스업의 수익성 있는 경영성과를 위한 전제조건이다. 그러므로 성공적인 메뉴란 경영조직체계에 대해 이윤을 창출시킬 수 있는 방향으로 고객의 필요와 욕구를 충족시킬 수 있는 것이어야 한다.

현대 식음료 경영활동에 있어서 메뉴는 판매와 관련한 중요한 상품화의 수단으로서 그 역할이 매우 중요하다. 이러한 메뉴의 작성에 있어서 메뉴의 계획은 매우 중요하며, 성공적인 메뉴는 다음과 같은 주요 목표를 만족시켜야 한다.

첫째, 메뉴는 식당경영의 상징적인 사명을 갖고 있다. 식당의 경영전략은 메뉴가 지닌 사명에 의해서 구현된다.

둘째, 메뉴는 기업의 근원이라고 할 수 있다. 식당에서 판매되는 상품은 메뉴에서 시작된다. 메뉴가 가지고 있는 최대의 매력은 고객으로 하여금 식욕의 감정을 직접 불러일으켜서 판매의 효과를 주는 것이다.

셋째, 메뉴는 그 식당의 개성과 분위기를 만들어 내는 도구이다. 메뉴라는 일람표(catalogue)는 식당의 얼굴로, 친절한 애착을 고객에게 불러일으킴으로써 분명한 판매 의식을 가져다 준다.

넷째, 메뉴는 식당의 실내장식과 큰 조화를 이룬다.

다섯째, 메뉴는 경쟁적 우위를 갖게 하는 수단이다. 메뉴는 새롭게 세분된 시장에 흥미를 끌 수 있는 경쟁적 우위를 가져다 준다.

메뉴는 단골고객을 증가시키기 위해서도 사용할 수 있다. 매우 인기 있는 품목들뿐만 아니라 메뉴의 단조로움을 피해 다양성을 제공함으로써 단골고객을 확보할 수 있는 것이다.

한편, 경영자는 메뉴조사 자료, 마케팅 정보체계, 시장조사 자료 등을 세밀히 연구함으로써 현재의 추세를 확인하고, 변화하는 고객의 기호를 충족시켜 주기 위한 대안으로서 메뉴를 제시할 수 있다.

메뉴는 내부적인 통제도구일 뿐만 아니라 판매 · 광고 · 판매촉진을 포함하는 마케팅 수단이라고 할 수 있다.

식당은 고객과 약속된 수준 이상의 맛과 서비스를 판매하는 곳이다. 식당에서 판매하는 상품이 메뉴이며, 그러므로 메뉴는 음식과 서비스가 합쳐진 상품을 뜻한다. 식당은 메뉴를 판매하는 곳이며, 메뉴는 식당의 수준을 대변하는 얼굴이고 고객과의 약속이다.

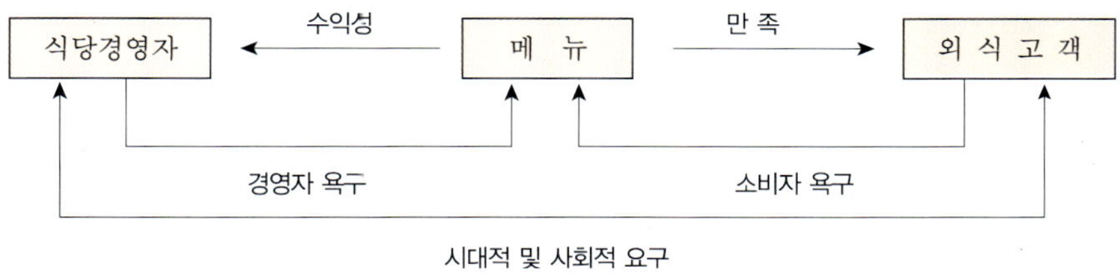

그림 2-1 메뉴의 역할

2. 메뉴의 종류

(1) 품목변화 정도에 의한 분류

① 고정 메뉴

고정 메뉴는 정식요리 머뉴, 일품요리 메뉴, 콤비네이션 메뉴를 모두 포함하는 것으로, 몇 개월 또는 그 이상 동안을 사용하는 메뉴이다. 즉, 새로운 고정 메뉴가 등장하기 전까지 사용되는 메뉴로서 일정기간 동안 메뉴 품목이 변하지 않고 지속적으로 제공되는 것이다

고정 메뉴는 상품의 통제와 조절이 쉽고 상품이 많지 않으므로 전문화할 수 있다는 장점이 있다. 그러나 상품이 오랫동안 고정되어 있고 여건변화에 둔감하면 고객들이 싫증을 나타낼 수 있으며 시장이 제한적일 수도 있다

② 순환 메뉴

순환 메뉴는 일정한 주기, 즉 월 또는 계절별로 일정한 기간을 가지고 변화하는 메뉴이다. 메뉴에 변화를 주어서 고객에게 신선함을 전달할 수 있고 계절별로 메뉴를 조정할 수 있는 장점이 있다.

그러나 식자재의 재고율이 높을 수 있으며, 자주 바뀌는 메뉴의 질을 유지하기 위하여 아주 숙련된 조리사가 필요하다.

③ 가변 메뉴

가변 메뉴는 특별한 행사기간에만 판매되는 메뉴이다. 여기에는 페스티발 메뉴, 스페셜 메뉴, 계절 메뉴, 건강 메뉴, 베지터블 메뉴 등이 있다.

(2) 내용적 분류

① 정식 메뉴(Table d' hote menu)

정식 메뉴란 'Full Course Menu' 로서 고객들에게 한 끼 분량의 인기있는 품목으로 구성된다. 대체적으로 품질은 우수하지만 가격이 높으며, 고객에게는 선택의 기회가 없고 전체 코스를 일괄적으로 제공받아야 한다는 단점이 있다.

정식 메뉴의 구성은 전체적으로 조화를 이루어야 하며 보통 전체요리, 수프, 생선요리, 셔벗, 주요리, 샐러드, 과일, 후식, 치즈, 음료 등의 순서로 되어 있다. 옛날에는 16코스 등으로 음식이 제공되었으나 근래에 와서는 정식 메뉴의 순서가 간소하게 바뀌면서 다음과 같은 순서로 사용하고 있다.

5 Course 메뉴 : 전체 → 수프 → 주요리 → 후식 → 음료
7 Course 메뉴 : 전체 → 수프 → 생선 → 셔벗 → 주요리 → 후식 → 음료

요즈음은 정식 메뉴보다 일품요리가 많이 판매되고 있다. 정식 메뉴는 가격이 비싸고 식사시간이 오래 걸려서 고객의 선호도가 떨어질 수 있으므로 정식 메뉴만 하는 식당은 거의 없는 실정이다.

그러나 정식 메뉴는 메뉴의 근본으로 식당 메뉴의 기준이 된다.

[정식 메뉴의 특성]

① 고객의 메뉴 선택이 용이하다.
② 코스에 포함된 음식의 수가 제한적이다.
③ 객 단가가 높아진다.
④ 가격이 저렴하다.
⑤ 능률적인 서빙을 할 수 있다.
⑥ 코스별로 가격이 정해져 있다.
⑦ 메뉴에 대한 지식이 없어도 주문이 쉽다.
⑧ 조리과정이 일정하여 인력이 절감된다.

정식요리는 아침이나 점심 또는 저녁식사로 제공될 수 있으며, 여러 가지 형태로 적절하게 변형되어 제공되기도 한다.

② 일품요리 메뉴(A La Carte menu)

고객의 기호에 따른 주문에 의하여 제공되는 요리로서 각 순서(Course)별로 여

러 종류를 나열해 놓고 고객이 고를 수 있게 만들어진 차림표이다. 이것을 표준차림표라고도 한다.

이 구성은 가장 전통적인 정식 식사의 각 순서마다 몇 가지의 요리품목을 명시한 것으로 현재 각 식당에서 사용하는 메뉴는 일반적으로 일품요리 메뉴이다.

[일품요리의 특성]

① 정식요리에 제공되는 품목보다 종류가 많다.
② 각각의 요리 품목들은 개별적으로 주문해야 한다.
③ 음식의 가격은 개별적으로 계산한다.
④ 인건비가 높으며, 낭비가 많다.
⑤ 식자재 관리가 어렵다.
⑥ 메뉴 관리가 어렵다.
⑦ 여러 가지를 주문하면 보통 코스요리보다 비싸다.
⑧ 계절별로 이국적인 고급요리를 제공하기도 한다.

일품요리는 판매수요를 정확하게 예측하기가 어렵기 때문에 정식요리보다 수급량 관리가 어렵다.

③ 뷔페 메뉴(Buffet menu)

뷔페 메뉴는 셀프서빙 방식으로 제공되는 메뉴로, 경우와 가격에 따라서 손으로 간단히 먹을 수 있는 칵테일파티 메뉴부터 수백 종류의 고급 메뉴로 구성된 뷔페에 이르기까지 종류와 수준이 매우 다양하다. 뷔페 메뉴는 상설 뷔페 식당도 있지만 결혼 피로연, 회의 만찬 등 큰 모임이 있는 경우에 자주 제공된다. 뷔페 메뉴는 정해진 가격과 시간으로 정하진 요리가 제공되기 때문에 코스 요리의 일종이라고 볼 수도 있다. 보통 오픈 뷔페(Open buffet)나 크로우드 뷔페(closed buffet) 형태로 운영된다.

④ 컴비네이션 메뉴(Combination menu)

정식요리 메뉴와 일품요리 메뉴의 혼합된 형태이다. 세트 메뉴 등으로 정식요리 메뉴의 무거움을 줄이고 일품요리의 부족함을 보충해주는 형태의 메뉴이다. 메뉴의 다양성과 유연성 그리고 판매촉진을 위한 특별 형태의 메뉴로 빠른 속도로 변화하는 고객의 필요와 욕구에 대처할 수 있다.

[컴비네이션 메뉴의 특징]

① 메뉴의 구성을 통하여 고객의 변화에 유연하게 대처할 수 있다.
② 다양한 메뉴로 고객의 선택폭을 넓힐 수 있다.
③ 객 단가를 높일 수 있다.
④ 원가 절감이 가능하다.

3. 메뉴의 기능

메뉴에는 몇 가지 기본 기능이 있다. 하나는 식당운영자가 영업에 필요한 계획을 수립하고 인력을 확보하여 체계적으로 일을 하도록 하는 관리 및 통제를 위한 기능이고, 또 하나는 인쇄된 안내문으로서 고객에게 무엇을 어떻게 제공하겠다는 약속의 기능이다.

또한 메뉴는 현대 식음료사업에 있어서 판매와 관련한 가장 중요한 상품화 수단(Merchandising Tools)으로 그 역할이 증진되어 왔다. 이러한 기능들을 훌륭히 소화해 내는 메뉴는 고객이 식사와 음료를 편리하고 유쾌하게 선택할 수 있도록 하며, 식당운영자가 음식을 생산하고 판매하여 매출 및 수익 등을 예측하고 관리할 수 있도록 한다. 따라서 메뉴의 관리는 식음료 사업의 목표달성을 위하여 관리되어야 할 가장 중요한 분야이다.

메뉴는 식음료 판매업자이기도 한 경영자와 수요자인 고객을 연결시켜주는 역할을 수행함으로써 식음료 서비스업의 수익성 있는 경영성과를 위한 전제조건이 된다. 그러므로 성공적인 메뉴란 경영조직체에 대해 이윤을 창출하는 동시에 고객의 욕구를 충족시킬 수 있을 만한 내용과 외양을 갖춘 것이어야 한다.

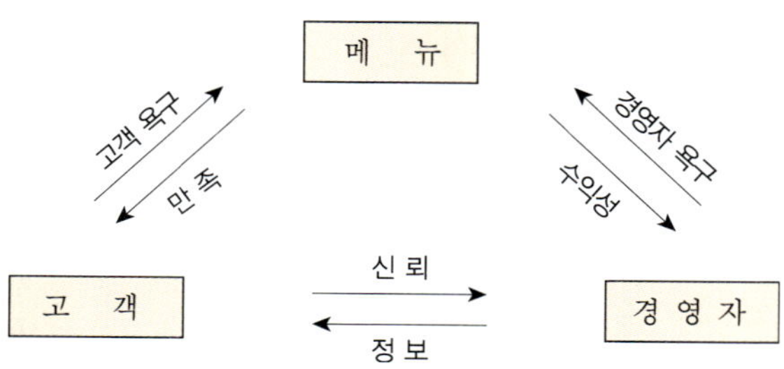

그림 2-2 메뉴의 기능

[그림 2-2]에도 나타나 있듯이 메뉴의 기능은 경영자와 고객이 메뉴를 통해서 커뮤니케이션을 할 수 있도록 하는 데 있다. 적정한 가격수준, 데코레이션, 기술, 설비 및 배치, 계절성 상품의 공급능력 등을 메뉴가 결정한다.

이러한 여러가지 요소를 고객의 욕구충족과 식당의 수익성 추구라는 양 측면에서 고려한뒤 이를 하나의 메뉴에 결합시킴으로써 비로소 훌륭한 메뉴가 이루어질 수 있는 것이다.

메뉴는 식음료의 품목과 그 가격을 기록 · 표시하는 기능 이외에도 다음과 같은 기능을 갖는다.

① 메뉴는 무언의 서비스맨으로 판매의 기능을 수행한다.
② 메뉴에는 식당의 경영방침이 집약되어 있다. 메뉴를 바탕으로 주방의 설비, 종업원 수, 재료의 선택 및 매입 등이 결정된다.
③ 메뉴는 식당의 특성을 나타내고, 이미지를 형성한다.
④ 메뉴는 고객과 종업원의 마음을 연결하는 일을 한다.
⑤ 메뉴는 식음료 연구의 자료가 되며, 레스토랑 이용객의 기호를 알려준다.

제2절 메뉴 계획

1. 메뉴 관리의 이해

메뉴는 관리자가 식당의 성공적인 운영을 위해 관리하여야 할 가장 중요한 대상 중 하나이다. 그렇기 때문이 메뉴는 고객의 필요와 욕구를 충족시키고 조직의 목표를 달성할 수 있도록 계획 · 관리되어야 한다.

성공적인 메뉴를 작성하려면 그에 관련된 투입요소인 메뉴 품목, 가격수준, 생산 및 서비스의 기술, 상품품질, 이를 위한 시설, 식음료 상품 공급의 항상성, 식당의 분위기와 장식, 설비 및 메뉴의 다양성 수준 등 많은 내용에 관한 계획이 망라되어야 한다.

메뉴에 관련된 경영의사 결정은 고객의 만족과 사업체의 수익성이라는 욕구를 동시에 충족시킬 수 있도록 이루어져야 한다. 즉 최저의 비용으로 고객에게 최대의 만족을 제공함과 동시에 최대의 이윤을 추구하여야 한다. 이때 고객의 욕구와 필요를 가장 경제적인 방법으로 충족시킬 수 있는 기능과 관리적인 능력을 겸비한 관리자가 필요하다.

메뉴 관리란 다음의 [그림 2-3]을 통해서도 알 수 있듯이 통제가능한 여러가지 요소들을 통제할 수 없는 시대적 · 사회적 환경여건에 적응시키는 것과 관련된 일련의 활동들을 말한다

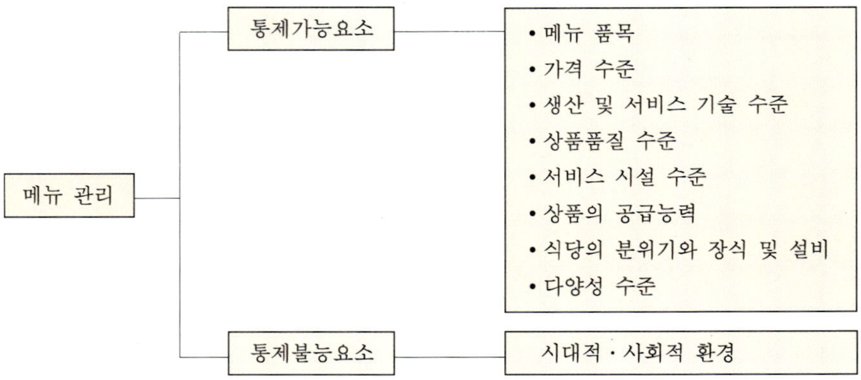

그림 2-3 메뉴 관리와 메뉴의 투입요소

2. 메뉴 계획 시의 고려사항

효과적인 메뉴 계획을 위해서는 판매하고자 하는 메뉴의 표적시장을 정확히 설정한 후 원가와 품질 · 생산능력 · 다양성 · 영양적인 요소 등을 고려하여야 한다. 메뉴 계획 시에 고려되어야 할 사항은 무수히 많지만, 고객의 관점과 관리적인 관점으로 대별할 수 있다.

(1) 고객의 관점

① 고객의 욕구파악

표적시장을 결정하고 그 표적시장의 욕구와 경향을 분석한다. 고객의 욕구는 항상 변화하기 때문에 시장의 흐름과 고객의 경향을 파악하는 것은 주력메뉴를 결정할 때 가장 중요하게 고려해야 할 요소이다.

② 다양성과 매력성

고객은 음식의 선택에 대한 선호도와 습관을 가지고 있다. 선호도는 특정 음식을 좋아하는 정도이며, 습관은 얼마나 그 음식을 자주 먹느냐를 뜻한다. 고객의 선택을 위한 메뉴의 다양성과 매력성은 메뉴 계획의 기본 사항 중의 하나이다. 그러므로 메뉴의 폭과 다양성을 함께 고려해야 한다.

③ 영양적 요소

음식과 영양의 관계는 음식 섭취의 목적상 분리할 수 없는 관계이다. 그러므로 표적시장에 맞추어서 필요한 열량이나 영양분의 균형을 적절하게 조화시켜야 한다.

④ 식습관과 기호

아무리 좋은 음식도 고객에게 좋은 반응을 얻지 못하면 가치가 없다. 메뉴계획에 있어서 음식의 선호와 습관은 중요한 고려대상이다. 현대의 고객들은 좋아하는 음식에 대하여 상당한 지식과 경험을 가지고 있다.

⑤ 문화와 종교적 요인

종교적 제약이 음식선호를 제한하며 문화에도 영향을 미친다.

⑥ 인적 요인

고객에 따라 기대수준이 다르며, 가족상황이나 타인의 영향을 많이 받는다. 분위기에도 영향을 받으며 교육의 상태에 따라서도 영향을 받는다.

⑦ 사회경제적 요인

고객의 음식 선택은 소득과 직접적으로 관련이 있다.

⑧ 기타

음식의 모양, 색깔, 냄새, 질감, 온도, 맛 그리고 품질과 같은 것들도 중요한 고려대상이다.

(2) 관리적인 관점

① 조직의 목표

모든 자원을 합리적으로 이용하여 고객만족과 동시에 매출의 극대화를 이루어 필요이익을 달성하여야만 기업의 목표와 목적을 이룰 수 있으며, 생존이 가능하다.

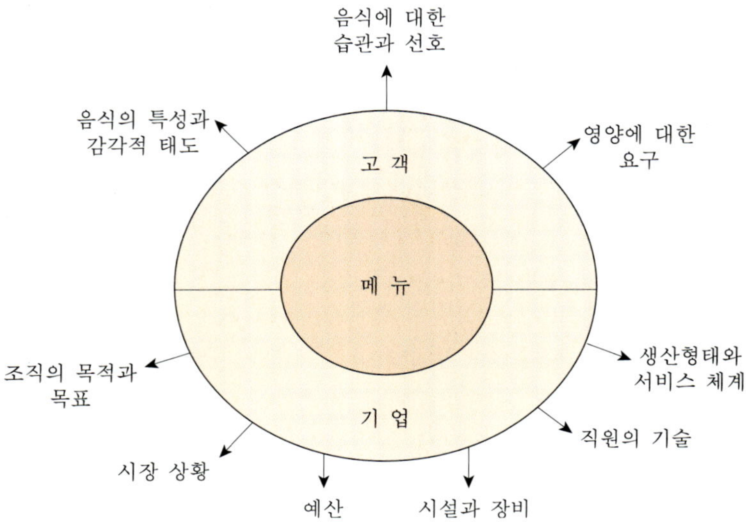

자료 : Mahmood A. Khan, "Menus and Menu Planning," *VNR'S Encyclopedia of Hospitality and Tourism*, New York : VNR, 1993, pp.88-90.

그림 2-4 Mahmood의 메뉴 계획모형

② 원가와 수익성

기본적으로 수익성이 없는 메뉴는 판매할 수 없다. 식재료비, 인건비, 경비 등의 원가는 판매가격을 결정하며, 이는 수익성을 결정짓는 중요 요소가 되기도 한다. 현재의 원가와 함께 앞으로의 판매흐름에 따라 원가가 변할 수 있다면 그것까지 고려해야 한다.

③ 식재료의 구입여부

신선하고 안전한 식재료의 안정적인 공급은 중요한 사항이므로 사전에 조사되어야 하며, 식재료의 안정적인 공급이 어려운 메뉴는 판매를 고려해야 한다.

④ 조리기구 및 시설의 수용능력

현재의 시설과 종업원의 수준에서 가장 신속하고 경제적인 방법으로 고객을 만족시킬 수 있는 메뉴의 선정은 매우 중요하며, 새로운 메뉴를 위한 새로운 주방장비의 구입이 필요하다면 심각하게 고려해 보아야 한다.

⑤ 예산

예산은 보통 실제 고객 수에 바탕을 두고 계획된다. 예산에 바탕을 둔 광고나 홍보정책 마케팅 활동 등은 매출에 큰 영향을 미친다.

⑥ 음식조리와 서비스의 하부시스템 유형

모든 음식이 모든 서비스업체에 적당한 것은 아니다. 음식생산 유형은 메뉴에 포함될 음식들에게 영향을 미친다.

(3) 음식측면

① 색깔

음식의 색은 선택기준의 중요한 요인 중의 하나이다. 식욕을 증진시키는 색도 있고 감퇴시키는 색도 있다. 고객은 눈에 먼저 띄는 음식을 선호하기 때문에 메뉴를 계획할 때 서로 다른 색깔의 음식을 포함해 잘 선택해야 된다.

② 질감과 형태

음식들은 경질이여서 좋아 하기도 하고 연질이여서 좋아하기도 한다. 음식의 종류에 따라서 다르고, 또한 적당히 조합을 해야 된다.

③ 농도

음식은 농도의 다양성을 가하여야 한다.

④ 맛

맛의 혼합은 독특한 맛을 창출하기 위하여 필요하다. 음식의 맛은 메뉴 계획 시 아주 중요하게 고려되어야 한다. 모든 음식은 맛이 좋아야 한다.

⑤ 예산

예산은 보통 실제 고객 수에 바탕을 두고 계획된다. 예산에 바탕을 둔 광고나 홍보정책 마케팅 활동 등은 매출에 큰 영향을 미친다.

⑥ 조리방법

다양성을 제공하기 위한 음식조리 방법들의 균형 유지는 중요한 고려요인이다.

⑦ 음식의 온도

선호하는 음식의 온도는 고객에 따라 차이가 있으며 뜨거운 음식과 차가운 음식들 모두가 포함되어 있는 메뉴가 바람직하다.

⑧ 제시방법

고객들은 그들의 눈으로 음식을 구매한다.

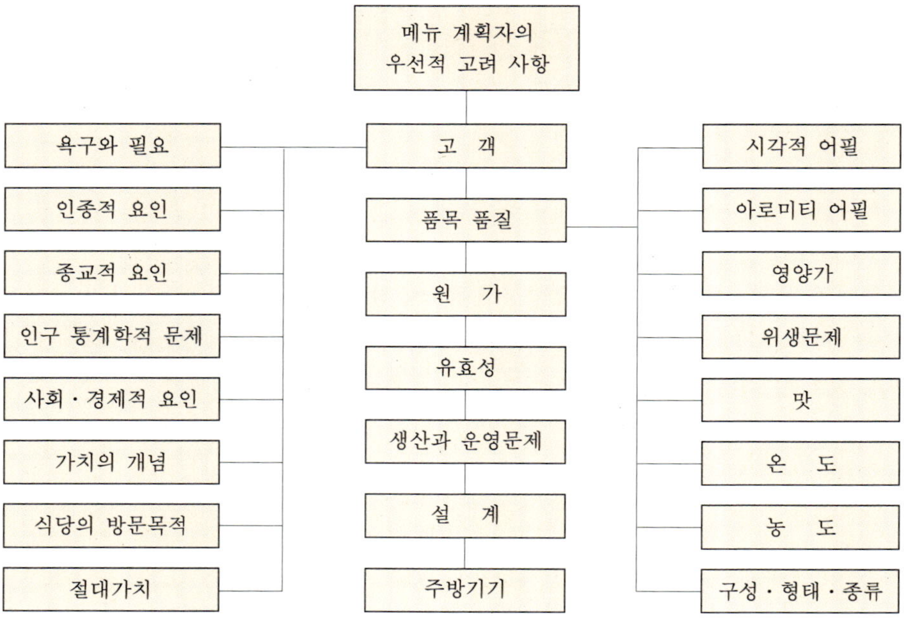

자료 : Jack D. Ninemeier, *Principles of Food and Beverage Operations*, AH&MA, 1984. p115.

그림 2-5 Ninemeier의 메뉴 계획 모형

이 모형은 고객, 제공될 메뉴의 품질, 원가, 생산과 원자재 공급, 최대 생산량, 영업적 문제, 위생적 문제, 주방시설, 주방장비 등을 메뉴 계획자가 고려하여야 하는 주요사항으로 보았다. 고객관점에서의 8개 변수와 품질 관점에서의 8개 변수를 고려한 모형이다.

3. 메뉴작성의 원칙

보통 메뉴를 작성하는 데는 다음과 같은 원칙이 있다.

① 같은 재료로 두 가지 이상의 요리를 만들지 않는다.
② 요리의 장식에 주의해야 한다. 색의 조화와 요리의 재료에 알맞은 곁들임, 배합과 배색에 구색을 맞추어야 한다.
③ 비슷한 색의 요리를 반복하지 않는다.
④ 비슷한 소스(Sauce)를 중복하지 않는다.
⑤ 같은 조리방법을 두 가지 이상의 요리에 사용하지 않는다.
⑥ 요리코스의 균형은 경식(Light dish)에서 중식(Heavy dish)으로 맞춘다.

⑦ 식당과 주방의 장비 및 서비스 인원에 맞는 요리를 제공한다.
⑧ 계절, 요일 등의 감각에 알맞은 메뉴를 작성한다.
⑨ 영양배합은 중요한 고려사항 중의 하나이다.
⑩ 식품위생을 충분히 고려한다.

4. 메뉴의 계획

식당경영의 성공여부는 메뉴 계획자의 손에 달려 있다. 메뉴의 계획에는 식음료 책임자, 주방 책임자, 구매 책임자, 각 업장의 책임자, 그리고 식음료 통제자(Controller)가 참여하여 메뉴를 계획하여야 한다.

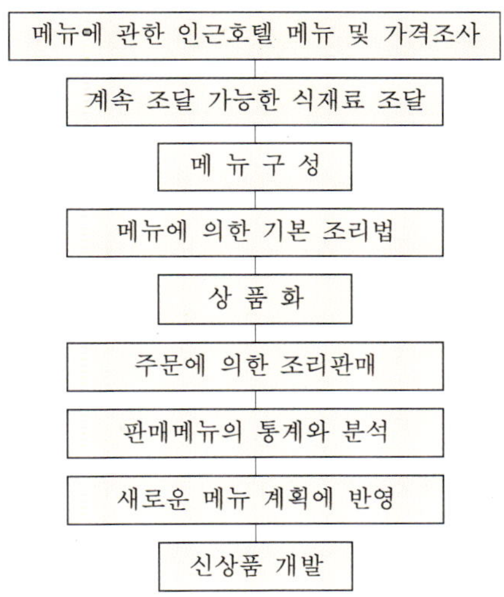

자료 : 김충호, 호텔 경영관리, 형설출판사, 1990년.

그림 2-6 메뉴 계획의 절차

메뉴의 계획은 다양한 음식 종류와 조리 방법, 서비스 방법 등에 대한 전반적인 전문지식을 요구한다. 각종 음식에 대한 이해와 영양소는 물론이고 판매촉진, 디자인, 색상감각 등 예술적인 지식과 경영관리 감각을 필요로 하며, 특질성 또한 고려하여야 한다.

[메뉴 계획의 기본원리]

① 미식적 측면(Gastronomic Aspects)
음식의 색상, 재료, 질감, 맛 등이 다양하게 배합되도록 계획하여야 한다.

② 경제적 측면(Economic Aspects)
비용을 고려해서 식당과 고객의 수준에 맞게 계획하여야 한다.

③ 실제적 측면(Practical Aspects)
설비, 인원, 서비스 형태 등의 수준에 맞는 메뉴를 계획하여야 한다.

(1) 메뉴 품목을 결정하는 순서

업체의 경영규모나 서비스의 형태에 알맞은 재료를 적정한 가격에 제조 · 판매할 수 있도록 계획하고 관리하는 데 목적이 있다.

그러므로 전체요리(Appetizer), 수프(Soup), 야채(Vegetable), 빵(Bread), 주요리(Main dish), 후식(Desserts), 음료(Beverage) 등의 요리 코스 중에서도 주요리(Main dish)를 우선적으로 결정하여야 한다.

일단 허용된 원가의 범위 내에서 식재료를 관리하기 용이한 주요리의 품목이나 내용을 결정한다. 그렇게 되면 색상이나 모양 또는 맛이나 향기 · 온도 · 식감 · 계절감각 등이 중복하지 않고 조화롭게 선택하기 용이하다.

(2) 식료 군(group) 간의 균형유지

메뉴에 수록될 식음료는 다음 중 어느 한 군에만 치우치지 않고 골고루 균형이 유지될 수 있도록 선정되어야 한다.

[식료 군별 분류]

- 전채요리(Appetizers)
- 수프(Soup)
- 야채와 사이드 메뉴(Vegetables & Side dishes)
- 감자와 파스타 및 밥(Potato, Pasta & Rice)
- 샐러드(Salad)
- 뜨거운 주요리(Hot Main dish)
- 육류(Meat)

- 가금류(Poultry)
- 해산물(Seafood)
- 차가운 주요리(Cold Main dish)
- 후식(Desserts)
- 치즈(Cheese)
- 과실류(Fruits)
- 음료(Beverages).

(3) 메뉴의 다양화

메뉴의 다양화는 고객 기호와 관련이 있으며, 조리 측면에서의 다양화가 필요하다.

관리적 측면에서의 식음료 품목의 다양화 정도와 메뉴 다양화 척도 결정의 고려요인은 아래와 같다.

① 고객 및 표적시장에 대해 세일즈 어필(Sales appeal)을 갖게 하거나 인기있는 메뉴인지의 여부
② 식음료 품목별 수익성 비교
③ 생산방법이나 조리에 소요되는 시간
④ 재료의 조달 문제
⑤ 조리나 서비스에 소요되는 노동력
⑥ 소요 설비요건이나 그 이용률
⑦ 고객과 식음료의 분량(Portion Size) 비교
⑧ 색이나 질감 등의 외양 문제
⑨ 가격 문제

5. 메뉴 계획의 기술적 요소

① 주기적인 메뉴(Cycle Menu)를 계획한다.
② 메뉴의 유연성을 고려한다.
③ 메뉴의 내용을 간소화한다.
④ 메뉴를 계획 · 작성할 때 다수의 의견을 고려한다.
⑤ 어린이용 메뉴를 고려한다.

제3절 가격결정

1. 가격결정의 의의

가격이란 화폐액으로 표시된 상품과 서비스의 효용 및 가치이며, 소비자에게는 상품의 가치를 금액으로 표시한 것으로 상품과 화폐의 교환비율을 말한다.

서비스 가격의 특성은 서비스 상품이 대부분 주문에 의한 생산이기 때문에 변동성이 강하다는 것이다. 서비스 상품은 판매하는 종사원과 서비스 내용이 합해져 완성된다. 따라서 서비스 상품은 일반상품과 달리 원가가 명확하지 않으며, 가격결정이 객관적이기보다 심리적 · 주관적으로 결정되는 경우가 많고 일반적으로 비용보다 가치에 기준을 두고 결정하게 된다.

서비스 상품을 구매할 때 구매자들은 가격과 서비스 질을 연관해 받아들이는 경향이 있다. 서비스 질을 평가하는 기준에는 소비자의 경험과 신뢰를 비롯하여 주위 사람의 평판이 크게 작용하기 때문이다. 그러므로 서비스 수준에 따라 가격을 달리할 수 있으며, 수요와 공급의 탄력성에 따라 가격의 폭을 달리할 수 있다.

메뉴의 가격은 외식기업의 성패에 영향을 미친다. 즉, 합리적인 가격 분포는 메뉴를 잘 포장해주는 포장지와 같기 때문에 가격이 적당하지 않으면 고객의 구매력에 부정적인 영향을 주어 매출이 감소하게 된다.

따라서 메뉴에 수록된 각 상품에 대한 적정한 판매가격의 결정은 수익관리의 한 분야로서 중요할 수밖에 없다. 더구나 가격은 수요자들의 구매행위에 있어서 하나의 결정적인 동기로 작용할 뿐만 아니라 그들의 구매행위를 제한하는 기능을 수행하기도 한다.

고객은 가치가 높은 상품을 선호하는데, 가치는 품질 또는 가격과 함수관계에 있다. 간단히 말해서 식당의 고객 가치는 음식물과 서비스 및 데코레이션 등의 질이 높아질수록 그리고 음식물 가격이 낮을수록 상승한다.

그러나 가치는 주관적인 개념으로 일률적일 수는 없으며, 같은 조건에서도 고객에 따라서 다르게 측정할 수 있다.

메뉴의 판매가격은 직접적으로 식당사업의 목표를 달성하는 수단이므로 식음료 상품에 대한 제품계획이나 판매촉진책의 내용에 부합되는 형태로 이윤극대화에 공헌할 수 있어야 한다.

그리고 상반되는 개념으로서 고객에 대한 공공이익의 추구라는 측면도 고려해야 한다. 이 두 가지의 측던이 조화를 이룰 때 비로소 적정한 가격이 형성되었다고 할 수 있다.

가격결정에 공정성이 결여되는 근본원인은 가격결정 방법이 표준화되지 못한 데 있다. 그렇기 때문에 누가, 언제, 어떻게 결정하더라도 동일한 조건 하에 동일한 가격으로 정해지도록 해야 한다.

그러기 위해서는 메뉴를 합리적으로 분석하고 표준화하여 특정 관리자의 직종에 대한 횡포를 막아야 한다. 또한 식당을 하나의 기업으로서 인식하여 공정한 관리로 전문 기능인도 경영관리를 담당할 수 있게 할 뿐만 아니라 기존 관리자에게도 과학적 경영관리 기법을 연구하는 데 도움을 줄 수 있도록 표준화를 진행해야 할 것이다.

(1) 가격의 특성

① 가격이란 화폐액으로 표시된 상품과 서비스의 효용 및 가치로서 소비자에게는 상품의 가치를 금액으로 표시한 것으로서 상품과 화폐의 교환비율을 말한다.

② 가격은 4P중 제품의 효용에 대해 소비자가 지불하는 대가로서 마케팅 믹스 중 가장 경쟁에 민감한 요소이며 경쟁기업에 대해 보유할 수 있는 중요한 경쟁우위의 원천 중 하나이다.

③ 가격은 이익의 원천으로 총수익에 영향을 미치며 판매량에도 영향을 미친다. 기업의 이익과 소비자의 구매행동을 결정지우는 역할을 한다.

총이익 = 총수익(가격 판매량) − 총비용

④ 서비스가격의 특성은 서비스상품이 대부분 주문에 의한 생산이기 때문에 변동성이 강하다. 서비스 상품을 판매하는 종사원과 서비스 내용물이 합쳐서 완성된 상품이 된다.

⑤ 가격결정이 객관적이기 보다 심리적 주관적으로 결정되는 경우가 많으며 비용보다 가치에 기준을 두고 일반적으로 결정된다.

⑥ 메뉴의 가격은 외식기업의 성패에 영향을 미치는 속성이 있으며 합리적인 가격 분포는 메뉴를 잘 포장해주는 포장지와 같다.

⑦ 가격은 수요자들의 구매행위에 있어서 하나의 결정적인 동기요인으로서 역할 뿐만 아니라 그들의 구매행위를 제한하는 기능을 수행하기도 한다.

⑧ 메뉴의 판매가격은 이윤극대화에 공헌할 수 있어야 한다. 그리고 상반되는 개념으로써 고객에 대한 공공이익의 추구라는 측면도 고려해야 된다.

⑨ 가격은 가장 강력한 경쟁의 도구이다. 가격의 효과는 즉각적으로 일어나지만 경쟁자의 즉각적 모방 역시 가능하다.

(2) 가격의 경제적 원리

외식산업의 기업체에 대한 경제이론들로 다음과 같은 것들이 있다.

- 손익 분기점, 최소 판매점
- 가격절감(수익/판매량 비율)
- 부수적판매, 수익극대화
- 매출믹스, 수익체감, 시장점유율

① 손익분기점(Break Even Point)

손익분기점은 수익과 판매량의 관계로 도표나 산술계산에 의해 결정될 수 있다.

- **고정비(FC)** : 매출량과 관계없이 계속 발생하는 비용
- **변동비(VC)** : 매출량에 따라서 변동하는 비용
- **총비용(TC)** : 고정비와 변동비의 합계
- 손익 분기점 = 고정비 / 1(100%) − (변동비 / 총판매)

② 최저 판매점

일정기간 동안의 총 매출액과 이와 같은 시기의 영업비용 사이의 통계적 관계를 결정해야 되는데 이것이 최저 판매기점(MSP)이다.

- 최저 판매기점 = 최저영업비 / 1(100%) − 최저영업비%

③ 가격절감

판매가격의 인하가 매출량을 증가시켜 수익을 증가시킬 것이라고 생각한다. 단위매출 가격을 인하하고자 한다면 현재의 총 수익을 유지하기 위해서 얼마나 매출량이 증가되어야 하는지 알아야 한다.

④ 부수적 판매

추가서비스 제공, 와인 무료제공 등 부가적인 판매효과도 투입된 비용과 증가된 수익사이의 손익관계를 계산하여 결정해야 된다.

2. 가격정책

메뉴의 가격책정은 비단 가격의 결정이란 기능 외에도 판매기능을 함께 수행하므로 신중하게 결정하여야 한다.

[가격정책의 목표]

① 이윤의 극대화
② 목표 수익률의 확보
③ 목표시장 점유율의 유지 및 확대

오늘날 식음료 사업에 있어서 가격정책의 주요목표는 목표수익율의 달성에 있다. 이것은 투하자본에 대한 일정 비율의 수익이라기보다는 매출에 대한 것으로서 원가에 판매비, 관리비 및 이윤에 대한 일정의 이윤(Mark-up)을 가산하는 원가가산가격 결정법(cost plus) 방식을 채택한 것이다.

그런데 이 방식은 시장경쟁을 무시한다는 단점이 있어서 메뉴 품목의 특징과 경쟁도 및 시장여건을 고려해야 한다. 어떻든 가격은 이미 결정된 사업목표와 결부하기 때문에 고려한 후 결정될 문제이다. 또한 어떠한 방법도 그 자체로서 완벽한 것일 수는 없고 그 업체의 특수한 환경조건을 고려해서 조정해야 한다.

일반 마케팅에서는 상품의 가격을 결정하는 데 있어서 고려해야 하는 변수를 크게 여섯 가지로 나누지만 'Food and Beverage Operation' 에서는 가격결정변수를 호텔 레스토랑과 일반 레스토랑에 응용하여 다음과 같이 구체화시켰다.

[상품가격 결정의 객관적인 변수들]

① 수요의 탄력성(가격, 질, 서비스 및 기타환경)
② 고객이 인지한 가치
③ 경쟁, 분위기
④ 위치
⑤ 서비스 스타일
⑥ 질과 맛
⑦ 메뉴 가격과 매출액
⑧ 이익을 백분율로 나타내지 않고 금액으로 표시
⑨ 총매출액에 대한 이익과 식료원가를 제외한 비율
⑩ 일률적인 승수율 적용의 곤란성
⑪ 제반비용의 고려
⑫ 장기적인 메뉴 가격 함축성
⑬ 정부의 규제
⑭ 경영자의 이익 등

(1) 기업의 가격목표

가격목표는 다른 마케팅 믹스 변수들과 관계를 고려하여 결정된다. 시장세분화와 표적시장에 따라서 다르게 정해진다.

① 시장 확대목표

침투가격 전략을 많이 사용하며 이는 매우 낮은 가격으로 대중시장을 겨냥하는 정책으로 소비자들이 가격에 민감하거나 저가격으로 경쟁자의 가격을 무력화 할 수 있을 경우 사용가능.

- 신제품 출시 혹은 새로운 시장 개척 때 많이 사용한다.
- 자사제품 단위매출 극대화를 위해 사용

② 수익률 확대목표

제품 판매로 인한 이익을 극대화하기 위해 사용하는 전략이다. 기준은 투자수익률과 매출이익률, 초기자금회수가 있다. 가격전략은 주로 고가전략을 사용하다가 수요가 확대되면 가격을 인하하는 방식을 사용하며, 현재 잠재수요가 형성되어 있고 소비자들이 가격에 민감하지 않으며 규모의 경제가 이루어지지 않은 상황에서 많이 사용한다.

③ 기업존속목표

원가보다 더 낮게 기업의 존속을 위해서 단기간 사용할 수 있는 전략이다. 기업시장가치나 제품가치를 증가시킬 수 있는 방법을 강구해야 된다.

(2) 수요와 가격의 관계

① 수요와 가격탄력성

가격결정의 중요한 요인 중의 하나로서 가격의 변동에 따라 수요가 변하며, 수요에 따라 실제 판매량이 결정되므로 가격결정 전에 수요의 가격탄력성을 파악해야 된다.

- 수요의 가격탄력성 = (수요위변동분/원래의수요량)/(가격변동분/원래의가격)
- 수요가 비탄력적일 때 가격인상은 수익증가시킴
- 수요가 탄력적일 때 가격 인상은 총수익을 감소시킴
- 수요탄력성이 1일 때 가격인상과 총수익과는 서로 영향이 없다.

② 가격인상의 가능 조건

- 대체품이나 경쟁가가 없을 때(독과점)
- 구매자가 가격에 민감하지 않을 때
- 구매습관의 변화가 느릴 때
- 품질향상, 인플레이션 등으로 고가격이 정당하다고 인식되었을 때

(3) 원가구조

기업의 원가는 가격의 하한선이다. 원가 상 우위를 누릴 수 있는 기업일수록 가격의 결정 폭이 커진다.

(4) 경쟁제품의 가격과 품질

경쟁자의 가격이나 기업의 가격에 대한 경쟁자의 반응에 의해 가격결정이 영향을 받게 된다. 경쟁기업의 수, 경쟁기업의 규모, 시장점유율, 원가구조, 제품의 품질, 가격 등은 가격결정의 중요한 자료이다. 경쟁자의 가격과 품질을 가격결정의 지침으로 삼고, 또한 가격변화에 대한 경쟁기업의 반응도 고려해야 된다.

(5) 법적요인

정부의 정책이나 법적규제로 인하여 가격결정에 영향을 받을 수 있다.

(6) 가격전략

① 상대적 고가전략

차별화된 제품이나 명성이 높은 기업일 경우 사용하는 한 전략이다. 소비자가 가격에 의해 제품의 품질을 평가하는 경향이 강하거나 제품이 개인의 사회적 지위나 명예, 건강 등 상징적 의미를 갖는 경우 잘 사용하는 전략이다.

- 수요의 탄력성이 높지 않은 경우
- 진입장벽이 높아 경쟁기업의 진입이 어려울 때
- 높은 품질로 새로운 소비자층을 유인할 때
- 규모의 경제를 통한 이득이 적을 때

② 수익률 확대목표

- 진입장벽이 높아 경쟁기업의 진입이 어려울 때
- 높은 품질로 새로운 소비자층을 유인할 때
- 규모의 경제를 통한 이득이 적을 때
- 가격책정의 목표가 경쟁기업과 대등한 경쟁력을 갖는데 있을 경우

③ 상대적 저가전략

경쟁사보다 낮은 가격을 책정함으로써 철저하게 생산규모와 판매량을 늘리는데 목적이 있다. 저가격만으로 차별화 할 경우 경쟁사의 대응에 적절히 대응하지 못하면 실패한다.

- 시장수요의 탄력성이 높을 때
- 원가 우위가 확보되었을 때
- 시장에 경쟁자의 수가 많을 것으로 예상될 때
- 소비자의 본원적 수요를 자극하고자 할 때

3. 가격결정에 필요한 자료

다음의 요소들은 구체적으로 가격을 어떻게 결정할 것인가에 대해 제한적 역할을 할 뿐만 아니라 현재의 가격을 다시 한 번 검토하게 해준다.

① 경쟁 호텔 및 식당의 식음료 판매가격과 제품의 내용이나 특징에 대한 자료

② 재료원가 및 제조원가 절감의 가능성과 그 방안에 관한 자료

③ 식재료 표준원가에 대한 자료

④ 수익성의 측면에서 전 메뉴 품목을 선호도와 수익성이 높은 메뉴, 선호도는 높으나 수익성이 낮은 메뉴, 선호도는 낮으나 수익성이 높은 메뉴, 선호도와 수익성이 모두 낮은 메뉴로 구분함으로써 각각의 군별 비중을 결정한다.

⑤ 유리 또는 불리한 고객에 대한 파악

⑥ 수요자의 구매성향에 대한 자료

⑦ 제품에 대한 구매자의 반응 및 구매의사 결정에 있어서 가격의 역할 정도에 대한 파악

⑧ 외식산업 내에서 점유하는 경쟁적 지위와 판매조건에 관한 자료

이상의 여러가지 요인은 가격결정에 필요한 정보로 중요하다. 그 밖에도 부패성 또는 변질 가능성이 큰 식재료의 특수성과 수요의 탄력성 등을 고려해야 한다.

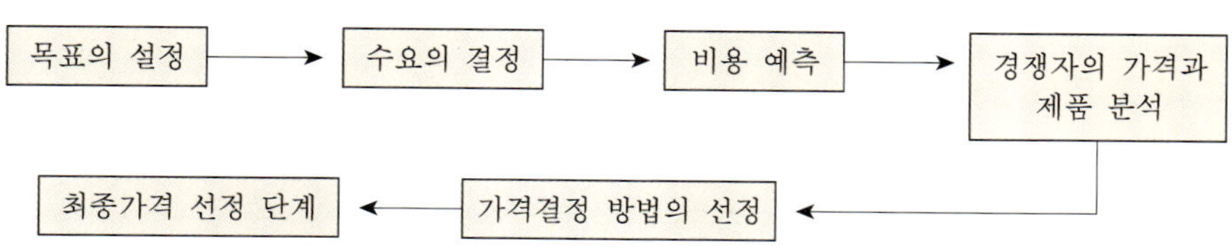

그림 2-7 가격의 선정 단계

4. 가격결정 시스템

일반 제조상품의 가격결정에서 가장 널리 이용되고 있는 기초적인 가격결정 방법으로

첫째, 원가를 기준으로 하는 방법이 있다.
둘째, 소비자의 인식 및 수요를 기준으로 결정하는 방식이다. 이 방식은 수요와 공급의 크기에 따라서 가격이 좌우된다.
셋째, 경쟁업체의 가격구조에 보조를 맞추어 가격을 결정하는 방식이다. 경쟁기업의 제품과 시장구조를 비교하면서 가격을 도출해 낸다.
넷째, 소비자의 특성에 따라 가격을 결정하는 방식이다. 소비자의 지불능력이나 선호도, 소비자의 크기 등을 사전에 조사하여 가격을 맞추고 그 가격에 적합한 제품을 개발한다.

식음료 경영에 있어 메뉴는 중요한 마케팅 도구이며 그 가격은 메뉴 내용과 함께 고객의 구매결정과 수요에 큰 영향력을 미친다. 그만큼 메뉴의 판매가격은 고객의 주문내용을 좌우한다.

다음과 같은 경우에는 가격결정을 실패할 확률이 높다.

첫째, 경쟁자의 판매가격을 지침으로 이용 · 고려함에 있어 그 내용이나 과정을 분석하지 않고 나타나 있는 수식만을 맹목적으로 모방함으로써 가격 정책이 실패하는 경우이다.
둘째, 단순히 식료원가에 대한 일정이윤(Mark-up)만을 고려하여 판매가격을 결정한 경우이다. 식료의 원가가 상당한 차이가 있는 몇 개의 메뉴 품목에 동일한 원가율을 적용하게 된다면 판매가격에 큰 차이를 나타나게 될 뿐만 아니라 가격이 높은 품목은 상대적으로 높은 가격이 표시된다. 동일한 식당설비와 서비스 하에서 저렴한 품목은 고가격 품목에 비해 상대적으로 아주 값싼 느낌을 주게 된다.

(1) 배수(승수)이용 방식

이 방법은 배수를 이용하여 메뉴가격을 결정하는 방식으로 재료비를 설정된 가격배수(승수)로 곱하면 된다. 비교적 가격을 구하는 방법이 간단하여 많은 식당에서 이용되고 있다.

승수는 희망하는 식재료 원가율로 100을 나누어서 구한다. 즉 먼저 원하는 식료 원가율을 결정하고(예 : 40%) 100을 이 원가율(40%)로 나누면 2.5라는 배수(승수)를 얻을 수 있다. 그리고 승수와 식재료비를 곱해서 판매가격을 결정한다.

승수가 2.5이고 재료비가 5,300원인 상품의 가격을 계산하면 아래와 같다.

- 판매가격 = 식료원가 × 배수(승수)
  13,300 ≒ 5,300 × 2.5(판매가격은 약 13,300원)

이 방식을 많은 식당에서 이용하지만, 단점이 많다. 식료원가를 제외한 나머지의 영업활동에 필요한 제 경비와 이익은 가격 설정에 포함되어 있지 않기 때문에 합리적이지 못하다.

예를 들어 식료원가가 40%인 어떤 품목은 60%의 마진으로 제 경비와 이익을 커버하여야 하는데, 만약 인건비와 경비가 60% 이상 들어간다면 전체경비가 판매가격보다 높아질 것이다.

이렇게 되면 손실을 감안해야 한다. 이 손실은 일정한 기간이 지난 다음에야 그 결과를 확인할 수 있다. 이는 가격을 결정하는 데 필요한 많은 조건들 중에서 식재료비만을 가지고 가격을 결정하였기 때문에 나타나는 결과이다.

(2) 프라임 코스트의 해리 포피(Harry Popy) 방식

해리 포피에 의하여 개발된 프라임 코스트 제도는 카페테리아에서 적용하여 효율성을 인정받았다. 이 방법은 승수 이용 방식에서 조금 발전된 방식으로 원 재료비는 표준량 목표에서 얻고, 이 재료비에 직접 인건비를 더하여 프라임코스트를 얻어내는 방법으로 보통 직접 인건비는 전체경비의 약 $\frac{1}{3}$이며, 손익계산서에 나타나는 총인건비에서 그 품목을 생산하는 데 소요된 직접 인건비를 구한다. 그 이외는 승수 방식과 같은 방법으로 구한다.

- 프라임 코스트 = 재료원가율 + 직접인건비율
  배수(승수) = 100 ÷ 프라임코스트
  판매가격 = 프라임코스트 × 배수

이 방법은 직접 인건비를 중요하게 여기는 방법으로 생산원가 중에서 가장 큰 비중을 차지하는 재료비와 직접인건비를 기준으로 판매가격을 계산하는 방식이다. 카페테리아나 패스트푸드 업장에서 적용하여 효과를 보았다.

(3) 실제원가 이용 방식(Actual Pricing Method)

레스토랑을 운영하는 데 필요한 모든 원가를 산출한 뒤 적정 이익률을 산정하여 메뉴가격에 포함시키는 방법이다. 가격을 산정하는 공식은 다음과 같다.

원재료가격 + 직접인건비 + (변동비% + 고정비% + 이익률%) × 가격
= 100% × 가격

복잡한 것 같지만 의외로 간단하다. 예를 들어 다음과 같이 각 요소를 가정할 때, Actual Pricing 방법을 통한 스파게티 판매 가격 x는 다음과 같이 구한다.

- 원재료 가격 : 1,500원
  주방 인건비 : 2,000원
  변동 비율 : 10%
  고정 비율 : 15%
  희망이익률 : 15%
  $1,500 + 2,000 + (10\% + 15\% + 15\%)x = 100\%x$
  $3,500 + 40\%x = 100\%x$
  $3,500 = 60\%x$
  $x = 3,500/0.6 = 5,833 \fallingdotseq 6,000$원

이 방법은 메뉴가격에 사용된 모든 비용과 원하는 이익률을 반영하여 가격을 결정할 수 있다는 장점이 있다. 하지만 경영 목표에 부합할 수 있도록 어떤 아이템은 마진을 적게 하여 판매를 촉진한다든지, 어떤 아이템은 판매량이 적더라도 마진을 높게 가져간다든지 등의 각 메뉴별로 판매와 이익률을 차별화할 경우에 적용하기는 복잡한 과정을 거쳐야 하는 어려움이 있다.

(4) 매출 총이익 이용 방식(Gross Profit Method)

위의 가격 책정 방식은 고객들이 지불하는 가격 안에 음식 이외의 비용과 매장의 이익이 포함되어 있다는 전제하에 메뉴가격을 구하는 방식이다. 이 방법은 고객수 예측이 가능하고, 메뉴 종류도 변동 없이 단순할 때 사용하는 방식이기도 하다.

예컨대 한 매장의 1년 매출액이 10억원, 식재료 비율이 30%, 고객수는 150,000명이라고 가정할 경우, 다음과 같은 가격계산식이 성립한다.

$$\text{Gross Profit} = \frac{10\text{억 원} - (10\text{억 원} \times 30\%)}{150{,}000\text{명}} = 4{,}667\text{원}$$

여기에다가 원재료 비용이 1,500원일 경우, 판매가격은 4,667 + 1,500 = 6,167 ≒ 6,200원이 되는 것이다.

(5) 수익성을 위한 가격결정

판매가격이 각각 6,000원과 2,500원인 스테이크와 치킨의 비교에서 식료 원가율을 40%로 하고 마크 업(Mark-up)을 60%로 정하며, 기타 원가가 1,000원이라고 가정하면 다음과 같은 결과를 얻을 수 있다.

- 판매가격 : 치킨 2,500원, 스테이크 6,000원
  식료원가 : 치킨 1,000원, 스테이크 2,400원
  일정이윤 : 치킨 1,500원, 스테이크 3,600원
  그밖의 원가 : 치킨 1,000원, 스테이크 1,000원
  이윤 : 스테이크 2,600원
  치킨 500원

위에서 스테이크의 이윤은 치킨보다 500% 이상이므로 높은 가격의 식음료 품목을 판매하는 것이 수익성이 보다 높다는 것을 알 수 있다. 그러나 매출은 감소할 가능성이 크다.

같은 메뉴에 수록된 각 식음료 품목별 가격 차이로 야기되는 이러한 문제는 고가인 경우 인하하고 저가인 경우 인상하여 가격 차이를 완화함으로써 해결할 수 있다. 이 때 중요한 것은 종전의 품질과 물량을 계속 유지해야 한다는 점이다.

위의 예를 변화시켜서 스테이크와 치킨의 판매가격을 650원만큼 각각 인상 또는 인하하여 원가율을 스테이크는 44.9%에 치킨은 31.7%로 조정하였다.

- 판매가격 : 치킨 3,150원, 스테이크 5,350원
  식료원가 : 치킨 1,000원, 스테이크 2,400원
  일정이윤 : 치킨 2,150원, 스테이크 2,950원
  그밖의 원가 : 치킨 1,000원, 스테이크 1,000원
  이윤 : 스테이크 1,950원
  치킨 1,150원

그 결과, 스테이크 1,950원에 치킨 1,150원의 이윤이 발생하게 되어 두 품목의 차이가 완화되었다.

이와 같이 원가 차이가 큰 메뉴의 각 품목별 요리에 대한 단일한 가격의 결정은 그만큼 이윤추구에 반하게 되는 경우가 많다. 뿐만 아니라 고객도 부당한 가격을 지급하게 될 가능성이 있다. 그러므로 일정한 식료원가의 식료원가 승수(Food Cost Mutiplier)가 산출되었다 해도 제 여건을 고려함으로써 조정하는 것이 바람직하다.

모든 메뉴 품목에 대해 단일 가격 요소를 적용하지 않는 근본적인 원인은 일반적으로 다음과 같이 요약될 수 있다.

- 고객이 부당한 가격을 지급하게 될 수 있다.
- 경쟁적인 식음료 업자에 의한 경쟁의 여지가 크다.
- 어떤 메뉴는 상당한 손실을 내포한 가격결정이 될 수 있다. 이것은 주로 노무비에 의해 야기된다.
- 매출의 감소를 가져으기 쉽다.
- 결과적으로 이윤을 적게 한다.

(6) 심리를 이용한 가격결정 방법

고객의 심리를 이용하여 가격을 결정하면 구매의욕을 촉진시킬 수 있다. 가격의 끝자리와 첫자리가 가격심리에 민감하게 작용 하는 것을 가격결정에 이용한 방법이다.

예를 들어 2,000원보다는 1,990원으로 가격을 정하여 할인받고 있다는 느낌을 주는 것이다. 이 방법은 가격에 민감한 저단가의 메뉴를 판매하는 식당에서 사용해야 한다. 고급식당의 고객은 가격에 민감하지 않으므로 오히려 역효과가 날 수 있기 때문이다.

또 다른 방법은 가격의 숫자를 줄이는 방법이다. 예를 들어 1,000원짜리 제품의 가격을 990원으로 정하면 가격의 숫자가 세 자리로 되어 고객은 저렴하다고 인식할 수 있다.

고가 메뉴와 저가 메뉴의 가격편차를 고의로 크게 하여서 중간 가격대의 메뉴로 유도하는 방법도 있다. 같은 식당에서 메뉴의 가격의 차이가 2.5배 이상이 되면 고객은 그 차이를 더 심하게 느낀다.

그리고 고객이 선택하는 만큼 중량으로 계량해서 가격을 정하는 방법으로 판매하면 가격이 조금 더 비싸도 고객의 구매를 유도할 수 있다.

세트 메뉴나 정식 메뉴를 이용하여 할인 가격으로 판매하면 객 단가를 높여서 매출액을 높일 수 있다.

제4절 메뉴 개발

1. 메뉴 개발의 의의와 고려사항

생활양식과 환경이 변화함에 따라 고객의 소비형태도 변화한다. 외식산업에서도 고객의 기호가 변화하기 때문에 외식기업도 수요의 변화에 탄력 있게 대응하여야 한다. 메뉴 개발은 식당의 기본적이고 핵심적인 판매물인 메뉴 품목 중 어떠한 품목이 고객들에게 선호도가 높은가를 확인하고 이를 상품화하는 과정이다.

메뉴 품목 개발의 필요성은 기존 메뉴 품목이 성숙기나 쇠퇴기에 접어들었을 때 요구되며, 메뉴 관리자는 메뉴 분석을 통해서 메뉴 품목의 교체 시기나, 신규메뉴 개발을 통한 신제품을 항상 염두에 두고 메뉴를 관리해야 한다. 메뉴 개발에 앞서 기본적으로 숙지하고 고려해야 할 사항은 다음과 같다.

① 조리기구와 조리방법

메뉴는 필요한 조리기구의 유무를 고려해서 설계해야 한다.

② 조리인원과 기술

메뉴 설계자는 직원들에게 업무량을 정확히 할당함으로써 인력이 효율적으로 활용될 수 있도록 설계해야 한다.

③ 식자재 구입의 용이성

사전에 시장조사를 통해서 해당 식자재 구입의 용이성과 가격 변동폭을 알아야 한다.

④ 고객의 욕구

인간의 생리적 · 심리적 · 사회적 욕구를 만족시켜 줄 수 있는 메뉴는 이들 개별 분야에 대한 충분한 지식과 능력을 바탕으로 설계될 때 비로소 시장성 있는 메뉴가 탄생된다.

2. 메뉴 개발 과정

(1) 아이디어의 창출

아이디어는 자신의 영감, 기발한 착상, 고객의 요청, 시장조사 등에서 생겨날 수 있으므로 논의를 통하여 정리할 필요가 있다.

(2) 메뉴 조리표 작성과 평가

아이디어로 제안된 메뉴를 실제화하는 과정으로 그 메뉴 품목들을 실제로 만들어 보며 조리표(Recipe card)를 만든다. 그리고 필요한 식재료와 그 각각의 양, 주방기기, 인력, 조리시간, 표준 분량, 만드는 과정, 필요한 각종 그릇류 등을 일목요연하게 기술해 놓고 아래의 방법으로 평가한다.

① 맛의 평가 – 평가의 50%
② 표적시장과 적합성(고객의 선호도) – 평가의 10%
③ 주방인력기술과 적합성 – 평가의 10%
④ 주방시설과 적합성(주방기기나 공간의 기능내부) – 평가의 5%
⑤ 분위기와의 적합성 – 평가의 5%
⑥ 조리시간(고객서비스 관점에서) – 평가의 5%
⑦ 식재료 가격의 변동폭 – 평가의 5%
⑧ 영업시간대와의 적합성 – 평가의 5%
⑨ 영양과의 적합성 – 평가의 5%

각 항목의 총점이 50% 미만이면 가치가 없으며, 51%~80%이면 보통이고, 81%~90% 사이면 좋은 것이며, 그 이상이면 매우 우수한 품목이다. 다만 맛의 점수가 25% 이하이면 안 된다.

(3) 사업성 분석

제안된 메뉴 품목의 사업적 매력성을 평가하는 단계로 매출 · 원가 · 이익을 추정한다. 식재료비원가, 인건비, 광열비 등을 검토해서 전체비용을 계산하고 예상매출을 산정해서 예상이익을 추정해야 한다.

(4) 시장실험(Market Test)

고객의 직접적인 반응을 보는 단계로 메뉴 품목의 성공여부를 조사하는 것이다. 조사되어야 할 세부 항목은 양, 모양, 맛, 가격, 서비스 방법, 식사의 소요시간 등이다. 보통 기간을 정하고 다른 장소에서 다른 가격으로 시험판매를 해봄으로써 고객의 직접적인 반응을 조사한다.

(5) 상업화

먼저 시장실험을 통해 얻어진 정보를 바탕으로 메뉴 품목의 추가 여부를 결정한다. 만일 추가해야 한다면 시장실험을 통해 나타난 문제점들을 개선하여 표준량 목표를 정하고 고객에게 호소력을 줄 수 있는 메뉴 품목을 만들어야 한다. 그리고 이를 어떻게 고객에게 인지시키느냐를 마케팅 측면에서 연구하고 시설과 장비도 보완해야 한다.

제5절 메뉴 분석

메뉴 분석은 각 식당마다 특성이 강하며, 메뉴 계획과 디자인에 주관적인 요소가 많이 포함되어 있기 때문에 메뉴에 대한 특정 이론을 모든 식당에 공통적으로 사용하기에는 무리가 있다. 그러므로 메뉴의 평가와 분석은 각 식당의 특성에 적합한 평가 기준을 정하여 그 기준을 측정할 수 있는 방법을 발전시키면 된다.

메뉴의 평가와 분석은 메뉴가 계획되고 디자인되는 과정, 실제의 메뉴, 그리고 일정기간 동안의 영업성과를 바탕으로 수익성과 선호도를 평가하고 분석하는 것이다. 그리고 그 결과를 메뉴 계획과 디자인, 실제의 메뉴 계획에 반영시켜야 한다.

성공적으로 메뉴가 만들어졌다고 하여도 시간이 흐르면 내 · 외적인 환경이 변화하므로 메뉴를 다시 수정하거나 보완하여야 한다.

1. 메뉴 평가

성공적인 메뉴란 고객의 요구를 수용하면서 기업의 수익을 최대화할 수 있는 메뉴이다. 메뉴 평가는 성공적인 식당경영의 전제인 성공적인 메뉴를 확인하려는 데 따른 기능이다. 그러므로 메뉴 평가에 있어서는 메뉴 계획 수립과정에서 수행될 수 있는 대체안 평가에서와 같이 기존 메뉴의 구성요인들을 객관적으로 수익성과 시장의 관점에서 평가하는 것이다.

메뉴 평가의 내용은 크게 메뉴 설계에 대한 평가, 메뉴의 다양성에 대한 평가, 메뉴의 수익성 평가 등으로 구분한다.

① 메뉴 설계에 대한 평가

메뉴의 내용과 메뉴가 고객에게 전달하는 이미지, 메뉴의 시각적 효과, 메뉴의 품격 등에 대한 평가

② 메뉴의 다양성 평가

메뉴의 다양성과 분위기, 서비스와 적합성에 대한 평가

③ 메뉴의 수익성 평가

메뉴의 재료 구성과 원가, 메뉴의 수익성, 메뉴에 대한 고객의 선호도 등의 평가

2. 메뉴 분석 방법

메뉴는 식당별로 메뉴의 특성이나 종류, 다양성, 디자인 등 수많은 요소들로부터 영향을 받기 때문에 어느 특정 메뉴 분석 방법의 적용은 쉽지 않다.

가장 일반적인 메뉴 분석 방법은 고객에게 인기가 있어서 판매량이 많으면서 또한 수익성도 좋은 메뉴를 찾아내는 것이다.

표 2-1 공헌이익 순위표

* 기간 : 2010년 2월

메 뉴 명	매출량	판매가격	재료비	총매출액	총재료비	공헌이익	순위
비프스테이크	350	25,000	8,500	8,750,000	2,975,000	5,775,000	1
치킨	400	18,000	5,400	7,200,000	2,160,000	5,040,000	2
스파게티봉골레	250	13,000	3,500	3,250,000	875,000	2,375,000	3
계	1,000						

(1) 공헌이익 순위표

가장 간단한 방법으로, 메뉴에 대한 고객의 선호도와 총매출의 규모에 기초하여 품목의 수익창출 능력을 평가하는 것이다. 메뉴 분석을 위한 일정기간을 정한 후 그 기간에 판매된 전체 메뉴의 수량을 메뉴 품목별로 집계한다.

그리고 품목별로 원가, 판매수량, 판매가격, 품목별 공헌이익을 구분하여 표를 만들고 공헌이익 순으로 나열한 후 그 순위에 따라 비교하여 메뉴의 가치를 분석하는 방법이다.

- 공헌이익 : 공헌이익은 판매가격에서 변동비를 제외한 금액이다. 변동비는 재료비 원가를 말한다.

(2) 메뉴 엔지니어링

메뉴 엔지니어링은 식당경영자가 메뉴를 평가 · 관리하고, 발생하는 여러 가지 문제점에 대한 올바른 판단을 하기 위하여 고객의 수요, 메뉴 믹스, 공헌이익 개념의 함수관계를 활용해 합리적 · 단계적으로 체계화한 평가 절차이다.

메뉴 엔지니어링은 실제수요를 가장 중요한 근거로 해서 가치에 대한 고객의 인지도와 식당 수익 간의 관계를 찾아내고 이 관계를 통하여 식당관리자는 메뉴의 가격, 내용, 디자인을 평가함으로써 이에 관한 의사결정을 하게 된다. 고객의 수요는 식음료 상품의 매출 수량으로 파악하며, 메뉴 믹스는 각각의 메뉴에 대한 고객의 선호도이며, 공헌이익은 메뉴별 총이익(gross profit)의 관점이다.

1) 메뉴 엔지니어링의 준비단계

모든 메뉴 품목들을 일정한 관점에서 분류해 내는 것이다. 메뉴 엔지니어링 절차의 평가는 현재의 메뉴를 통계적인 방법으로 평가하는 것에서 시작한다. 그러므로 정확한 관련 자료들이 뒷받침될 때만 가능하다.

2) 메뉴 엔지니어링의 본 절차와 정산표 작성

① 메뉴 품목 (항목 ①)

모든 메뉴 품목의 품명을 기재하며 가장 먼저 본 요리 품목을 분석대상으로 삼는다. 본 요리의 대체품으로 상품화된 품목은 본 요리와 같이 취급한다. 전체 매출액의 15% 이상 되는 그룹은 분석대상이다.

② 각 품목별 매출수량의 기록 (항목 ② 및 항목 ⑭)

항목 ②에는 각 품목별로 판매수량, 항목 ⑭에는 매출수량의 총계를 기입

③ 메뉴 품목별 메뉴 믹스율의 선정 (항목 ③)

메뉴 믹스율 = 특정품목 판매수량 ÷ 전 품목 판매수량 × 100

④ 메뉴 품목별 식재료 원가의 기록 (항목 ④)

⑤ 식료원가율 (항목 ⑤)

⑥ 메뉴 품목의 현재 판매가격 (항목 ⑥)

⑦ 메뉴 품목별 공헌이익의 계산 (항목 ⑦)

공헌이익 = 판매가격 − 변동원가

⑧ 메뉴 품목별 원가총계 (항목 ⑧, 항목 ⑮)

⑨ 메뉴 품목별 총매출액 산출 (항목 ⑨ 및 항목 ⑯)

⑩ 식료 원가율의 산출 (항목 ⑱)

매출 수익과 사용된 식재료 원가 사이의 관계를 파악함으로써 원가 능률을 판단하려고 할 때 유용한 회계정보로 이용할 수 있다.

예상식료 원가율 = 메뉴의 총원가 ÷ 총매출 수익 × 100

⑪ 메뉴력 지수의 계산 (항목 ⑰)

메뉴력 지수는 주로 실제의 공헌이익을 가지고 구하는 것이다. 메뉴의 성공도 측정에 명료성을 더하는 측정도구가 되며, 메뉴 변화에 따른 효과 여부나 형태와 크기를 평가할 때 사용한다.

메뉴 품목별 단위당 공헌이익 × 판매된 단위수 = 메뉴별 총 공헌이익

메뉴력 지수 = 전체 메뉴별 공헌이익 = 총매출액 − 총원가

⑫ 평균 단위 공헌이익 (ACM) : (항목 ⑦)

메뉴력 지수(MPI)와 공헌이익을 분석자료로 함께 활용하고 경영자들이 수요와 공헌이익의 관계를 연계시키면서 메뉴의 단위당 수익력과 함께 식음료 사업 전체의 수익성을 전체 메뉴라는 차원에서 분석함으로써 더 현실적인 메뉴 계획 수립을 할 수 있게 된다.

ACM = 총공헌이익의 합계 ÷ 총수요(총판매수량)

⑬ 메뉴 품목별 공헌이익의 영역 분류 (항목 ⑪)

메뉴상의 모든 품목들을 공헌이익의 크기에 따라 높거나 낮은 두 개의 영역으로 분류한다.

⑭ 메뉴 믹스율의 영역 분류 (Menu mix Pecrcntage, 항목 ⑫)

메뉴의 평가를 위해서 식음료 사업체가 판매하고 있는 모든 메뉴 품목에 대한 고객들의 구매비중을 알아야 한다. 이것은 소비자들의 호응 정도를 판단하는 지표가 되며, 특정 메뉴의 대중성을 알게 해준다.

높은 메뉴 믹스 비율 : 메뉴 믹스율 · 메뉴 믹스율의 대중성 비율
낮은 메뉴 믹스 비율 : 메뉴 믹스율 · 메뉴 믹스율의 대중성 비율

⑮ 대중성 비율 = 100% ÷ 메뉴 품목의 총수 × 70%(항목 ⑳)

대중성 비율은 70% 규칙이 적용되고 있는데, 이것은 오랜 경험을 기초로 해서 만든 수치이다.

70% 규칙은 각 품목이 상대적으로 점유하고 있는 메뉴 믹스율이 동등하다는 것과는 별도로 기대치들을 조정하기 때문인데 경영자가 사업체 내의 각각의 메뉴 품목에 대해서 기대하는 매출수량이나 메뉴 믹스율이 다른 만큼 각 품목의 MM영역에 대한 고저관계를 평가하거나 수립함에 있어서 단순한 평균치(100%)보다는 70%가 더 현실적인 비율이다.

표 2-2 메뉴 엔지니어링 정산표(Menu Engineering Work Sheet)

식당(업장명) : 영업기간 :

	기초 자료(Basic Data)								자료 분석			
① 메뉴 품목	② 판매 수량 (MM)	③ 메뉴 믹스 (MM%)	④ 품목별 식료 원가	⑤ 식료 원가율	⑥ 품목 별판매 가격	⑦ 품목 별CM ⑥-④	⑧ 메뉴 총원가 ④ × ②	⑨ 매출수 익 ⑥ × ②	⑩ 메뉴 의 CM ⑦ × ②	⑪ CM 영역	⑫ MM 영역	⑬ 메뉴의 판정 (분류)
치킨디너												
스테이크												
랍스터												
·												
·												
계	⑭						⑮	⑯	1. ⑰ MPI			
		평균 판매가격 평균 판매수량					식료 원가율 $⑱ = \frac{⑮}{⑯}$		ACM $⑲ = \frac{⑰}{⑭}$		대중성 비율 $⑳ = \frac{100\%}{품목수} \times 70\%$	

(3) 메뉴 판정

모든 제품들이 인기 있고 수익성도 높기를 바라지만 현실적으로 각 품목에 대한 가격도 다르고, 소비자의 선호도도 다르므로, 사업성과에 대한 기여도도 각각 다르다.

새로 개발되거나, 인기절정에 있거나 혹은 사양길에 접어든 제품들의 다양한 수명과 각기 다른 시장여건에 처한 제품들이 있다는 것은 사업체의 과거와 현재와 미래가 있다고 볼 수 있다.

메뉴는 크게 4가지로 판정된다.

① 인기도가 낮고 공헌이익도 작은 그룹으로 수명 주기상 쇠퇴기에 있거나 혹은 실패한 품목이며, 그 운용방법은 아래와 같다.

- 원칙적 메뉴에서 제거 대상 품목도 있다.
- 상징적 메뉴 품목도 포함되어 있을 수 있다.
- 가격인상이 필요한 메뉴도 있다.

② 대체로 고객이 인지하는 가치보다 가격이 높게 책정되어 있거나 대중적인 인기도가 적은 품목들이며, 그 운용방법은 아래와 같다.

- 가격정책을 재조정한다.
- 인기도 상승을 위한 일련의 조치가 필요하다.
- 메뉴에서 제거도 고려해야 한다.

③ 인기도가 높은 만큼의 공헌이익이 뒤따라 주지 못하는 메뉴군이다. 이 품목들은 흔히 수요창출 요소로서 특히 가격의식을 크게 가지는 세분시장에 대해서 매력을 갖는 품목이며, 그 운용방법은 아래와 같다.

- 가격인상 정책을 사용할 수 있다.
- 저원가 품목과 패키지화할 수 있다.
- 표준 분량을 수요변화가 초래하지 않은 한도 내에서 조정한다.
- 원가율이 낮은 대체품 사용을 고려해 본다.
- 가격의 감도실험을 해본다.

④ 메뉴 중 가장 인기있고 가장 수익성이 큰 품목들로 수명주기 상에서 성숙기에 들어있는 메뉴군으로 그 식당의 주력상품이며, 가장 많은 수익을 주는

품목이다. 그 운용방법은 아래와 같다.

- 품질, 분량 및 외양 등에 대한 엄격한 관리가 필요하다.
- 메뉴 중 가장 눈에 잘 보이는 위치에 열거한다.
- 가격탄력성을 조사해볼 필요가 있다.
- 가격상승으로 더 큰 수익을 올릴 수 있는 품목도 있다.

메뉴 엔지니어링에서 가장 중요한 것은 가격의 의사결정에 대한 정보이다. 그런데 메뉴의 가격은 메뉴 품목의 채택과 기각에 관련된 메뉴의 내용 결정과 직접적으로 관련되어 있고, 메뉴의 포지셔닝(Positioning)과도 밀접히 연관되어 있다. 그러므로 메뉴 엔지니어링은 이들 모두를 위한 것이며, 메뉴 엔지니어링의 가장 핵심점인 관심영역 혹은 과제가 된다.

메뉴 분류의 기초정보는 메뉴 엔지니어링 분석에 의한 공헌이익의 크기나 메뉴 믹스율 등에 의존하지만 이것만 가지고 메뉴 품목의 채택, 유지, 혹은 기각과 관련된 가격결정을 포함한 모든 의사결정을 정확히 내리는 것은 어렵다.

그러므로 메뉴에 관련된 메뉴 품목, 메뉴 디자인, 식당의 개념수립, 운영상의 특성, 경쟁적인 환경 등에 대한 정확한 상세자료를 확보함으로써 각 식음료 사업체에 적합한 경영행동을 결정하고, 일반화해야 한다.

CHAPTER

2 원가관리

제1절 메뉴와 원가의 관계

1. 원가관리의 목적

원가란 사업이 목적으로 하고 있는 제품의 제조 · 판매 · 봉사의 제공을 위하여 소비된 경제가격이다. 미국 회계학회는 '원가란 특정 목적을 달성하기 위하여 발생하였거나 또는 발생할 가능성이 있는 희생을 화폐가치적으로 측정한 것' 이라고 정의하였다.

식당의 원가관리 목적은 일반기업과 같이 경영전략 또는 예산계획에 따라 식재료를 구입 · 제조 · 판매함에 있어 최대의 이윤을 얻는 데 있다. 또한 이에 기인한 원가계산은 이익 산정과 재무분석을 파악하기 위한 기초자료가 되고 제품 판매가격 결정의 기초자료도 된다.

"기업의 생명을 좌우하는 2대 요소로 품질과 원가가 있다. 기업이 가치에 합당한 상품을 제공할 수 없으면 고객의 신용을 얻을 수 없으며, 원가를 저렴하게 할 수 없으면 경영이익을 기대할 수 없다."

외식산업에서도 식음료의 원가관리는 모든 관리의 기초가 되며, 성공적인 식음료 사업의 경영성과를 위해서는 효율적인 식음료 원가관리 제도가 운영되어야 한다.

계획된 식재료를 사용하여 예상되는 이익을 얻을 수 있도록 재료의 구입부터 이것이 조리되어 고객에게 제공될 때까지의 관리를 일정한 조직화를 통하여 실시하여야 한다.

그러나 식재료 관리는 필요한 재료를 사용하지 못하게 통제하는 것이 아니라 불필요한 소비나 낭비를 방지 또는 감소시키는 데 목적이 있다. 식재료 관리 업무는 모든 사람들이 식재료 원가를 올바로 인식하고 예정한 대로 업무를 진행하는 수단이라고 할 수 있다.

식재료 관리는 재료 내용을 상세하게 검사 · 계획해서 그 요리에 필요한 식재료를 선택하고, 필요량과 적정한 가격으로 구입 · 낭비 없이 조리하여 판매하는 과정을 관리하는 것이다. 따라서 식재료 관리에 있어서 조리사, 서비스 접객원, 구매 담당자 모두는 원가에 대한 인식을 중요시하고 상호 협조하여 목표를 향해 전진해야 할 것이다.

실제로 원가를 관리하는 데는 다음의 두 가지 주제에 초점을 맞출 필요가 있다.

첫째, 원가를 현재의 수준에 유지하는 제반 노력도 중요하지만 보다 바람직한 원가관리 목표는 원가의 인하이다.

둘째, 원가를 통제함으로써 그 관리의 목적을 추구하는 것보다는 오히려 올바른 원가계산을 통한 정확한 자료 수치나 정보에 의한 계획의 기능을 강화하는 방향으로 목표를 두는 것이 바람직하다.

2. 원가와 메뉴 관리와의 관계

전반적인 식음료 서비스 산업에 있어서 원가관리란 식재료 관리에 관련된 제 수익과 비용에 대한 관리를 의미한다. 즉, 상품의 제조 · 판매 · 서비스 제공 등을 위하여 투입된 경제적 가치를 의미한다. 이러한 원가는 식재료 구입방법, 보관과정, 생산과정, 판매과정에 따라 달라질 수 있다. 따라서 식당경영에서 원가관리는 경영 그 자체라고 할 수 있는 것이다.

원가는 상품의 품질과 생산량 사이에서 상호 보완적인 관계에 위치해 있다. 그 중 어느 한 가지만 강조하게 되면 균형이 깨어져서 원하는 경영목적을 달성할 수 없게 된다.

식당경영자는 계획된 예산으로 달성해야 할 경제적인 목표나 표준을 수립하여야 한다. 또한 현재의 경영활동에 대한 정확한 수식자료를 제공해 주는 기록이나 장부제도를 통하여 일정시점에서 그 목표가 어느 정도 달성되고 있으며, 그 간의 경영성과는 어떠한 추이에 있었는가를 파악할 수 있다. 그러한 자료를 일 · 월별로 분석 · 평가하고 그러한 경영성과를 목표와 비교하여 앞으로의 경영활동을 수립된 계획에 맞추어 나갈 수 있도록 알맞은 사후조치를 취해야 한다.

이러한 관리 방안은 식료품목의 가격을 인상 또는 인하하거나 메뉴 상의 변화를 촉진하기도 하고, 때로는 식당경영에 있어서 야기되는 손실이나 낭비를 방지하고, 식료 품질의 향상 또는 매출증대를 기할 수 있는 메뉴 관리의 기초가 된다.

식료의 품질이나 서비스되는 크기를 고려한 정책과의 관련 하에서 최저가격으로 고객에게 식료를 제공하려는 노력이 경주되고 있으며, 그러한 목적을 위해서는 조직적이고 제도적인 원가관리의 수행이 불가피하다.

메뉴를 관리함에 있어서 고객의 필요와 욕구를 잘 파악해서 실행해야 함이 첫째 조건이지만 메뉴 관리 궁극적인 목적은 이익의 극대화에 있다.

메뉴 작성자는 식료원가율과 선호도를 고려해서 어떤 음식의 품목을 선택할 것인가를 결정해야 할 때 세 가지 요인을 고려하여야 한다. 첫째, 식품의 원가, 둘째, 그 음식에 대한 선호도 셋째, 선호도가 좋은 음식의 판매가 다른 음식의 판매에 미치는 경향 등이다.

제2절 표준원가관리 제도

1. 표준원가관리 제도의 정의

표준원가관리는 사전에 표준이 되는 원가를 합리적 · 과학적인 방법을 통하여 정해 놓고, 사전에 정해 놓은 표준원가와 실제로 발생한 원가를 비교한 후 실제원가와 표준원가의 차이를 분석하여 문제의 원인을 파악하여 개선해 나가는 제도이다.

실제 발생한 역사적 원가와 사전에 정해 놓은 표준원가를 비교 분석함으로써 실제 발생한 비능률 요인을 제거하며, 실제 발생된 원가에 대한 합리적 양 · 부의 판단 근거로서 표준원가를 기준으로 삼는다.

원가표준의 설정을 위해 표준원가를 설정할 때는 원가를 직접 재료비, 직접인건비, 제조 간접비 등 세부항목으로 구분하여 적용시켜야 하는데, 식음료 서비스업에 있어서의 특수성 등을 감안하면 직접재료비에 대한 재료비 표준으로 표준원가를 산정하는 것이 바람직하다.

표준원가의 공정한 계산으로 식음료 사업을 효율적으로 관리할 수 있으며, 식음료의 원가절감도 기대할 수 있다. 또한 표준의 사용으로 작업의 능률화가 가능하고, 판매분석이 용이하며, 변동원가의 계산이 쉽다. 또한 합리적인 노무비를 계산할 수 있으며, 원가 보고서의 작성이 쉽고, 경영성과 분석에 의한 적정 이익관리로 경영관리 효율화를 기대할 수 있다.

표준 원가관리 제도의 유용성을 실제로 적용하는 데는 원가관리 담당자의 실무 영업에 대한 고도의 지식이 필요하고, 종사원들의 참여가 있어야 하며, 표준의 정확성이 이루어져야 한다. 식음료 사업성과의 양 · 부 판단의 기준으로서 표준원가 자체가 불합리한 것이라면 능률측정의 척도로서 가치가 없다.

2. 원가의 흐름

식음료 자재의 구입부터 판매에 이르기까지 원가의 이동 과정은 각기의 기능을 기준으로 크게 몇 개의 단계로 구분하며, 자재의 이동과 함께 움직이는 원가를 원가의 이동 또는 흐름이라고 한다. 식음료 원가를 최소화하려면 이러한 원가 흐름의 매 단계마다 능률적인 원가관리가 이루어져야 한다.

원가의 흐름은 3단계로 구분한다.

1단계 담당부서 : 구매부, 경리부, 원가관리부
2단계 담당부서 : 조리부
3단계 담당부서 : 식음료부, 경리부, 영업회계부

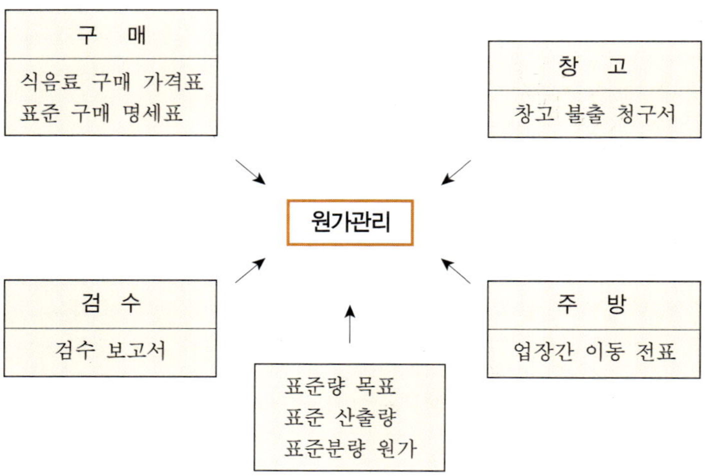

자료 : 조소륜, 호텔관리체계론, 기문사, 1995년, pp.154.

그림 2-8 식음료 원가관리의 구성요소

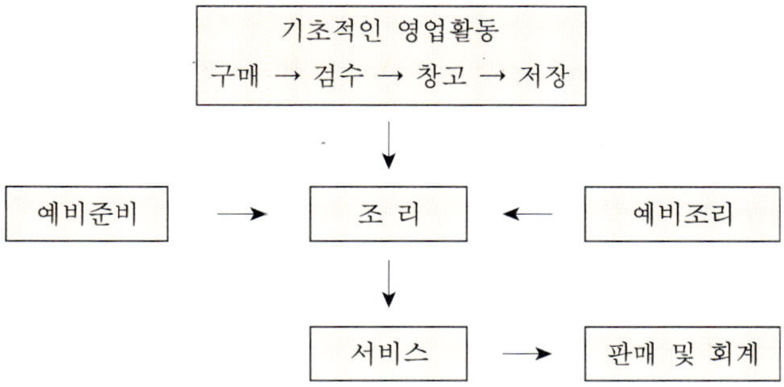

그림 2-9 원가의 흐름도

3. 표준 원가계산

표준 원가계산이란 그 기업에 합당한 표준을 정한 후 그 표준에 따라 미리 재료비를 결정하여 사전원가를 계산하는 것이다. 그리고 이렇게 결정된 표준원가를 목표로 실제원가와 비교함으로써 원가를 관리한다.

즉, 식음료 원재료비에 대한 표준 원가계산의 도입은 실제 발생한 역사적 원가와 표준원가를 비교 분석함으로써 비능률 요인을 제거하며, 실제 발생된 원가에 대한 합리적 양 · 부의 판단근거로서 원가표준의 과학화 및 경영합리화를 이루는데 많은 효과가 있다.

표준 원가계산은 경영관리의 목적, 의사결정의 목적, 비용절약의 목적을 지니고 있다.

① 표준원가의 공정한 계산으로 효율적인 관리를 할 수 있다.
② 식음료 원가절감을 기대할 수 있다.
③ 표준원가를 작성하여 작업의 능률화가 가능하다.
④ 판매분석이 용이하다.
⑤ 변동원가의 계산이 쉽다.
⑥ 원가보고서 작성이 쉽다.
⑦ 경영관리 효율화를 기대할 수 있다.

4. 표준의 설정

식음료 부문 경영에 있어서 식자재 표준 원가관리의 토대가 되며 생산활동 과정에서 발생할 가능성이 있는 과다한 낭비 요인의 파악과 그에 대한 시정과 대책

수립의 기준설정을 목적으로 사용되는 표준화의 대상 업무는 다음과 같다.

- 표준 구매명세서(Standard Purchase Specification)
- 표준량 목표(Standard Recipe Card)
- 표준 산출량(Standard Yield)
- 표준 분량규격(Standard Portion Sizes)
- 표준 분량원가(Standard Portion Cost)

식음료 자재가 구매 · 조리 · 가공되어 서비스 직원에 의해서 고객에게 판매되기까지의 업무를 철저하게 표준화함으로써 각 단계에서의 원가를 측정할 수 있는 계량화 업무의 기초를 수립하기 위해서는 부단한 실측 작업과 그에 대한 분석이 이루어져야 된다.

(1) 표준 구매명세서(Standard Purchase Specification)

표준 구매명세서란 구입하고자 하는 품목에 대한 품질, 규격, 무게, 수량 및 기타 질적 특성을 간략하게 기술한 명세표이다. 작성 목적은 구매의 일관성 및 표준설정, 재고관리의 최적화, 메뉴의 질적관리, 검수 절차의 간소화, 구매원가 절감효과가 있다.

구매 책임자, 원가관리 책임자, 주방장의 협조 하에 작성되며 필요할 때는 신속히 수정되어야 한다.

(2) 표준량 목표(Standard Recipes Card)

표준 조리량 목표는 식당의 경영목적에 합치하는 사내 표준으로서의 품질과 분량 · 규격에 맞는 특정 요리를 생산하기 위하여 설정한 요리의 표준에 관한 기술서이다. 경우에 따라서는 천연색 사진을 곁들여 놓아서 담는 법까지 표준화하며, 준비 및 조리방법과 비용이 기술된다.

○○○ 영업장 표준량 목표

품 명 : 양고기 라구(Ragout of Lamb)
표준단위크기 : 고기 4온스 합계 : 9온스
포숀당 원가 : ₩150.5

양 식 No,
생 산

	파운드	%	온스
재료의 중량	11	100	176
조리상의 손실	3.75	34.1	60
생산량	7.25	65.9	116
단위수량	13		

재 료	수량		가격		재료원가
	수량	단위	단위	가격	
양고기	6	파운드	RTE	280	1,680
루(버터 8온스 + 밀가루 8온스)	16	온스	파운드	320 35	160 20
양고기육수	28	온스	–	–	–
당근($\frac{1}{2}$온스조각)	12	온스	파운드	40	30
셀러리($\frac{1}{2}$온스조각)	12	온스	파운드	40	30
양파($\frac{1}{2}$온스조각)	12	온스	파운드	25	20
계					1,955

• 준비 및 서비스
① 양고기의 뼈를 발라 뼈로는 국물을 낸다.
② 양고기 육수에 야채를 넣고 끓인다.
③ ②에 루를 섞어서 소스를 만든다.
④ 양고기는 오븐에서 갈색이 나게 구워서 ③에 넣는다.
⑤ 타원형 스튜냄비(오발케서롤)에 담아서 써브한다.

확인자 : chief ○○○

자료 : JAMES KEISER.,「Controlling and Analyging Costs in Food Service Operations」, pp.98.

그림 2-10 표준량 목표 양식

[영업장 표준량 목표의 작성 목적]

첫째, 제조원가의 산정이 쉬워서 적정한 판매가격의 결정에 도움을 준다.

둘째, 표준량 목표에 나타나 있는 재료 소요량 자체가 기대되는 일정 능률 하에서 결정된 표준 재료 소요량이므로 표준 식료원가의 결정에 기여하게 된다.

셋째, 기대되는 일정 품질 수준의 식료를 생산할 수 있도록 하는 품질관리에 기여한다.

넷째, 미숙련 근무자에 대한 도움을 주며, 감독업무를 쉽게 해 준다.

다섯째, 원가관리를 쉽게 할 수 있게 해준다. 표준량 목표를 통해서 산출된 표준원가는 메뉴 품목별 가격결정이나 메뉴 관리의 기초자료로서 사용되며, 표준원가와 실제원가의 차이분석을 위한 원인규명에 직접적인 영향을 미치고, 원가관리의 표준이 된다.

(3) 표준 산출량(Standard Yields)

조리나 준비 과정상의 감손이나 낭비를 최소한으로 줄임으로써 재료비 원가를 관리하려는 목적에서 수립되는 능률적인 생산고 표준이다.

산출량이란 구매되었거나 저장고에서 인출해 온 일정 수량이나 중량의 식료 원재료로 조리하여 판매할 수 있는 완제품의 상태로 만들었을 때의 수량이나 중량을 지칭하는데, 생산관리의 능률 여하에 따라 상당히 달라질 수 있다. 높은 산출고를 위해서는 무엇보다도 양질의 재료와 숙련된 노동력 및 제조상의 관리 등이 요구된다.

일반적으로 판매 단계의 완성된 음식물을 요리하는 과정에는 두 가지 단계가 있다. 첫 번째 단계는 사전 준비 단계로 가식률 산출, 부처 테스팅(butcher testing) 등이 있다. 두 번째 단계가 본격적으로 요리를 만드는 단계이다. 표준량 목표의 지시대로 정확한 조리방법에 의해서 음식물을 만들 때 손실을 최소화할 수 있으며, 이를 목적으로 표준 산출량을 정하게 된다.

(4) 표준 분량규격(Standard Portion Size)

표준 분량규격을 정하는 이유는 고객에게 제공할 음식의 정확한 양을 결정하고, 고객이 지불할 가치에 대한 정당한 대가인 적정량의 식음료를 제공함으로써 고객의 권익을 보호하며, 어떠한 고객에 대해서도 일정량을 제공하는 공정한 서비스를 도모할 수 있기 때문이다.

그리고 경영관리적 측면에서 결정된 표준 규격이 정확히 준수되는 가운데 식음료가 제공되고 있는가를 관리하려는 것이다.

적당한 표준 분량규격은 식음료 사업의 형태, 고객의 만족도, 식음료 재료와 서비스 원가 및 상품화의 문제 등을 고려하여 결정하게 된다.

(5) 표준 분량원가(Standard Portion Cost)

표준량 목표와 표준 분량규격을 완성한 후 그것에 기초해 표준 분량의 원가를 산출한다.

표준 분량의 원가가 완성되면 그 품목의 원가가 산출된 것이다. 이렇게 산출된 원가는 메뉴의 가격결정이나 메뉴 분석, 메뉴 엔지니어링의 기초자료로서 여러 곳에서 활용되며 원가관리의 기초자료가 되기도 한다.

5. 표준의 설정기준

(1) 재료소비량 표준

재료소비량 표준의 설정기준은 재료의 변화 등을 알기 위한 재료의 화학적 및 물리적인 분석, 표준 생산량, 표준량 목표, 표준 분량규격, 과거의 재료 소요량의 평균치, 과거의 경험 등이다. 이를 고려함으로써 완성된 식료단위당 소요되는 각종 식재료의 수량을 결정할 수 있다.

여기에는 주방 종사원의 기술부족 혹은 부주의, 기타 재료품질 불량에 의한 재료의 손실이나 낭비는 포함시키지 않으나 정상적인 작업상태에서 발생되는 폐기율과 감손을 인정하여 재료소비량 표준을 결정한다.

(2) 재료가격 표준

재료가격 표준의 설정기준은 재료의 소비량과 단위가격에 의해 변동된다. 가격의 표준은 재료의 구매 · 운반 · 취급 등이 일정수준의 양호한 능률을 유지할 때 달성 가능한 수치로 결정되어야 한다.

재료가격 표준의 산정을 위해서는 과거 구매 자료의 총평균, 단순평균, 이동평균 방식에 의해 산정하거나 최근 구매가격, 가격추세의 예측 등에 의존하기도 한다. 이때 구매업무 수행능력에 따라 조금씩 차이가 나기도 한다.

재료비 표준의 변동에는 내부적인 요인과 외부적인 요인이 있는데 외부적인 요인으로는 시장상황, 경기변동, 계절적인 요인, 구매 습관 등이 있다.

제3절 원가의 구성

(1) 직접원가

직접원가는 직접 재료비, 직접 인건비, 직접 경비로 구성된다. 높은 재료비 원가율과 노동 집약적인 구조를 가지고 있는 외식산업은 음식 판매가격의 약 60% 이상을 차지하는 가장 중요한 원가이다. 이것을 기초원가라 하며, 특정 제품의 생산을 위하여 소비된 직접비이다.

생산설비 투자나 생산성 증가 등으로 인하여 간접비는 늘어나고 직접원가는 줄어드는 것이 현대경영의 특징이다.

(2) 제조원가

제조원가는 직접원가에 제조 간접비를 더한 원가이다. 이때 제조 간접비는 기업의 내부 활동에 의하여 소비된 모든 비용이다. 일반적으로 제품의 원가는 제조원가이며 생산원가라고도 한다. 개별 원가계산을 실시할 때에 먼저 각 제품에 대하여 직접원가를 계산하고 이것에 제조원가 간접비를 할당하여 제조원가를 산정한다.

(3) 총원가

총원가는 제조원가에 판매비와 일반관리비를 더하여 계산된 원가이다. 총원가에는 제품이 제조되어 판매될 때까지 발생한 모든 원가요소가 포함되어 있기 때문에 이것을 판매원가라고도 한다.

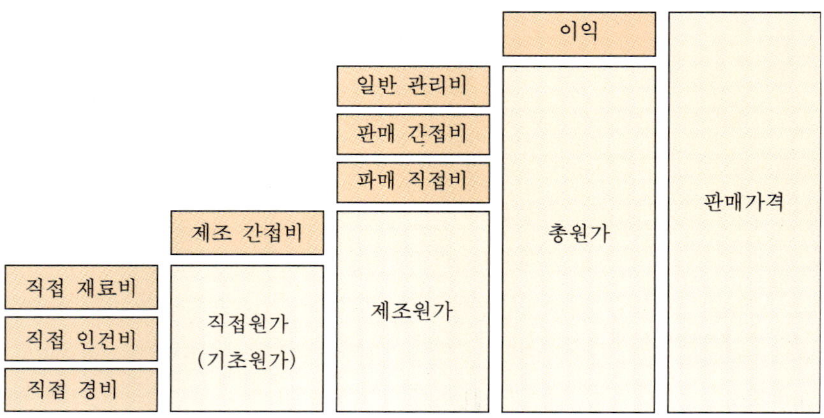

그림 2-11 원가의 구성

(4) 판매가격

판매가격은 총원가에 이익을 더한 것으로 제품이 판매되는 가격을 말한다. 정상적인 조건 하에서 총원가에 이익이 포함된다. 판매가격은 각 제품의 원가와 관계없이 수요 공급의 관계에 의해서 결정되는 경우도 많다. 그러므로 때에 따라서 판매가격은 총원가보다 더 낮게 책정될 수도 있으며, 판매가격의 결정은 원가보다 고객의 가치가 우선되어야 한다.

제4절 비율에 의한 원가관리

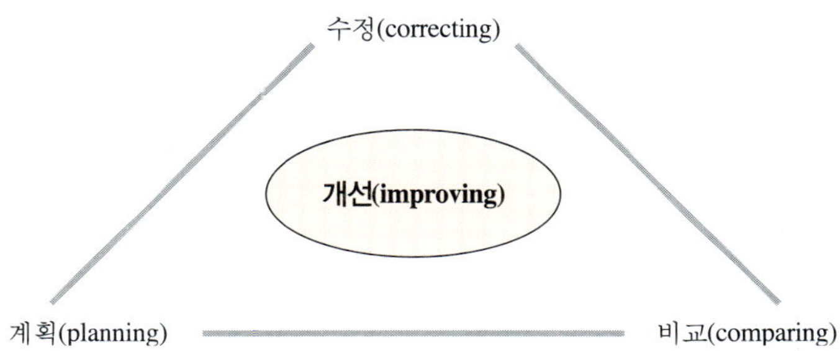

그림 2-12 식음료 원가관리 순환

식음료 경영에서 가장 효과적인 원가관리 시스템은 계획 · 비교 · 수정 · 개선의 과정으로 볼 수 있다. 즉, 일련의 세 단계가 끊임없이 순환되어야 효과적으로 원가를 관리할 수 있다.

- **계획 단계** : 많은 시간과 노력이 필요하며, 상세하고 치밀하게 진행되어야 한다.
- **비교 단계** : 끊임없이 비교하게 되면 문제점들이 해결된다.
- **수정 단계** : 문제해결의 방법 모색이 필요하다.
- **개선 단계** : 영업운영 자체와 관리절차까지 개선시키는 연구가 필요하다.

1. 원가계산

(1) 재료비의 계산

제품을 제조하기 위하여 사용한 물품을 '재료' 라 하고 그 재료의 가치를 표시한 금액을 '재료비' 라고 한다.

재료비 = 소비량 × 단가

재료소비량 계산법에는 계속기록법, 재고조사법, 역계산법 등이 있다.

① **계속기록법** : 모든 사용량을 계속 기록하여 재료비 소비량을 계산하는 방법

② **재고조사법** : 일정 시기에 재료의 기말재고량을 조사하여 계산하는 방법

식재료 사용액 = 기초재고 + 당기구입 − 기말재고

식재료 원가율 = 식재료 사용액 ÷ 총매출액 × 100

③ **역계산법** : 표준소비량을 정하고 그것을 제품의 수량에 곱하여 전체 소비량을 산출하는 방법

재료소비량 = 표준소비량 × 생산량

(2) 재료비 계산법

① **개별법** : 사용한 재료의 구입가별로 기록 작성하여 사용한 재료비를 계산하는 방법

② **선입선출법** : 재료의 구입 순서에 따라 소비한다는 가정 아래 재료 소비가격을 계산하는 방법

③ **후입선출법** : 가장 최근에 구입한 재료를 먼저 소비한다는 가정 아래 재료 소비가격을 계산하는 방식

④ **단순평균법** : 일정 기간 동안 구입한 재료의 평균가격을 적용한 방법

⑤ **이동평균법** : 구입할 때마다 재고량과 가중 평균가를 산출하여 재료 소비가격을 계산하는 방법

2. 원가관리의 형태

원가관리는 원가를 단순히 절감하려는 경영기법이 아닌 합리적으로 사업을 관리하는 수단이라고 할 수 있다. 통제를 통하여 가능한 한 표준 원가계산방법을 모색하는 것이 좋다.

(1) 비율에 의한 원가관리 제도

식료의 원가를 매출로 나눔으로써 계산되는 원가율을 기초로, 식재료의 원가가 매출의 일정범위 내에 있도록 관리하려는 통계적 개념하에서 성립된 것이다.

비율에 의한 원가관리 제도이므로 비교가 용이하고, 높은 식료원가 여부를 밝히는 데 효과적이다. 그러나 메뉴 품목, 혹은 식재료별로 과대한 원가를 발생시키는 것을 찾아내기 어렵다.

(2) 상품군별 원가관리

비율에 의한 원가관리의 보조수단으로 각 상품별로 원가를 계산하여 관리하는 방법이다. 어느 상품 그룹에서 과대원가가 발생하였는지 발견하는 데 효과적이다. 당일 사용량을 그룹(육류, 생선, 야채)별로 구분하여 기록하고, 그룹별 원가와 전체 합산된 원가로 원가관리를 한다.

(3) 원가차이 분석

표준원가와 실제원가를 비교하여 그 원가의 차이를 분석하고 차이의 원인을 파악한 후 원가차이의 원인을 해결함으로써 계획된 원가관리가 가능해진다.

원가차이에는 가격차이와 수량차이가 있다.

① **식재료 가격차이** : 표준 재료가격과 실제 가격의 차이

가격차이 = (실제소비량 × 실제가격) − (실제소비량 × 표준가격)

가격차이의 원인 : 시장가격의 변동, 예정가격이 잘못 책정된 경우와 불리한 구매(구매량, 구매거래처, 구입방법)가 있다.

② **식재료 수량차이** : 실제소비량과 표준소비량의 차이

수량차이 = (실제소비량 × 표준가격) − (표준소비량 × 표준가격)

수량차이의 원인 : 과대한 분량규격, 과대한 생산, 불량재료 사용, 표준 조리법의 잘못 설정, 비능률적인 구매, 부적당한 조리, 과대한 실패품, 기구, 설비, 기계 등의 변경, 작업방법 변경, 작업능률 저하, 도난, 부패, 잘못된 부처 테스팅 등이 있다.

(4) 원가차이의 처리

철저한 재고조사와 사용량 추적으로 원가차이의 원인을 규명해야 한다. 동일 군별로 상품을 구분하여 조사하면 원인을 쉽게 찾을 수 있다. 식음료 원가 관리자는 모든 원가를 양호한 상태로 유지하고 그 중에서 중심적인 항목을 끌어내어 원가가 절감되도록 표준화를 행하고, 종사원을 교육시켜 달성된 양호한 수준의 원가가 무너지지 않도록 관리해야 한다.

CHAPTER 3

조리상품 생산관리

제1절 음식관리와 메뉴얼

1. 매뉴얼의 정의

외식사업에서의 매뉴얼이란 외식사업 각각의 업무를 진행하는 지침서 또는 절차서라고 할 수 있다.

매뉴얼은 이용방법에 따라 크게 세 가지로 구분할 수 있다.

첫째, 직원의 업무입문, 업무안내 또는 직원의 마음가짐 등을 설명한 직원 매뉴얼

둘째, 조리 · 판매 · 구매 등과 같이 업무별로 작업순서 및 범위를 표준화한 절차 매뉴얼

셋째, 조직 계획조직도, 직무설명서 등 조직에 관한 조직 매뉴얼과 관리자가 업무상 의사결정을 할 때 기준으로 해야 할 경영방침을 기술한 방침 매뉴얼이 있다.

매뉴얼은 작업의 효율성과 상품의 객관성을 유지하기 위해 반드시 필요한 경영도구이다. 매뉴얼이 없으면 상식이나 기억에 의한 적당한 교육에 의존하게 되어 상품의 일관적인 품질관리에 어려움을 겪게 된다.

2. 매뉴얼의 성격

매뉴얼은 많은 실무경험과 공동작업에 의해 생산된 것으로 많은 사람들과 전문가들이 반복 작업한 후 평가를 통해서 만들어진 것이다. 동일성을 효과적으로 인식시키기 위해서는 불가피한 도구이다.

매뉴얼의 목적은 최고의 성과를 거두기 위한 것이며, 모든 고객에게 제공하는 상품 · 서비스의 균일성 · 동질성을 확보하는 데 있다. 따라서 매뉴얼은 직원들이 준수하여야 하는 기준이다. 매뉴얼은 지킬 수 없는 기준이나 규범은 만들지 말아

야 한다. 즉, 매뉴얼은 해서는 안 될 것과 해야 할 것을 기술하고, 가장 바람직한 것의 순서로 기술하는 방법으로 만들 필요가 있다.

매뉴얼은 보강하거나 개정할 수 있다. 한 번 만들어져 그대로 반영구적으로 사용한다고 하면 그 매뉴얼은 제대로 사용되지 않아 매뉴얼로서의 기능을 다하지 못하게 된다.

3. 매뉴얼 작성

매뉴얼을 만들 때는 매뉴얼 없이는 외식사업이 효과적인 기능을 발휘할 수 없다는 전제 하에 만들어져야 한다 또한 경영 노하우를 전개하고 실현하기 위해 모든 직원에게 가능한 한 쉽고 구체적인 실시요령을 매뉴얼로 만들어야 한다.

(1) 매뉴얼 작성의 기본사항

① What : 업무의 종류와 목표 · 대상이 되는 상품 · 메뉴 · 서비스 등에 대해서 구체적으로 명시 가능한 것을 말한다.

② Why : 왜 그것을 하지 않으면 안 되는가, 왜 그렇게 하지 않으면 안 되는가, 왜 그것이 목표로 설정되었는가, 왜 그것이 원인이 되었는가, 무엇이 배경이 되어 그런 결과가 나왔는가와 같은 인과관계를 명확히 표시하여 이해할 수 있는 형태가 중요하다.

③ When : 언제부터 시작해 언제 끝나는가, 대상이 되는 기간은 언제부터 언제까지인가, 마감이나 납기는 언제인가, 전체 스케줄과의 관계는 어떠한가, 시간대로 봐서 일의 농도는 어떠한가 등. 시각과 시간 · 기간 등

④ Who : 그 업무와 관련 있는 사람은 누구인가, 책임자와 담당자는 누구인가, 누구에게 보고하고 지시를 받지 않으면 안되는가, 누구를 위한 서비스인가 등

⑤ Where : 그 일은 어디서 행해지는가, 어디에 그것을 두는가, 상품의 기록이나 보관은 어디서 행해지는가, 어느 거래처로 연락하면 되는가 등

⑥ How : 일을 효율적으로 하기 위한 순서는 어떻게 되어 있는가, 준비는 어떻게 하고 있는가, 그것을 해결하기 위한 수단에는 어떠한 것이 있는가, 문제가 발생한 경우 어떻게 처리해야 하는가 등

(2) 매뉴얼 작성

실제로 업무 매뉴얼 작성에는 일상생활 내에서의 문제점이나 저해요인을 분석하여 그것을 해결해서 순조롭게 일을 해 나갈 수 있는 흐름을 만드는 접근적 방법과 이상적인 업무 프로그램을 설계하고 그것을 유지하기 위해서는 어떻게 하면 좋을까 라는 방향에서 매뉴얼을 작성하는 방법이 있다.

아무리 훌륭한 업무와 매뉴얼이 있더라도 이것을 유효하게 활용하지 못하면 아무런 의미가 없다. 매뉴얼은 최소 필요한 업무수행 수준을 확실히 하기 위해 도움을 주는 것이므로 많은 직원들을 대상으로 하는 단체교육 · 훈련에 적합하다. 또한 항상 기본으로 돌아와 원점을 확인하고 반성의 자료로 삼는 경우에도 효과가 있다.

매뉴얼에 따라 기초를 다진 뒤 개성적인 매력과 특징을 쌓아 높은 수준으로 고객을 접대할 수 있는 기술의 습득에 이르기까지의 여러 가지 노력의 성과를 축적하게 되는데, 이러한 부분적 성과는 매뉴얼 효과에 더하여 노력함으로써 이루어질 수 있다.

현재처럼 경영환경이 급변하고 업무의 시스템이나 진행방식이 빨리 변화할 때에는 이 점을 잘 인식할 필요가 있다. 따라서 매뉴얼은 항상 정기적인 재평가와 재검토가 이루어져야 한다.

4. 표준 레시피(Standard recipe)

표준 레시피란 음식별로 적정한 재료의 분량과 조리방법 등을 나타낸 것으로, 음식상품을 생산 · 판매할 때, 그리고 식재료를 구입할 때 기준이 되며, 조리작업을 효율화하고 음식의 품질을 일정하게 유지하는 데 매우 중요하다.

표준 레시피를 만드는 데는 많은 시간과 노력이 필요하다. 아이디어가 제공되면 시장조사를 통해 고객의 정보를 모으고, 고객의 정보를 바탕으로 음식상품을 만들며, 음식을 평가할 수 있는 사람들로 시식회를 열고 이를 통하여 표적시장을 정한다. 또한 음식상품과 고객의 기대와 차이를 줄이는 과정을 반복하여 음식상품이 결정되고, 경제성이 확인되면 그 결과를 가지고 표준 레시피(Standard recipe)를 만들게 된다.

[표준 레시피의 장점]

① 음식상품의 질과 양이 동일하게 유지된다.
② 낭비를 줄이기 때문에 원가가 절감된다.
③ 원가산출이 용이하여 가격결정에 도움을 준다.
④ 조리사들에 대한 훈련이 쉽다.
⑤ 음식의 관리가 쉬워진다.

제2절 생산관리

19세기 후반에 분업체계를 갖춘 주방업무와 대량생산을 할 수 있는 주방시설이 준비되기 시작하였다. 대량생산을 할 수 있는 설비가 갖추어지기 시작한 것이다. 능률적이고 합리적 · 과학적인 방법들이 주변산업의 발전과 기술적인 변화로 외식산업에도 도입되었기 때문이다.

그리고 전기와 냉동 · 냉장기술이 개발되면서 대량생산과 전문적인 음식생산이 가능하게 되었다.

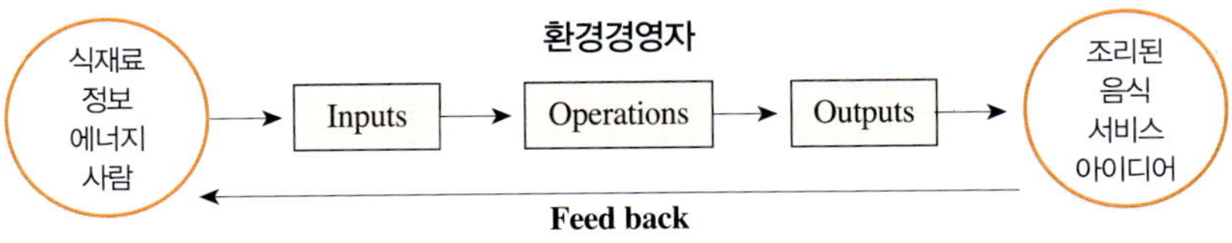

자료 : June Payne-Palacio, Introduction to Foodservice, Macmillan, 1994, p.33

그림 2-13 식음료 생산시스템

생산관리의 목적은 주어진 예산범위 내에서 양적 · 질적으로 훌륭한 음식 상품을 생산하여 적시에 고객에게 판매하는 데에 있다. 생산계획은 단순히 조리과정만을 계획하는 것이 아니라 메뉴의 판매량을 토대로 생산량, 생산방법, 생산시기와 장소, 인원 등을 결정하고 생산을 실시하기 전에 각 과정마다 계획을 세워서 작업의 결과를 예측 · 계획하는 것이다.

식음료의 생산관리는 식재료를 구입하는 단계부터 마지막 단계인 고객에게 제공하기까지의 모든 활동을 말한다. 식음료를 생산하고 제공하기 위한 시설은 외식산업이 갖는 특성 때문에 다른 산업보다 더 복잡하다.

그것은 고객의 주문에 의해서 고객이 원하는 상품, 제공방법과 불특정 다수의 고객을 상대하는 등 여러 가지 요인이 복잡하게 연계되어 있기 때문이다.

식당에서의 식사는 아침 · 점심 · 저녁의 특정 시간에 판매하게 된다. 그러므로 바쁜 시간대와 그렇지 않은 때가 뚜렷이 구별된다.

또한 다양한 종류의 메뉴를 판매하는 주문에 의한 다품종 소량 생산의 구조이며 아침 · 점심 · 저녁에 따라 다른 구조의 메뉴를 판매할 수도 있다.

이러한 특성으로 주방에서의 생산과 제공을 위한 시설계획은 공급자 관점에서의 시설을 경제적 · 효과적으로 운영할 수 있어야 하며, 고객관점에서 고객의 욕구가 충족될 수 있어야 한다.

1. 작업관리

(1) 작업관리의 목적

작업관리란 주방에서 일어나는 여러 가지 작업들의 작업방법과 작업조건 등을 조사 · 연구하고 조직화함으로써 작업을 효율적으로 수행할 수 있는 최선의 작업방법을 모색하는 활동이다. 또한 작업에 방해가 되는 조건들을 선별하고 개선하여 최적의 작업조건을 만들 수 있다. 이러한 작업관리의 목적을 이루기 위해서는 다음과 같은 활동을 해야 한다.

- 작업의 능률화 작업
- 작업시간의 단축
- 생산량의 증대
- 품질의 개선과 균일화 작업
- 원가의 절감

(2) 작업관리의 과정

작업관리의 과정은 작업을 계획하고, 작업에 필요한 조직을 만든 후 진행결과에 따라 작업을 조정하며, 지휘하고 그 결과를 검토 · 통제하는 것이다.

계획은 필요로 하는 작업의 목표나 방침 · 실시방법 · 절차를 결정하고, 실시계획 및 일정계획을 세우는 것이다. 또한 조직화는 각자의 직무를 분담하고 직책, 권한을 명확히 하며, 직무 상호 간의 관계를 합리적으로 만드는 것이다. 조직 내의 모든 계층이 수행하는 직무활동을 조정하기 위한 유기적인 조직관계를 개발해야 한다.

통제는 목표와 실제성과가 일치되도록 하는 기능이다. 통제 기능의 효과적인 수행은 조정 기능의 수행을 전제조건으로 한다. 효과적인 통제 기능을 수행하기 위해서는 업적기준의 설정과 실적 측정, 업적 평가, 수정 조치가 따라야 한다.

2. 시설계획

주방의 layout, 설비, 기기의 적합성, 주방 조리사의 잘 훈련된 기능, 좋은 식자재의 구매 및 보관 등은 주방작업의 효율성을 높이고 조리된 음식상품의 질을 결정짓는 중요한 요인이다. 하지만 주방시설의 합리적이지 못한 운영은 음식의 품질을 떨어뜨리고 효율성을 저해하여 경제성을 악화시킨다.

주방시설의 주요 목표는 표적시장에 적절한 제품을 제공할 수 있게 하기 위함이다. 식당의 기본적 개념과 고객의 기대가 일치할 때 고객은 만족하게 된다. 그렇게 하기 위해서는 계획 단계부터 표적시장을 겨냥한 시설을 계획하여야 고객의 욕구를 만족시킬 수 있다.

음식의 생산과 제공이 용이하도록 주방과 서비스 시설, 알맞은 장비, 동선 등을 고려한 인체공학적인 설계가 되어야 한다. 작업공간을 적절하게 설계하면 작업효율이 상승할 수 있기 때문이다.

장비와 작업대의 적절한 동선 배치는 필수적이며, 진열대 높이 · 테이블 모양 · 크기 · 높이 · 조명 · 환기 · 소음방지시설 등의 계획은 안전한 작업공간과 유연한 생산 흐름을 유도하는 중요한 사안이다.

3. 작업의 표준화

조리작업 표준화는 작업공정과 작업동작의 실태를 조사하고 분석 · 검토하여 합리적이고 과학적인 작업방법과 작업시간을 결정하는 것을 말한다. 조리작업은 종업원 개개인의 경험과 직관에 의해서 이루어지기 때문에 같은 음식을 조리함에 있어서도 작업수행시간과 품질 등에 차이가 생기는 경우가 많다.

제품이나 서비스를 생산 할 때 이 산출물을 효율적으로 생산하기 위해서는 생산이 시작되기 전에 실제 성과를 평가하기 위한 목표를 설정해야 한다. 이러한 목표는 표준(standard)으로 표현된다.

생산 및 운영의 표준은 산출물을 측정하는 비교의 기준으로서 산출물의 양, 질, 비용 및 기타 특성들에 대해 설정할 수 있으며 통제의 기준이 된다.

서비스 상품의 특성 중의 하나가 표준화가 어렵다는 것인데, 이와 같은 어려움을 극복할 경우에 여러 가지 장점을 갖게 된다. 최근 식당경영에서는 패스트푸드가 급속하게 확산되고 프랜차이즈 형태의 운영이 늘고 있어 조리부터 생산 · 판매에 이르기까지 표준화 작업이 활발히 진행되고 있다.

주방에서의 표준화 작업은 일의 능률을 향상시킬 뿐 아니라 인력절감 · 원가절감 등 식당경영의 다방면에 이익을 준다.

[주방작업의 표준화의 장점]

① 원가를 절감할 수 있다.
② 매뉴얼을 만들기 쉽다.
③ 사업을 기획적 · 의도적으로 진행할 수 있다.
④ 재고 · 배송관리를 사전에 통제할 수 있다.
⑤ 품질관리를 기할 수 있다.
⑥ 조리시간을 단축할 수 있다.
⑦ 숙련 조리사가 아니더라도 조리가 가능하다.
⑧ 일정한 수준의 품질을 유지할 수 있다.

상황에 따라 작업내용이나 결과가 쉽게 변할 수 있는 조리작업의 관리를 위해서 업무의 표준화 작업이 필요하며, 이를 위해서는 다음과 같은 사항이 필요하다.

첫째, 작업을 분화해서 단순화한다. 조리작업의 내용과 업무배당을 표시해 둠으로써 작업의 계획을 명확히 하고 숙련자와 미숙련자의 배분을 합리적으로 해 시간과 노력을 아낀다.

둘째, 작업 기준을 만들어 표준화한다. 표준 조리방법 등에 대해 각 시설 설비의 상황에 적합한 작업의 기준을 작성한다.

[표준화를 위한 절차]

① **문제의 발견** : 문제를 찾아내기 위해서는 품질 · 가격 · 시간 · 작업 상황 등에 대한 세밀한 분석이 필요하다.

② **현상분석** : 작업현상에 대한 사실을 있는 그대로 직관적이며, 정량적으로 분석하여 과학적으로 검토한다.

③ **문제의 중점 발견** : 현상분석 후 불필요한 것과 필요한 것을 구분하여 제거하거나 순서를 변화시킨다.

④ **개선안의 작성** : 제한된 조건 하에서 작업을 가장 효율적으로 진행시키면서 품질향상과 최소비용을 우한 방법을 설계한다.

위의 과정을 반복함으로써 표준화 작업을 완성시킬 수 있다.

제3절 품질관리

1. 생산적 품질관리

(1) 품질의 인식차이

식당의 품질관리는 종사원의 선발과 훈련, 종사원에 대한 교육과 훈련을 통하여 양질의 서비스를 고객에게 제공하는 것이다. 프랜차이즈의 경우에는 어디서든지 동일한 서비스를 받게 되는데, 이는 서비스 업무의 표준화 때문이다.

특히 레스토랑의 주방 · 조리업무 · 서빙 · 회계 · 고객접대의 다양한 업무에 대한 서비스 청사진(service print)을 통하여 작업을 표준화시킴으로써 서비스 질을 개선할 수 있다. 또 고객조사를 통하여 불만사항을 수렴하는 것도 서비스를 개선할 수 있는 방법이 된다.

① 소비자와 경영자의 인식차이

경영자는 소비자가 무엇을 원하는지 항상 깨닫지는 못한다. 경영자는 고객이 항상 더 좋은 음식을 원한다그 생각할지 모르나 고객은 때로 친절한 종사원에 대해 더 큰 관심을 갖고 있을 수도 있다.

② 경영자의 인식과 서비스 질의 인지도

경영자는 고객이 무엇을 원하는지 정확히 인식할 수는 있을지라도 수행표준을 제시하지는 못한다. 경영자는 종사원에게 양적인 설명 없이 고객에게 신속한 서비스를 강요할 수 있다.

③ 서비스질의 설명과 서비스 전달과정의 차별화

제대로 훈련을 받지 않은 종사원, 과로하거나 무능한 종사원은 서비스 표준을 충족하지 못한다. 그들은 신속한 서비스, 고객을 응대하는 것과 같은 표준에서 갈등을 겪을 수 있다.

④ 서비스 전달과 외부 커뮤니케이션의 차이

소비자의 기대가 회사대표나 광고에 의해 영향받을 수 있다. 식당안내 브로셔(brochure)는 맛좋은 음식이나 시설을 장식하고 있는데, 고객이 방문했을 때 브로셔와는 달리 식당이 형편없으면 고객의 기대는 무너지고 만다.

⑤ 인식된 서비스와 기대 서비스의 차이

고객이 다른 각도에서 회사의 서비스를 측정하거나 서비스의 질을 잘못 인식할 경우에 나타난다.

(2) 품질관리와 표준량 목표

메뉴의 개발과정에서는 표준량 목표를 확정하여 상품화해야 메뉴 개발이 완료되는데 그 표준량 목표에는 메뉴의 내용과 모양, 원재료, 맛, 원가, 양, 조리방법, 소요시간, 주방장비, 담는 그릇, 요리사 수준, 서빙방법 등이 항상 표준을 유지할 수 있도록 기록되어 있다.

관리자는 이 카드의 중요성을 인식하고 품질관리의 도구로 사용해야 한다. 누가 언제 만들어도 같은 원가, 같은 재료로 같은 맛을 내는 음식을 만들 수 있어야 같은 품질을 유지할 수 있는 것이다.

2. 품질관리를 위한 관능 검사

관능적 품질관리란 식사에 대한 고객의 반응을 조사하기 위한 것으로 음식에 대한 고객의 기호도 조사, 구매빈도 조사, 관능 검사, 잔식량 조사 등이 포함된다.

음식을 판매하는 사람들은 고객이 왜 그 음식을 좋아하는지 혹은 왜 싫어하는지를 알고 싶어 한다. 거기에 대한 질문은 크게 각 특성에 대한 기호도 혹은 선호도 반응, 강도 반응, 적합한 강도로 나눌 수 있다.

관능검사는 음식에 대한 반응을 측정하기 위한 방법으로 사용되며, 개인에게는 식품의 관능적 특성인 맛 · 냄새 · 온도 · 질감 및 외관 등의 질의 차이를 분석하고, 그 차이의 정도와 경향을 판단하는 데 사용된다. 따라서 관능적 분석을 인간의 감각을 통해 음식의 질감 · 외관 · 향미 · 온도 · 양 등을 측정하는 과학이라고 한다.

외식사업의 계속적인 성공을 보장받기 위해서는 새로운 메뉴와 현존하는 메뉴의 질 유지를 위한 관능평가가 필수적일 것이다. 특히 새로운 메뉴는 관능요원이나 고객에 의해 관능검사를 수행한 후 정식으로 판매 메뉴에 첨가하고, 그 후에도 계속적으로 관능평가를 거치는 것이 바람직하다.

잔식량 조사는 음식에 대한 고객의 수용도를 측정하기 위해 저울을 이용하여 잔식량을 측정하기도 하고, 관찰자에 의해 측정하기도 하는 것이다. 또한 자신이 먹은 양을 직접 평가하도록 하는 자가 기록 방법을 이용하여 평가하기도 한다.

3. 영양적 품질관리

식재료는 구매 후 여러 단계의 생산과정을 거쳐서 상품이 되고 이는 고객들이 소비하게 된다. 또한 이런 과정에서 식품의 영양적 손실이 일어나게 되는데, 식재료가 저장되고 조리되는 과정에서 많은 영양소가 파괴되는 것이다.

영양적 품질관리는 음식 생산의 여러 단계에서 일어나는 영양소의 손실을 최소화할 수 있는 방안을 모색하기 위한 것이다. 영양적 품질관리를 통하여 음식의 영양소 손실을 최소화하는 것도 품질관리의 한 방법이다. 입고 · 저장 · 생산 · 서빙 과정에서 각 생산단계와 생산방법에 따라 영양분의 손실이 차이가 나므로 최선의 방법을 모색하여 영양적으로 우수한 음식을 고객에게 제공하여야 한다.

CHAPTER 4

식품관리

제1절 식품의 저장관리

식재료 보관 시에는 식재료의 영양가와 맛 등 식품 고유의 특성을 보존하고 위생상의 위해방지, 식품의 손실방지, 식재료의 원활한 유통과 비축에 편리성을 기할 수 있도록 하는 것이 중요하다. 이를 위해 창고관리의 책임을 맡고 있는 저장관리인은 식재료를 깨끗하고 적정온도를 유지한 저장고에 보관하고, 부패되기 전에 출고해 사용되도록 관리해야 한다.

또한 저장시설에 대한 정기적인 점검과 관리를 통하여 저장시설이 정상적인 기능을 발휘하도록 하여야 한다. 저장관리는 식재료의 품질유지 측면뿐만 아니라 식재료의 원가에까지 영향을 미치므로 저장관리를 철저히 하여 부식 · 파손 · 부패를 미연에 방지하고 식품의 신선도를 유지하여 식중독 예방과 경제적인 손실을 막을 수 있어야 하는 것이다.

식재료를 효율적으로 저장 · 관리하기 위해서는

첫째, 자재의 저장위치를 명확히 하기 위한 재고위치 제도를 적용한다.
둘째, 자재의 명칭 · 규격 · 용도 및 기능별로 그 종류를 분류하여 저장한다.
셋째, 품질보존 차원에서 재료를 저장함에 있어서 사용가능한 상태로 보존할 수 있어야 한다.
넷째, 재료는 먼저 저장된 순서에 따라 출고되어야 하며, 그렇게 하기 위해서는 입고순서에 따라 출고가 가능하도록 적재되어야 한다.
다섯째, 저장시설에 있어 가장 중요한 것은 보온 · 보냉 및 충분한 저장 공간의 확보이다. 물자의 점유공간을 어떻게 효율적으로 활용하는가 하는 문제는 물자관리의 저장에 있어 대단히 중요한 비중을 차지하는 것이다.

[저장관리의 목적]

첫째, 폐기에 의한 식음료 손실을 최소화함으로써 식음료 원재료의 적정재고를 유지하려는 데 있다.

둘째, 식료의 출고가 올바르게 이루어지도록 하려는 데 있다. 식료에 대한 청구는 반드시 서식으로 작성하여 권한을 위임받은 자가 서명을 함으로써 일정의 형식을 갖춘 물품의 출고요청서에 의해서 물품이 출고될 수 있도록 관리한다.

셋째, 출고된 식재료에 대해서는 매일 그 총계를 내어 관리하도록 한다.

넷째, 물품청구서에 의한 식음료 재료의 출고는 특별한 사유가 없는 한 그것이 사용되는 시점에서 이루어지도록 하는 데 있다.

식재료를 본래의 의도대로 사용할 수 있도록 보존하는 상태를 저장이라고 하며, 식자재 저장의 근본 목적은 적절한 양의 상품을 유지 · 공급하고 도난이나 부패에 의한 손실을 최소화하는 데 있는 것이다.

제2절 식품의 가공과 저장방법

효율적인 저장관리를 위해서는 적정한 저장 공간을 확보해야 하며, 저장창고의 시설관리를 위해 적정한 온도유지 등의 정기적인 점검을 해야 한다. 식품의 위치 선정을 명확히 하고 입고날짜 · 명칭 · 규격 · 용도 등을 작성하며, 기능별로 세분화하여 저장해야 한다.

식재료의 저장은 적절한 공간에서 적정한 온도, 습도 등의 조건 하에서 보존하는 품질관리이다.

1. 건조법

식품에서 수분을 제거하고 건조시켜 저장하는 방법을 말한다. 습하지 않는 곳에 저장해야 한다.

일광건조법, 열풍건조법, 배건법, 고온건조법, 냉동건조법, 증발법, 감압건조법 등의 방법이 있다.

2. 냉장 · 냉동법

(1) 냉장법

식품을 냉장하면 조직 중의 효소작용과 미생물의 번식이 억제되어 신선하게 저장할 수 있으며, 냉각제로 드라이아이스 · 암모니아 · 탄산가스 · 프레온가스 등을 사용한다.

식품의 적당한 냉장온도는 과일 · 야채의 경우 6℃~12℃, 육류는 0℃~4℃이다. 과일 · 야채의 냉장 보관에서는 과일 등의 호흡작용이 억제되어 신선도를 유지할 수 있다.

(2) 냉동법

냉동은 냉장원리를 응용해서 식품을 동결시키는 방법으로 직접 냉각기관을 냉동실에 통하는 직접냉동, 또는 냉각공기를 불어 넣어 -7℃~-15℃로 냉각하는 공기냉동, 식염수와 함께 식품을 냉각시키는 염수냉동법이 있다. 식품의 적정 냉동 보관 온도는 -18℃~-20℃이다.

식품을 급속으로 동결시키면 식품에 생기는 얼음의 결정이 작고, 천천히 동결시키면 결정이 크다. 얼음의 결정이 크면 세포가 파괴되어 내용물이 유출되는 드립(drip) 현상이 발생하기 때문에 식품의 품질이 저하된다.

식품을 냉동법에 의해 저장하면 미생물의 침해를 받을 염려가 없고, 냉장법보다는 오래 저장할 수 있다. 냉동저장 중에 식품 속에 있는 지방과 공기가 만나면 지방의 산패가 일어나며, 얼음 알갱이가 승화되어 품질의 저하가 일어나므로 식품이 공기 중에 직접 노출이 되지 않도록 포장해야 한다.

3. 가열법

식품에 부착되어 있는 미생물은 가열에 의해 사멸되므로 병조림 · 통조림 · 파우치 등으로 밀봉하게 되면 일정기간 동안 완전히 저장할 수 있다. 또한 가열하면 효소가 불활성화되어 저장기간이 늘어날 수 있다.

① **저온살균법** : 우유의 경우 60~65 에서 30분 살균, 술 · 주스 · 소스 · 간장 등에도 이용한다.

② 고온단시간 살균법 : 우유의 경우 72 에서 20초 살균, 과즙의 경우 90~95 에서 20초간 살균한다.

③ 초고온 순간 살균법 : 130~150 에서 1~2초 살균한다.

④ 고온 장시간 살균법 : 95~120 에서 30~60분 살균한다. 주로 통조림 살균에 이용한다.

4. 훈연법

염장한 육류 · 어류 등을 목재나 왕겨의 연기에 의해 건조 · 살균하는 방법으로 훈연 중에 수분이 빠져 건조되고, 살균물질이 침투해 외관의 색이 변하거나 유리 아미노산이 감소한다. 또한 지질의 산화가 방지돼 방부성이 증가된다.

5. 염장법

염장은 식품 내의 삼투압 차이에 의해 식품에서 수분이 빠지고, 동시에 미생물도 농후한 식염수에 의해 원형질 분리를 일으켜 성장이 방지되는 것으로, 옛날부터 사용하던 방법이다.

부패균은 염분이 5% 정도일 때는 번식이 억제되고, 15% 안팎일 때는 완전히 불가능해진다. 20% 안팎일 때 효모도 활성이 약해지며, 유해한 미생물은 모두 활동할 수 없으므로 장기저장 시에 적합하다.

6. 당장법

염장법과 같이 설탕의 삼투압을 이용하여 저장하는 방법이며, 당장식품의 대표적인 것으로는 잼(jam)과 연유가 있다. 잼은 과일의 과육과 과즙을 원료로 해서 당도를 50~70%로 만든다. 연유는 우유를 1/2로 농축하여 16%의 설탕을 첨가한 것이다.

7. 가스저장법

야채와 과일은 저장 중에 호흡작용을 일으켜 탄산가스나 수분을 배출한다. 호흡작용은 수분이 적거나 온드가 낮을 때, 또는 탄산가스나 질소가스에 의해 억제된다.

호흡작용억제는 식품의 저장성을 증가시킬 수 있는데, 사과를 가스저장(CA저장 ; Controlled Atmosphere Storage)할 때의 최적조건은 온도 0℃, 탄산가스의 함량 3%, 산소의 함량 3%일 때이다.

제3절 식품별 보관방법

1. 육류

육류의 질은 질감(tenderness), 수분함량(juiciness), 향미(flavour) 등에 따라 등급이 결정된다. 이는 동물의 성숙도나 사료의 종류 그리고 사육과정에서의 운동량과 밀접한 관계가 있다.

쇠고기의 육질은 매우 다양하게 구성되어 있어서 각 부위별로 그 맛과 질감이 다르다. 육질이 연한 곳은 건열조리법이 좋으며, 질긴 부위는 습열조리로 장시간의 조리시간이 필요하다.

특히 쇠고기의 육질은 사육과정에서 사료의 종류에 따라 달라진다. 건초나 풀을 먹이는 소가 있고, 곡물을 먹여서 기른(grain feeding) 소가 있는데, 실제 고기의 가격도 풀을 먹인(grass feeding) 소가 낮게 거래되고 있다. 대체로 좋은 품질은 육질의 색깔이 선홍색을 띠며, 지방층이 얇은 것이 좋다.

송아지는 우유를 먹여서 3개월 정도 사육한 성숙되지 않은 소로 육질은 밝은 핑크빛이며, 색깔로 보아서는 돼지고기와 구별이 어렵다. 일반적으로 수분함량이 높으며, 저장기간도 −3℃~2℃ 정도에서 5~6일을 경과하면 육질이 떨어지기 쉽다.

품질의 등급은 살의 두께와 갈비 사이의 살과 같이 늘어진 지방의 분포상태 등의 복합적인 평가에 의해 좌우된다.
돼지고기는 쇠고기와는 달리 완전히 익히지 않은 상태(rare 혹은 medium)로 먹을 경우에 기생충(선모충 : trichina)의 해를 입을 수 있기 때문에 완전히 익힌 상태로 조리해야 한다.

돼지고기의 육질은 그 질감(tenderness)과 지방의 층에 따라 품질이 결정되지만, 쇠고기와 같이 다양하게 등급이 구분되지는 않는다. 연한 회색을 띤 선홍색을 유지해야 하며, 섬세한 근육질과 지방의 분포가 약간 있는 것이 좋다.

양고기는 영어로 'mutton'이라고 하는데, 3~5개월된 새끼 양고기를 'baby lamb', 5개월~1년 정도 사육된 양은 'lamb'이라고 하며, 이것을 상품으로 취급한다.

표 2-3 쇠고기의 부위별 특성 및 조리법

부위명칭		특 징	조리법
한국식	미국식		
장정육	chuck	어깨부분의 운동량이 많은 부위로 결합조직이 많아 육질은 질기고 맛이 진하다.	편육 · 탕 · 조림 · 구이
안심	tenderloin	등심 안쪽의 연한 고기로 가장 최상품이다. 고기결이 곱고 지방이 적어 담백하다. 쇠고기 중 양이 적은 부위로 귀하다.	구이 · 전골
등심	striploin sirloin	갈비의 위쪽에 붙은 살로서 안심, 채끝살과 함께 상급고기에 속한다. 육질이 곱고 연하여 붉은 살코기 속에 지방이 적당히 섞여 있어 맛이 좋다.	구이 · 산적 · 전골
채끝살	shortloin	등심과 이어진 부위의 안심을 에워싸고 있다. 육질이 연하고 지방이 많이 있다.	구이 · 산적
갈비	short ribs	갈비뼈와 붙어 있는 부위로 기름기가 많고, 육질은 질기나 맛이 매우 좋다.	구이 · 찜 · 탕
우둔살	rumb	엉덩이 부위의 고기르 기름기가 적고 고기결이 곱고 부드러우며, 맛이 담백하여 여러 가지 조리에 많이 쓰인다.	구이 · 조림 · 포
홍두깨	rumb round	고기결이 곱고 부드러우며, 맛이 담백하여 여러 가지 조리에 많이 쓰인다.	육회 · 산적 · 탕
양지육 쇠약지	brisket	목 밑에서 가슴에 이르는 부위로 결합조직이 많아 육질은 질기다. 오랜 시간에 걸쳐 끓이는 조리를 하면 맛이 매우 좋다.	찜
사태육	fore shank	다리의 오금에 붙은 고기로서 결합조직이 많아 질긴 부위이다. 장시간 물에 넣어 가열하면 연해진다. 기름기가 없어 담백하면서도 깊은 맛이 난다.	탕
중치육	hind shank	뒷다리의 사태 부위이다.	편육 · 찜 · 조림 · 탕
업진육	plate flank	배쪽의 지방이 많고 육질이 질긴 부위로 시간을 들여 습열조리 하면 맛이 있다.	탕
쇠꼬리	tail	소의 꼬리로 결체조직이 많아 질기지만 오랜 시간 동안 맛이 있다.	곰탕 · 찜
쇠머리	head	머리 부분으로 운동량이 많은 부위여서 육질이 거칠고 질기지만 맛은 진하다.	탕 · 족편
쇠족	oxfeet	육질이 거의 업고 결합조직이 많다.	탕 · 족편
도가니	knee bone	육질이 거의 없고 물렁뼈이다.	탕
사골	marrow bone	소의 다리뼈로 오래 고아서 국물을 낸다.	탕

가금류는 나이에 따라 그 무게와 질감이 다르기 때문에 조리방법도 조금씩 차이가 있다.

닭고기의 경우는 3~5개월 사육된 것이 1.6kg 정도 되는데, 통구이(roaster)용으로 많이 사용한다. 보통 10개월 이상이 되면 육질이 질기다.

소시지는 육류의 부산물로 날것으로 만드는 경우도 있고, 훈연되거나 조리된 소시지로 만들 수도 있다. 또 '살라미'(salami)같이 완전히 건조하여 장시간 저장할 수 있는 상품도 있으며, 종류도 쇠고기 · 돼지고기 · 양고기 · 송아지 고기 · 닭고기 · 칠면조 고기 등에 따라 다양하다. 유통기간이 짧은 소시지는 품질이 우수하여 질감이 좋고 영양적으로도 완전하다.

육류는 미생물에 의한 오염이 대부분 생산지 또는 도축장에서 발생되므로 육류 구입 시 위생적인 도축시설, 생산시설 등을 확인할 필요가 있다. 또한 영양소가 풍부해 온도, 습도 등의 조건이 적절하면 미생물이 급격히 증식하게 되므로 적정 온도에서 보관해야 한다.

육류는 세절하면 고기의 표면이 넓어지게 되고 그로 인해 미생물과의 접촉면이 커지게 되어 미생물 증식이 쉬워지며, 액즙의 침출도 많아진다. 그러므로 가급적 사용하기 직전에 세절하는 것이 좋다.

포장재로 밀봉하여 냉동저장을 하면 공기와 차단되어 저장성이 좋아지지만 냉장저장은 포장 내에서 수분이 과포화되기 쉬워 세균의 증식이 촉진되므로 고기의 표면이 필요 이상 습윤화되지 않도록 주의해야 한다.

[쇠고기 등급기준]

- 미국 : USDA Prime – USDA Choice – Good – Standard – Commercial – Utility – Cutter – Canner
- 우리나라 : 1++등급(육질) – 1+등급(육질) – 1등급(육질) – 2등급(육질) – 3등급(육질) – 등외등급

(1) 육류의 품질저하 요인

① 냉장저장 중 지방의 변패

냉장 저장중 지방의 변패 : 저장온도를 낮추고 저장 중의 온도 변화를 방지해야

변패에 의한 불패취를 방지할 수 있다. 또한 지방의 산화가 일어나는데 돼지고기에서 더 많이 일어난다. 빛을 차단하고(건냉암소) 저장온도를 낮고 일정하게 유지하며 공기와 접촉을 차단해야 한다. 소금을 첨가하면 산화가 촉진되며, 분쇄육은 산소의 혼입으로 저장 기간이 짧아진다.

고기의 표면이 습윤하면 점성부패나 곰팡이가 발육하게 된다. 냉동저장 중에도 지방의 산패가 일어난다. 돼지고기에서 더 많이 일어난다. 저장온도는 낮을수록 좋고(−18℃~−24℃) 온도변화가 없어야 된다.

② 냉동제품 해동

공기순환, 냉수첨지, 온수첨지, 마이크로오븐을 통한 급속 해동이 있다. 공기순환 해동이 가장 많이 사용하는데 6℃~8℃, 상대습도 90℃~95℃ 의 해동실에서 서서히 해동하는 방법이다. 최근 마이크로오븐을 이용한 해동이 많이 보급되고 있다. 한번 해동한 식육은 다시 냉동하지 않는 것이 좋다.

③ 동결중 품질저하

산패 방지를 위해서 −18℃~−24℃ 에서 장기저장을 하는 것이 좋다. 동결속도가 빠를수록 얼음 결정이 적어서 근섬유의 기계적 손상이 적다. 동결 저장 중 온도변화가 있으면 얼음결정이 커져서 근섬유의 손상이 커진다. 해동 시 분리 수분량을 최소화하기 위하여 6℃~8℃, 상대습도 92℃~95℃의 해동실에서 서서히 해동하는 것이 좋다.

식육을 냉동저장하면 냉동기간 중 서서히 휘발성 물질을 잃어버리게 됨으로써 풍미가 떨어진다. 따라서 이러한 폐단을 없애기 위해서는 포장에 신경을 써야 한다. 만약에 신선육을 충분히 냉장하지 않거나 실온에서 저장을 하면 미생물들이 단백질을 분해하여 악취를 내게 된다.

이러한 상태는 도체를 신속하고 충분하게 냉장을 하지 않을 때에 림프샘에 모여 있던 미생물들이 발육하여 도체 심부에 악취가 발생함으로써 일어나게 되는 것이다.

(2) 조육류

가금류는 나이에 따라 그 무게도 다르고 질감이 다르기 때문에 조리방법도 약간씩 차이가 있다. 닭고기의 경우 3~5개월 정도의 것이 1.6kg 정도 되는데, 통구이(roaster)용으로 많이 사용된다. 보통 10개월 이상이 되면 육질이 질기다.

① 조육의 변색

냉동과정과 해동과정에서 닭뼈 골수의 적혈구가 파괴된 것을 그대로 가열하면 짙은 갈색을 나타내어 조리시 뼈와 뼈주위의 근육이 거무스레 변색된다. 색의 변화는 맛과는 상관이 없으나 보기에 좋지 않다. 냉동상태의 조육을 해동하지 않고 직접조리하면 이러한 현상을 감소시킬 수 있다.

② 조육의 분홍색 반응

닭고기를 roasting하는 과정에서 닭고기가 불그스레하게 변색될때가 있다. 이것은 완전히 익었을때도 분홍색이 그대로 착색되어 있으나 맛에는 차이가 없다. 닭고기가 익을 때 육성분에서 일어나는 화학 반응에 의한 것이다. 닭고기의 분홍색 반응은 닭의 크기가 작을수록 또 닭고기의 피하지방이 적을수록 더 심하다.

2. 어패류

어패류는 다른 육류에 비하여 빠른 속도로 육질이 변한다. 사후 1~2시간에 경직현상이 일어나며 갈색 생선은 흰 생선보다, 담수어는 해수어보다 자기소화가 빨리 온다. 부패가 빨리 오는데 악취가 나기 전에 부패가 일어날 수도 있다.

또한, 미생물에 오염되어 있을 확률이 높으므로 구입 즉시 내장을 빼고 깨끗이 씻은 다음에 분리된 냉장고에 보관하여야 한다. 즉, 싱싱한 상태에서 조리하는 것이 가장 좋다.

냉동된 어패류를 사용할 때에는 해동 시에 뜨거운 물을 이용하면 안 되며, 냉장고 속이나 혹은 찬물에 넣어서 해동해야 한다. 그리고 일단 해동된 어패류는 품질저하가 빠르므로 다시 냉동시켜서는 안 되며, 필요량만큼만 해동한 후 조리가곡을 신속히 하여야 한다. 그리고 완전히 해동된 후 사용하여야 한다.

생선의 냉동 · 냉장보관은 전용 냉장 · 냉동고가 좋으며, 최소한 다른 식재료와 분리된 곳에 보관하여야 한다.

포를 뜬 생선은 수분증발을 막기 위해 물에 적신 위생 거즈 등으로 덮은 후 2℃~5℃에서 보관하는 것이 적합하다.

어패류는 산란기 전이 가장 맛있으며 알을 낳은 후는 맛이 떨어진다. 또한 외형이 선명 · 확실하며, 손으로 눌렀을 때 탄력이 있고, 껍질과 비늘이 밀착되어 광택이 있으며, 눈알이 맑고 외부로 돌출되어 있는 것이 신선하다.

복부는 탄력성이 있어야 하며, 내장이 나와 있지 않고 생선 특유의 냄새를 가진 것이 좋다.

아가미는 선명한 적색을 띠는 것이 좋고, 불쾌한 냄새가 없는 것이 신선한 것이다.

패류 등은 수산청에서 유독지구가 아니라고 판단한 지역에서 채취한 것 이외에는 식용해서는 안 된다. 껍질이 두꺼운 것은 늙은 조개이고, 속이 적으며 물기가 있고, 입이 많이 열려 있거나 굳게 닫힌 것은 죽은 것이다. 즉, 입을 벌리고 조갯살을 빼물고 있는 것이 신선하다.

[어패류 신선도 감별법]

① 탄력성 : 사후경직 기간에 육질이 단단하며, 자기소화가 일어나면서 물렁해진다.
② 광택 : 신선한 생선은 껍질에서 광택이 나고 시간이 경과함에 따라 색채와 광택이 흐려진다.
③ 생선의 눈 : 신선한 생선의 눈은 맑고 투명하며, 밖으로 약간 돌출되어 있다. 선도가 떨어진 생선의 눈은 속으로 들어가 있다.
④ 생선의 비늘 : 윤택이 나며, 고르게 밀착되어 있다.
⑤ 아가미 : 아가미의 색채가 선홍색이면 신선하고, 혼탁하면 오래된 것이다.
⑥ 악취 : 신선한 생선은 독특한 냄새가 나지만 부패가 진행될수록 악취가 증가한다.
⑦ 뼈와 근육의 밀착도 : 부패할수록 근육과 뼈 밀착도가 떨어진다.

3. 유제품

우유는 원유의 성분 그대로를 시유(전지유, Whole milk)라고 하며, 지방 부분을 분리한 것을 크림(cream)이라고 하고, 나머지 부분을 탈지유라고 한다. 크림은 터닝(turning)이나 연압 등의 공정을 거치게 되면 버터가 된다. 원유 또는 탈지유에 산이나 렌넷을 첨가하면 단백질 응고물(커드, curd)이 형성된다.

이 응고물의 주성분은 카제인(casein)이며, 치즈 제조의 주체이다. 이 카제인을 제거한 나머지 부분을 유청(whey)이라고 하며, 그 주성분은 유단백질 및 유당이다.

[유제품의 분류]

① **시유** : 목장에서 생산되는 원료유인 생유가 처리공정(살균)을 거친 다음, 소비자가 마실 수 있는 액체 상태로 상품화된 우유를 시유(market milk)라고 한다.

② **농축유류** : 농축유는 우유의 수분을 증발시켜서 우유의 고형분 함량을 높게 농축한 제품이다. 농축유는 설탕을 첨가한 '가당 타입'과 첨가하지 않은 '무당 타입'이 있으며, 각각 '탈지 타입'과 '전지타입'으로 분류한다.
일반적으로 시중에서 흔히 볼 수 있는 연유는 가당 전지연유이다.

③ **분유류** : 분유는 우유중에서 88%의 수분을 대부분 증발시켜 제조 것이다. 분유에는 여러 종류가 있다. 즉, 원재료의 종류에 따라 전지분유, 탈지분유, 가당분유, 혼합분유, 조제분유 등으로 구분된다.

신선한 우유는 완전한 유백색 또는 약간 누런색을 띠는 유백색으로 특유한 향기가 나며, 그 외의 냄새는 나지 않아야 한다. 또한 물이 담겨 있는 용기에 우유를 한 방울 떨어뜨렸을 때 구름과 같이 퍼지면서 가라앉는 것이 좋다. 마셨을 때는 농도가 물보다 진해야 하고, 약간의 감미가 있으며, 끓여도 엉기지 않는 것이 좋다.

버터는 조직이 양호하고 감촉이 좋으며, 이상한 냄새가 없어야 한다. 또한 우유와 비슷한 단맛이 있고 미황색이며, 자른 단면에 물기와 얼룩이 없는 것이 좋다.

또한, 버터는 유지방이 81.3%, 소금(가염버터) 2.3%, 수분 15.3%, 고형성분(단백질, 당질, 무기질) 1.0%로 구성되어 있다. 버터는 80% 이상 유지방이 함유되어 있어야 한다. 50℃~60℃로 가온하는 경우 좋은 것은 투명한 유분, 수분 및 백색의 비지방분으로 분리되지만 나쁜 것은 유분이 혼탁되어 있다.

Butter을 장기보관 할 때는 −17℃ 이하에서 밀폐된 용기(공기차단)에 저장하여야 산패가 천천히 일어난다.

크림은 지방이 물속에 지방구 형태로 분산되어 있는 것을 말하는데, 지방구는 구형의 지방과 그 지방을 둘러싸고 있는 지방구 피막으로 되어있다. 또 크림에는 소량의 무지 유 고형분이 함유되어 있으며 무지 유 고형분은 크림의 성질에 여러 가지 영향을 준다.

식품공전에 의하면 "유 크림 류라 함은 원유 또는 우유에서 분리한 유지방분 또는 이에 식품이나 첨가물 등을 가한 것을 각각 살균 또는 멸균 처리한 것이거나 이를 분말화한 것을 말한다."라고 정의 되어있다.

[유 크림류]

① **유 크림** : 우유로부터 분리한 황백색의 유 크림으로서 천연크림 특유의 부드러운 풍미가 있다.

② **비유지방 크림** : 유지방 이외의 동물성 또는 식물성 지방에 탈지유와 유화안정제를 첨가하여 인공적으로 지방구를 만들어서 유화 안정시킨 크림이다.

③ **혼합크림** : 유지방 크림과 동·식물성 크림을 혼합한 형태의 크림, 유지방의 식감과 풍미를 갖고 동·식물성 지방의 사용하기 편리한 점을 더해 개발한 크림이다.

크림은 온도관리를 철저히 해야 하고 충격을 주지 말아야 한다. 크림 중 지방은 액체상태의 지방과 고체상태의 결정지방이 혼합되어 있다. 그런데 온도가 높아지면 액체지방이 많아지고 온도가 낮아지면 고체지방이 많아진다.

크림은 반드시 5℃ 전후에서 보관해야 하며 온도가 20℃~25℃ 이상 올라가게 되면 지방구가 손상을 받아서 다시 냉각하여도 원상태로 되지 않기 때문에 온도관리는 매우 중요하다. 또한 0℃ 이하로 내려가 얼지 않도록 주의해야 한다. 일단 얼게 되면 크림의 품질이 현격히 나빠지고 다시 온도를 올려 해동하더라도 품질이 원상태로 회복되지 않는다. 크림에 충격과 진동을 주게 되면 지방구끼리 충돌이 많아져서 지방구 피막이 손상을 받아 유화가 파괴된다.

또한 충격과 진동에 의해 크림에 공기가 들어가게 되는데, 기포가 지방구 피막을 불안정하게 하여 유화가 파괴되기 쉽다. 충격과 진동에 의해 유화가 파괴된 크림은 온도상승으로 유화가 파괴된 크림처럼 품질이 저하된다. 크림은 반드시 냉장온도에서 보존해야 하며 충격과 진동을 주지 않는 것이 취급 및 보존에 있어서 가장 중요한 사항이다.

크림은 생우유를 이용해서 만드는 것으로 주성분은 수분 55%~74%, 유당 4.5%, 단백질 2.5%, 무기질 0.5%, 유지방 18%~40%로 구성되어 있으며 사용 용도와 제조회사에 따라 약간의 차이가 있다.

모든 유제품은 냉장고에 저장하는 것이 기본이다. 우유 및 유제품은 멸균제품과 살균제품이 있으며 살균제품의 경우 생유로부터 가공·유통의 모든 과정에서 미생물이 오염, 증식할 가능성이 있다. 그리고 항생제나 기타 약품성분, 농약, 중금속 등도 잔류할 수 있으므로 구입·보관 시에 주의하여야 한다.

4. 식품창고

식품창고는 보관식품의 성격에 따라 양곡 창고, 채소 창고, 조미료 창고, 가공식품 창고, 건어물 창고, 비품 및 소기구와 식기 · 주방용세제 보관창고로 분류하는데, 유사품의 품목들을 공용으로 보관하여야 공간을 절약할 수 있다.

식품창고에는 곡물, 건물류, 캔류, 조미료류, 근채류 등 상온에서 보존 가능한 식품들을 보관한다. 직사광선을 피하고 실온에 유지해 두어야 하며, 방습 · 통풍 · 환기 등에 유의해 방서 · 방충에 대한 대책을 세워야 한다. 식재료의 특성을 고려해서 식품의 수분 함유량에 따라서 창고 내의 저장장소를 달리한다. 그리고 창고에는 관계자 외의 출입이 통제되어야 한다.

표 2-3 식품의 냉각 저장표

종류	빙결점	온도(℃)	습도(%)	기간
아스파라가스	−0.9℃	0~0.5	85~95	2~4주
양배추	−1.0℃	0	85~90	2~4주
가지	−0.9℃	7~10	85~90	10일
당근	−1.8℃	0	90	1~2주
마늘		−1.5~0	70~75	6~8개월
셀러리	−0.6℃	0	90~95	1~2개월
양파	−1.1℃	− 3~0	70~75	6개월
완두콩	−1.1℃	− 0.5~0	85~90	1~3주
오이	−0.8℃	7~10	90~95	10~14일
시금치	−0.4℃	0	90~95	10~14일
계란	−1.7℃	−1~0	85~90	8~9개월
쇠고기	−1.7℃	0~1	88~92	1~6주
돼지고기	−1.7℃	0~1	85~90	3~7일
양고기	−1.7℃	0~1	85~90	5~12일
송아지고기	−1.7℃	0~1	90~95	5~10일
조육류	−2.8℃	0		7일
소시지		4~7	85~90	
생선		0~4	90~95	5~20일
훈제생선		1~4	50~60	6~8개월
어육햄 · 소시지		2~5	80~85	1~2주

환기에는 자연 환기와 기계 환기가 있는데, 자연 환기는 창문을 이용한 환기로 바닥과 천정으로부터 약 30cm~50cm 높이에 구멍이나 창을 둔다.

겨울철에는 효과적이나 여름철에는 환기효과가 떨어진다. 기계 환기는 외기를 흡수하는 환기창을 바닥에서 30cm~50cm 높이에 두고 배기용 환풍기를 천정이나 천정 가까이 설치하는 것이다.

창고 내에는 선반을 설치한 후 식품별로 분류 · 정리하고, 식품명을 표기하여 손쉽게 찾아 사용할 수 있도록 한다. 벽과는 약 70cm 정도의 거리를 두며, 선반의 폭은 사용하기 편리하게 적당한 거리를 두어야 한다. 또한, 자주 사용하는 물건은 입구 쪽에 배치하며, 무거운 것은 아래쪽에 가벼운 것은 위쪽에 배치한다.

제4절 숙성

1. 마리네이드(marinade)

마리네이드란 오일, 향신료, 야채를 이용하여 Beef, Pork, Lamb, Game, Fish 등의 육류와 생선을 2~3일간 절이는 것으로 육질을 부드럽게 하고 풍미를 더한 것으로 조리할 경우 좀 더 다양한 맛이 나게 된다. 또한 마리네이드를 사용한 육즙과 야채를 소스 만드는 데 사용하기도 한다.

모든 마리네이드는 식초 · 와인(wine) · 소금 · 향신료 등을 기본으로 하는데, 고기 부패하거나 변질되지 않도록 보존하는 것이 본래의 목적이다. 그러나 고기를 마리네이드할 때의 변화 과정을 지연시키는 일은 물론, 향미 성분을 추가하고 조직을 연화시키는 작용을 한다.

즉, 마리네이드의 목적은 여러 향신료와 함께 재료를 혼합해 둠으로써 향미가 스며들도록 하고, 고기의 섬유질을 연화시켜 맛은 물론, 보존성까지 증가시켜주는 데 의의가 있다고 할 수 있다.

마리네이드는 물뿐만 아니라 적포도주나 백포도주 모두 사용할 수 있고, 날것이나 조리된 것을 모두 사용할 수 있다. 마리네이드 용액을 사용할 때에는 와인이나 야채 · 향신료 등을 가미하기 때문에 재료 자체의 특성은 사라지거나 약간 변화될 수 있으며, 오랜 기간 마리네이드해야 할 경우에는 일정한 주기로 삶아서 식혀 주어야 부패를 방지할 수 있다.

1) 마리네이드의 일반적인 원칙

① 육류나 생선의 마리네이드는 금속제품보다는 도자기나 에나멜 용기를 사용해야 한다.

② 마리네이드 과정은 겨울보다 여름에 더 빨리 진행되므로 대기의 온도와도 밀접한 관계가 있다.

③ 동물의 나이나 크기, 날씨 등에 따라 약간씩 차이가 있는데, 작은 것은 5일 정도 가능하지만, 평균 15일 정도가 걸린다.

④ 마리네이드 용액을 사용할 경우에는 재료가 완전히 잠기도록 해야 한다.

⑤ 마리네이드 과정 중에는 육류나 생선 등을 가끔 뒤집어 주어야 하는데, 그때 사용하는 도구는 금속제품은 피하는 것이 좋다.

⑥ 마리네이드 용액의 특성에 따라 4~5일마다 다시 끓여서 식힌 후 반복한다.

⑦ 마리네이드된 재료는 다양한 조리법으로 조리가 가능하다(roasted, braised, fried, broiled 등).

⑧ 끓이지 않은 마리네이드는 용기의 바닥에 야채를 반 정도 깔고 재료를 얹은 뒤, 다시 야채를 그 위에 덮어서 용액을 부어 주면 된다.

2) 적포도주 마리네이드의 예

소스팬에 적포도주 5.5L, 당근 1개, 양파 1개, 타임(thyme) 1가지, 월계수잎 1잎, 로즈마리(rosemary) 1t, 쥬니퍼 베리(juniper berries) 2t, 소금, 후추 등의 재료를 넣고 30분 정도 끓여서 식힌 후 야생 조류, 토끼 고기, 사슴고기 등에 사용한다.

2. 효소를 사용한 연화법

육류의 조직을 부드럽게 만드는 방법에는 연화(숙성)가 있다. 연화는 조직 속에 효소를 주사해 조직을 물리적 · 화학적으로 변화시켜 향미와 질감도를 좋게 만드는 것을 말한다. 보통 이러한 과정을 숙성(aging)이라고 하는데, 1~3℃에서 3~4주 동안 습도를 조절하여 실시하는 건조숙성(dry aging)이 대표적이다. 이 과정에서는 수분의 유출과 부패를 막기 위해 자외선을 이용하기도 한다.

또 단백질 분해효소를 사용하는 경우에는 단백질 분해효소를 조직 속에 주사하여 전 조직에 고루 분포되도록 해야 한다. 이 효소의 활성화 온도는 50℃~70℃가 적당하므로 주의를 요하며, 소금에 절여서 익힌 소고기인 콘비프(corned beef)의 경우도 이런 공정이 들어가면 연한 질감을 유지시킬 수 있다. 그 밖에 서양조리에서 사용하고 있는 향신료는 한국음식보다 다양하다.

숙성은 경직되었던 고기가 냉장고 안에서 근육 내의 단백질 분해효소 작용에 의해 자기소화가 일어나 연해지는 동시에, 많은 수분과 독특한 향기, 풍미를 갖게 되는 것을 말한다. 그 적정 온도와 기간은 0℃에서 10일, 13℃에서 5일, 20℃에서 2일, 32℃에서 5~6시간이다.

숙성의 속도는 온도에 의존하기 때문에 온도가 높을수록 가속되지만 일반적으로 저온에서 실시한다. 숙성을 통해 비 단백태 질소가 현저히 증가하게 되며 아미노산, 타이드 등을 생성하여 고기의 맛, 유연성, 수분함량 등도 증가한다. 우육 등은 숙성이 필요하지만 돈육에서는 숙성의 효과가 거의 없다.

강직 중에 있는 고기는 단단하고 보수성도 떨어지지만, 강직이 해제되면 유연성이 증가하고 보수성도 서서히 회복한다. 그리고 시간의 경과에 따라 inosinic acid, amino acid, peptides 등이 생성되어 풍미가 증가한다.

식육 자체가 보유하는 효소의 작용에 의해 분해하는 과정을 자기소화라 하며, 강직해제 기간을 포함한 부패 전까지의 기간을 숙성이라고 한다. 숙성은 원래 미생물이 생산하는 단백질 분해 효소의 작용에 의존하지 않고 근육의 내인성 단백질 분해효소의 작용에 의해 진행되는 과정으로 정의하고 있다.

[육류의 연화]

① 고기를 동결하면 연해진다.
② 적당히 가열하면 연해진다.
③ 파파인을 60℃~80℃에서 사용하면 표면만 연해진다.
④ 일정기간 동안 재운다.
⑤ 고기를 PH 5.6~6.0에서 4일간 두면 연하게 된다.
⑥ 고기를 두드리고 압력을 가하면 연하게 된다.
⑦ 설탕, 간장, 소량의 소금을 함께 넣으면 고기가 연해진다.

3. 훈연

훈연은 육제품 제조공정 중 가열초기 단계 또는 가열하기 전 단계에서 연기를 쐬는 공정이다. 옛날부터 육가공품에 훈연을 실시하는 것은 저장방법의 한 수단이었으나 근래에는 향기증진, 표면색 및 외관 향상 목적으로 실시한다.

연기에는 aldehyde, ketone, phenol, cresol, 유기산 등 250여 종의 화학성분이 들어 있는데, 그 중 formaldehyde는 미생물의 발육 억제작용이 강하며, phenol류는 미생물 억제작용 뿐 아니라 지방산화를 강력히 억제하는 작용을 한다.

훈연장치로는 보통 가열과 함께 이용되는 훈연기(smoke chamber)가 있다. 이는 연기 발생장치와 본체로 구분된다. 훈연나무로는 수지(resin) 함량이 적은 경질나무(hard wood)인 참나무, 벚꽃나무, 도토리나무, 밤나무 등이 좋다. 연기를 발생시키기 위해 톱밥이나 작은 나무 조각 형태로 만들어 발생장치에서 일정한 물과 섞어 태우게 된다.

생성된 연기는 대개 핀(fan) 을 통해 훈연실로 옮겨져 순환하게 된다. 훈연재료의 수분량이 10%~15%로 낮으면 발연온도가 높고, 반면 25%~30%로 너무 높으면 발열온도는 낮지만 연기 량이 많다.

훈연실 본체에 있어서도 상대습도에 따라 품질이 달라진다. 상대습도가 지나치게 높으면 훈연침착과 가열속도가 빠르고, 냉각 후 케이싱이 잘 벗겨지는 장점은 있으나 표면이 얼룩지고 지방 또는 육즙이 유출 될 수 있다. 또 유화형 소시지인 경우 높은 습도에 의해 유화가 깨질 가능성이 있다.

훈연이 시작되기 전의 냉장된 육제품은 훈연실에 들어오게 되면 온도차이 때문에 제품 표면에 이슬이 맺히는 경우가 많다. 그러므로 훈연 전에 적당히 예비 건조를 실시하여야 한다. 그러나 훈연실의 상대습도를 너무 낮게 하면 연기침착이 차단될 뿐 아니라 수율이 많이 떨어진다.

보통 훈연 과정 중에 5%~10%의 무게 감소가 일어나는 것은 정상이다. 직접 나무에서 연기를 피우는 훈연대신 나무에서 연기 성분을 수집하여 농축시킨 훈연액을 쓰기도 한다. 여러 연기 성분 중에서 주로 고온에서 발생하는 인체 유해성분인 3, 4-ben-zopyrene를 제거하여 만든다. 훈연 액은 제품의 표면에 분무형태로 분사하거나 제조 공정 중에 직접 집어넣기도 한다.

훈연방법으로 예전에는 자연적으로 발생된 연기를 이용하였으나 요즘에는 대부분 통풍장치로 연기를 제품 주위에 강제 순환시킨다.

대부분 육제품의 훈연온도는 30~50 의 온훈법(溫燻法)을 많이 이용하나, 발효소시지와 같은 육제품에는 10~30 의 냉훈법(冷燻法)으로 장시간 훈연시킨다. 제품에 따라서는 50~80 의 열훈법(熱燻法)을 사용하여 단시간 내에 훈연 처리하는 경우도 있다.

최근에는 전기를 주입시켜 전하를 띤 연기를 제품 표면의 반대 전하에 신속히 부착되도록 하여 3분 이내에 훈연작업을 완성시키는 정전기적 훈연방법 (dlectrostatic smoking)도 이용한다.

제5절 트랜스지방 관리

1. 트랜스지방의 정의

트랜스지방은 불포화 지방을 가공하는 과정에서 생성되는 것으로 자연계에는 존재하지 않는다. 지방 chain이 불포화 지방산 탄소 사이의 doulble bond를 두고 대칭적으로 형성된 안정적인 지방산이다. 너무 안정되어 대사가 잘 되지 않고 동맥경화를 유발할 수 있다. 최근에는 암과 관련성이 논의되고 있을 정도로 건강에 해로운 물질이다.

지방산에는 동물성 기름(지방)인 포화 지방산과 식물성 기름인 불포화 지방산이 있다. 그동안 포화 지방산은 혈관을 좁게 하는 나쁜 콜레스테롤(LDL) 수치를 높여 심장병이나 비만 같은 혈관 질환의 주요 원인이 되었던 반면, 불포화 지방산은 혈관을 청소하는 좋은 콜레스테롤(HDL) 수치를 높여 혈관 건강에 유익한 것으로 알려져 왔다.

그러나 연구 결과, 식물성 기름인 불포화 지방산에도 동물성 기름 못지 않게 혈관 건강에 나쁜 영향을 미치는 지방산이 포함되어 있는 것으로 밝혀졌는데, 이 지방산이 바로 트랜스지방산이다.

대개 상온에서 굳는 기름은 포화 지방, 액체 상태인 기름은 불포화 지방이다. 포화 지방은 동물성 지방에, 불포화 지방은 콩을 비롯한 식물성 지방에 많다. 그렇지만 팜유는 식물성 지방이지만 고도의 포화 지방이며, 오리고기의 지방은 동물성 지방이지만 불포화 지방에 해당한다.

그런데 상온에서 액체 상태인 식물성 지방에 산패(酸敗)를 억제할 목적으로 수소를 첨가해 인위적으로 굳힌 기름이 있다. 이를 '경화유' 라고 부르는데 마가린 · 과자 · 도넛 · 빵 등을 만들 때 주로 쓰인다.경화유를 만드는 과정에서 자연계에는 없는 '트랜스지방' 이 생겨난다.

경화유는 액체 상태의 기름을 이동이 간편하고, 보관을 쉽게 하기 위해 만들게 된 것이지만, 값이 싸며, 패스트푸드 음식을 딱딱하고 보기 좋게 만들 뿐만 아니라, 스낵용으로 간편하고 먹기 좋게, 또한 더욱 맛나게 하는 효과가 있어서 사용량이 급증했다.

감자튀김의 유난히 고소하거나 바삭한 맛 또는 케이크의 부드러운 감촉 등은 트랜스지방을 함유한 다양한 기름에서 나오는 맛이다.

2. 트랜스지방의 유해성

트랜스지방산을 많이 섭취할 경우, 포화 지방산과 마찬가지로 체중이 늘어나고, 해로운 콜레스테롤인 저밀도 단백질이 많아져 심장병 · 동맥경화증 등의 질환이 생기게 된다. 또 간암 · 위암 · 대장암 · 유방암 · 당뇨병과도 관련이 있는 것으로 밝혀지는 등 트랜스지방산의 유해성을 경고하는 연구 결과들이 잇따르고 있다.

트랜스지방은 유지(마가린, 쇼트닝 등), 양념(마요네즈, 소스 등), 빵(햄버거, 도넛, 피자, 케이크 등), 과자(파이, 쿠키, 팝콘 등), 인스턴트 식품(수프 등), 튀김, 유제품, 어육제품 등 많은 음식물에 들어 있으므로 주의해야 하며, 한 번 튀길 때 사용했던 기름을 다시 사용하거나 같은 기름을 여러 번 가열하면 트랜스지방이 더욱 많이 만들어진다. 그러므로 한 번 사용한 기름은 다시 사용하지 말고, 일단 개봉한 기름은 냉장 보관해야 한다.

트랜스지방이 문제가 된 것은 극히 최근의 일이지만, 근래에는 담배에 이어 '건강의 적(敵)' 으로 대대적인 공격을 받고 있다. 예를 들어 크리스피 도넛사의 경우, 미국에서는 트랜스지방 때문에 주가가 3년새 10분의 1로 떨어져 가게들이 줄줄이 문을 닫았다.

롯데제과 연구이사는 "일부 스낵제품에서 트랜스지방을 0으로 맞출 경우 기존의 바삭한 맛이 사라지고 눅눅해져서 난감할 때가 있다"고 말했다. 국내기업들의 트랜스지방을 낮추기 위한 투자는 선진국 수준이다.

마가린 · 쇼트닝 등 유지(油脂)류 국내 생산 1위인 롯데삼강은 1,300억원을 투입, 트랜스지방 저감(低減) 유지 생산 공장을 짓고 작년부터 생산에 들어갔는데 미국 기준으로 '트랜스지방 0' 으로 표기할 수 있는 수준의 제품을 생산하고 있다.

제6절 재고관리

1. 재고관리의 의의

식재료를 필요 이상으로 과다하게 보관할 경우 자금이 묶여 유리한 투자기회를 상실하게 되고, 식재료의 손실을 초래하며, 필요 이상의 유지관리비가 요구된다. 또한 필요 이상의 공간을 차지하게 된다.

반대로 재고량이 너무 적으면 식음료 상품구성이 지연되거나 판매기회를 상실하는 손실을 입게 된다. 그러므로 식음료 상품의 특성에 맞는 재고관리가 적절히 이루어져야 한다.

재고관리란 한 마디로 상품구성과 판매에 지장을 초래하지 않는 범위 내에서 재고수준을 결정하고, 재고상의 비용이 최소한으로 낮아지도록 계획 · 통제하는 경영기능을 의미한다.

[재고관리에 필요한 비용]

① 주문비용은 청구비 · 수송비 · 검사비 등이 포함된다.
② 재고유지비용은 보관비 · 세금 · 보험료 등이 포함된다.
③ 재고부족비용은 충분한 식재료를 보유하지 못함으로써 발생하는 비용을 말한다. 생산기회나 판매상실 · 생산중단 등으로 식당에서 입게 되는 비용이다.

재고관리는 고객을 위한 서비스가 재고비용과 균형이 이루어지도록 적정한 재고를 유지하는 것이 주목적이라 할 수 있다. 즉 재고비용을 최소화하면서 고객의 수요와 고객서비스를 만족시키고, 생산과정에 필요한 원료의 재고부족이 발생하지 않도록 사전통제하는 것이다.

재고관리가 식당경영에 미치는 영향에 대하여 연구한 사례를 살펴보자. 거의 조건이 비슷한 두 식당을 대상으로 실시한 연구의 경우, A식당은 저장시설이 잘 갖추어져 있었으나 B식당은 저장시설을 없앤 상태였다.

결국 A식당은 적절한 재고를 유지하며 영업을 하였으나, B식당은 저장시설이 없어서 재고부족 비용이 발생함에도 불구하고 재고를 가지지 않고 영업을 하였다. 그러나 그 결과, B식당의 매출이나 이익이 A식당보다 더 높아지게 되었다.

재고가 없었던 B식당은 A식당보다 더 신선한 음식을 제공할 수 있었고, 그로 인해 고객의 만족도를 높일 수 있었기 때문이다. 이처럼 최근에는 식재료의 신선도를 위하여 주방의 저장기능을 축소시키는 경향이 있다.

입고기능은 대부분의 일반 레스토랑에서 단순하게 처리되는 경우가 많으나 규모가 큰 경우에는 그 종류도 많고 복잡하다. 취급되는 재료의 형태 · 종류 등에 따라 입고빈도 수는 달라져야 하고, 이동체계는 단순할수록 좋다. 그리고 입고과정의 1차적 이동을 해결할 운반장비, 저울, 보조 테이블, 쓰레기통, 간이세척 공간 등의 공간을 확보해야 한다.

창고기능은 건조식품, 냉장 · 냉동식품, 소모품, 각종 기물 등을 1차적으로 보관할 수 있도록 계획되어야 한다. 건조식품 창고는 10℃~21℃에 습도는 약 50% 정도, 냉장창고는 1.7℃~4.4℃ 정도로 설정해야 하고 냉동 창고의 온도는 −23.3℃~−28.9℃ 정도가 안전하다.

특히 주의할 것은 이러한 창고기능 공간에는 냉 · 온수배관이나 동력시설을 두지 않도록 하고; 세제나 위생관련 약품은 분리된 함에 보관하도록 해야 한다.

2. 구매관리

구매관리 활동은 적절한 물품을 적당한 시기에 구매하는 것뿐만 아니라 식음료 사업을 계획 · 통제 · 관리하는 경영활동이다. 식재료의 구매 시에는 계절의 변화와 기후 · 날씨 · 경제적 요인 등으로 가격과 품질이 변하게 되므로 세심한 주의가 요구된다.

구매담당자는 복잡한 유통구조에 관한 사전지식이나 식재료에 관한 다양한 지식을 가지고 있어야 한다. 즉, 그 식품이 가지고 있는 특성과 생산지역, 영양성분, 보존기간 및 변질에 관한 일반지식을 습득해야 한다. 그러기 위해서는 많은 경험과 연구가 필요하며, 치밀한 시장조사를 해두어야 한다.

구매관리는 원가관리의 기초적 관리단계이므로 중요한 주방관리의 한 부분이다. 합리적인 계획과정을 거쳐서 질 좋은 최적의 상품을 구매해야 한다. 구매의 가장 중요한 요건은 적정한 시기에 필요한 양만큼의 최상의 상품을 최소비용으로 구매하는 것이다.

CHAPTER 5 주방의 위생관리

제1절 위생관리의 목적

국민의 소득과 생활수준이 향상됨에 따라 식품의 섭취는 생존의 수단에서 즐거움을 주는 기호식품의 기능과 더불어 건강의 수단으로 바뀌어가고 있다. 또한 환경과 공해에 대한 위험이 커지고 외식산업이 대형화함에 따라 개인적 · 사회적 · 국가적 인식이 변하고 있다.

이렇게 사회 전체적 환경이 급속도로 변화하면서 식품의 위생과 안전은 국민 건강을 책임질 아주 중요한 위치에 서게 되었으며, 법적인 제도 장치도 점점 강화되고 있다. 그러나 가정에서 이루어지던 식사형태가 많은 사람을 대상으로 하는 식당에서 이루어지다 보니 음식점이나 단체급식 등에서의 식중독 발생건수는 점차 늘어나고 있다.

식중독은 식당에 경제적 손실을 입히고, 사회적 신용을 잃게 하여 막대한 손실을 초래한다. 외식산업에서 건강에 위해를 주는 것은 무엇이든지 생존할 수 없고 고객들은 위생과 안전에 대하여 외식산업체에 단 한 번의 기회밖에 주지 않는다. 위생이 잘못되었을 때는 잘못된 부분뿐만 아니라 식당 전체의 경영에 영향을 주며, 우리 모두가 외식산업에서 살아남을 수 없게 될 것이다.

따라서 우리는 식품위생과 개인위생, 주방위생 등에 최선을 다하여 깨끗하고 위생적인 음식이 제공될 수 있는 환경을 만드는 것 이외에는 선택의 여지가 없다고 하겠다. 우리와 가장 밀접한 고객이 변하고 있는데 우리도 같이 변하지 않으면 생존할 수 없을 것이다. 이것은 선택이 아니라 필수이다.

위생관리의 목적은 주방에서 다양한 식용 가능한 식품을 취급하여 음식 상품을 고객에게 직접 제공하는 과정에서 일어날 수 있는 식품위생상의 위해를 방지하고 고객의 안전과 쾌적한 식생활 공간을 보장하는 데 있다.

고객의 변화와 생활수준의 향상, 핵가족화, 여성의 사회참여 증가, 외식의 인식 변화 등으로 인하여 외식인구가 늘어나면서 외식관련 산업에 발달하고 외식업체도 대형화됨에 따라 많은 사람들이 외식산업에 관심을 가지고 있다. 또한 사회적으로도 영향력이 커짐에 따라 정부나 관련기관, 소비단체 등의 감시와 법적 대응이 강화될 것이다. 그리고 소비자의 인식 변화로 언론 고발이 많이 늘어날 것이 우려되며, 이는 기업체에 치명적인 문제를 만들 것이다.

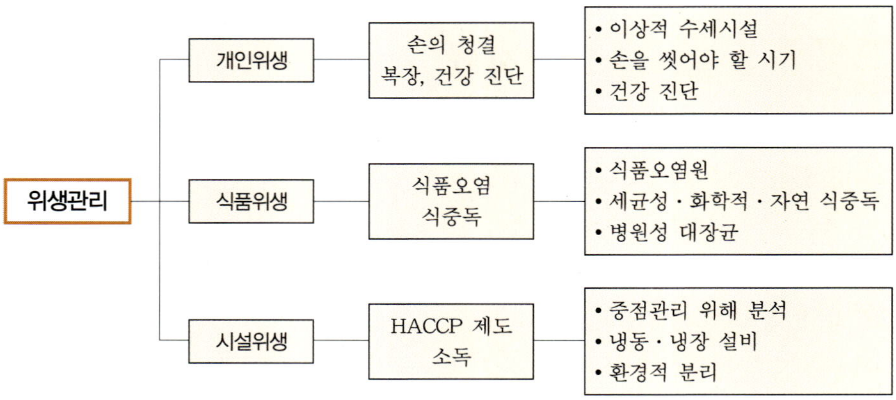

그림 2-14 위생관리

제2절 식품위생관리의 개념

1. 식품위생

식품 · 첨가물 · 기구 · 용기와 포장을 대상으로 하는 음식에 관한 위생이다. 즉 식품의 재배 · 생산 · 제조부터 인간이 섭취하는 과정까지의 모든 단계에 걸쳐 식품의 안전성, 건강성 및 완전무결성을 확보하기 위한 모든 수단을 말한다(WHO). 음식물의 변질, 오염 및 유독 · 유해물, 위험물의 혼입 등을 방지하고, 음식물과 관련 있는 첨가물 · 기구 · 용기 · 포장에 대해서도 비위생적인 요소를 제거하여 음식으로 인한 위해를 방지하고 우리의 건강을 유지 · 향상시키기 위한 내용이다.

그 중에서도 가장 중요한 문제는 식중독의 관리와 부정식품의 사용이다. 식중독이란 일종의 급성 위장장애 현상으로 일반적으로 자연 유독물, 유해 화학물질 및 세균 등이 음식물에 첨가되거나 오염되어 경구로 섭취됨으로써 발생하는 질병이며, 위장장애 및 신경장애 등 생리적 이상을 초래한다. 식중독은 증상에 따라 급성 식중독과 만성 식중독으로 분류하는데 유독성 물질이 계속 음식에 들어 있어서 축적작용 때문에 증상이 오랜기간 나타날 때 만성 식중독이라고 부른다.

모든 식품은 재배 혹은 생산어서부터 판매에 이르기까지 전체가 법의 보호 아래 있어야 한다. 어느 한 단계 한 공정이라도 법의 보호에서 벗어나면 부정식품이 되기 때문이다.

[식품위생법상 관련용어 해설]

① **식품** : 의약으로 섭취하는 것을 제외한 모든 음식물

② **첨가물** : 식품을 제조 · 가공 또는 보존함에 있어 첨가 · 혼합 · 침윤 기타의 방법으로 사용되는 물질을 말한다.

③ **화학적 합성품** : 화학적 수단에 의하여 원소 또는 화합물의 분해반응 외에 화학반응을 일으켜 얻은 물질을 말한다.

④ **기구** : 음식기와 식품 또는 첨가물의 채취 · 제조 · 가공 · 조리 · 저장 · 운반 · 진열 · 수수 또는 섭취에 사용되는 것으로서 식품 또는 첨가물의 직접 접촉되는 기계 · 기구 또는 기타의 물건을 말한다.

⑤ **용기 · 포장** : 식품 또는 첨가물을 넣거나 싸는 물품으로서 식품 또는 첨가물을 수수할 때, 함께 인도되는 물품을 말한다.

⑥ **표시** : 식품 · 첨가물 · 기구 또는 용기 · 포장에 기재하는 문자 · 숫자 또는 도형

⑦ **영업** : 식품 또는 첨가물을 채취 · 제조 · 가공 · 수입 · 조리 · 저장 · 운반 또는 판매하거나, 기구 또는 용기 · 포장을 제조 · 수입 · 운반 · 판매하는 사업

⑧ **식품위생** : 식품 · 첨가물 · 기구 또는 용기 · 포장을 대상으로 하는 음식에 관한 위생을 말한다.

2. 식품위생 관리제도

식품위생 관리제도는 식품위생법에서 정하는 영업허가, 품목제조보고, 기준 · 규격과 표시기준, 취급 등의 금지, 영업자의 준수사항, 식품위생관리인 선임, 건강진단 및 위생교육, 자가 품질검사, 품질관리 및 보고, 식품 등의 자진회수(Recall), 위생등급(우수업소, 모범업소). 위해요소 중점관리 기준(HACCP), 식품위생 감시(식품위생감시원 및 명예식품위생감시원 활동) 등이 있으며, 이러한 식품위생관리는 과거의 사전관리 개념이나 관 주도형에서 사후관리 개념과 민간 주도형으로 서서히 전환되고 있다.

3. 깨끗함과 위생적인 것의 차이

깨끗함은 눈에 보이는 것이며, 가장 일차적인 것이다. 또한 정리정돈과 청결을 유지하는 것이며, 위생의 선행조건이 된다. 즉, 위생적인 것은 깨끗한 곳에 위생적인 시스템을 만들어 놓는 것이다.

① 모든 구성원은 철저한 위생의식을 가지고 있어야 한다.
② 위생을 위한 시설투자가 필요하다.
③ 정기적으로 세균검사를 실시한다.
④ 기구류 소독관리 리스트를 작성하여 체계적으로 관리한다.
⑤ 작업장은 정기적으로 방제소독을 해야 한다.
⑥ 바퀴벌레를 구제한다.
⑦ 방충망 설치로 동물, 곤충 등을 구제한다.
⑧ 시설물 구입 시의 위생적 관리가 용이한 것으로 구입한다.

4. 세정과 위생과의 관계

식중독 예방의 3원칙은 깨끗한 환경을 유지하여서 식중독균이 없거나 적어야 하며, 가열등 살균처리하여 균을 사멸시켜야하며, 신속히 냉각시켜서 균이 증식되지 않게 하여야 한다.

그 과정의 첫 번째 단계가 깨끗한 환경을 만드는 세정이다. 부착미생물을 감소시키는 것이 세정이며, 주방의 세정 목적은 식품제조 · 가공시설과 설비, 환경의 식품찌꺼기 등의 오염 및 유해 미생물을 제거하는 것이다. 깨끗한 환경에서는 식중독이 발생할 확률이 적어지며, 소독처리 할 때 유해균을 쉽게 사멸시킬 수 있다.

제3절 영업자의 준수사항(식품위생법)

1. 기본적인 준수사항

① 제1장 제3조(식품 등의 취급) : 식품 등을 깨끗하고 위생적으로 다루어야 하고, 시행규칙 제2조 관련 별표 1의 "식품 등의 위생적 취급에 관한 기준"을 준수하여야 한다.

- 원료보관실 · 제조가공실 · 포장실 등의 내부는 항상 청결하게 유지 · 관리
- 부패 · 변질되기 쉬운 원료나 제품은 냉동 · 냉장시설에 보관 · 관리
- 보관 · 운반 · 진열은 보존 및 보관 기준에 적합하도록 관리하고, 냉동 · 냉장 시설 및 운반시설은 항상 정상적으로 작동

② 제2장 제4조(판매 등 금지) : 썩었거나 상한 것 · 유해물질 · 병원성 미생물 · 불결한 이물로 인체에 위해한 것과 무허가(신고)제품(수입식품신고 포함) 등을 취급해서는 안 된다.

③ 제2장 제5조(병육 등의 판매 등 금지) : 법정질병에 걸리거나 질병으로 죽은 동물의 식육 등을 취급해서는 안 된다.

④ 제2장 제6조(기준 및 규격이 고시되지 아니한 화학적 합성품 등의 판매 등 금지) : 지정되지 않은 화학적 합성첨가물과 이를 함유한 물질을 취급하여서는 안 된다.

⑤ 제2장 제7조 및 제9조(기준과 규격) : 기준 · 규격에 맞지 않는 식품들을 취급하여서는 안 된다.

⑥ 제3장 제8조(유독기구 등의 판매 · 사용 금지) : 유독 · 유해물질이 들어있거나 묻어 있어 인체의 건강을 해할 우려가 있는 것은 취급하여서는 안 된다.

⑦ 제4장 제10조(표시기준) : 기준에 맞는 표시가 없는 식품들을 취급하여서는 안 된다.

⑧ 제4장 제11조(허위표시등의 금지) : 허위표시 · 과대광고 및 과대포장을 하지 못하며, 의약품과 혼동할 우려가 있는 표시를 하거나 광고를 하여서는 안 된다.

⑨ 제6장 제15조(불합격품 등의 판매 등 금지) : 제품검사에 불합격되거나 합격한 표시가 없으면 취급하여서는 안 된다.

2. 업종별 영업자의 준수사항

시행규칙 제40조와 별표 12, 제42조와 별표 13에 정해진 준수사항은 영업 종류에 따라 식품제조 · 가공 영업자, 즉석판매 제조 · 가공 영업자, 식품첨가물 제조업자, 식품접객 영업자 등으로 구분하여 해당 사항을 정하고 있다.

(1) 식품 및 식품첨가물 제조 · 가공 영업자의 준수사항

1995년 8월 개정된 시행규칙의 식품 및 식품첨가물 제조 · 가공 영업자의 준수사항(시행규칙 제40조 관련 별표 12)은 과거 규정을 관련 조항으로 이동시키거나 불필요한 사항을 삭제하고, 일부는 강화 또는 신설하였다.

그리고 '1996년 12월 개정된 시행규칙은 건강보조식품과 특수 영양식품 중 식이섬유가공식품 · 저열량 식품의 광고사전심의를 도입하여 13개 항으로 만들고 조제분유 등의 판촉행위를 구체화하였다.

식품 및 식품첨가물 제조 · 가공 영업자의 주요 준수사항은 다음과 같다.

- 생산 · 작업 기록서류, 원료수불 관계서류, 식품조사 관계서류는 3년 보관
- 공병보증금제 준수
- 유통기간 경과제품의 진열 · 판매 및 제조 · 가공용 사용금지
- 공고 시 제품명 · 업소명 · 유통기한 확인 권장내용 포함
- 장난감의 별도 포장
- 조제분유 · 조제우유의 의료기관 또는 모자보건시설에 무료 · 저가 공급금지
- 부패 · 변질 또는 폐기제품 · 유통기한 경과제품의 교환의무
- 검사미필 축산물의 사용금지
- 수돗물이 아닌 물의 1년마다 수질검사 의무
- 출입 · 검사 등 기록부의 2년 보관
- 사후 조치성 행정처분의 이행결과 보고 의무
- 광고사전심의 준수

(2) 식품접객 영업자 등의 준수사항

1995년 8월 시행규칙의 개정 시에 식품접객 영업자 등의 준수사항(제42조 및 별표 13)에는 적용대상 영업자 중 식품운반업을 전체로 하고, 식품 보존업에 식품조사 처리업을 신설하였으며, 과거 별표의 준수사항을 조정 · 축소하였다. 또한 '1996년 12월 시행규칙의 개정으로 동일 수원의 사용, 동물내장 접촉 기계 · 기구류의 살균 등을 신설하였다.

[식품접객 영업자 등의 주요 준수사항 항목 수]

① 식품접객업자 : 21개항
미성년자보호법 도입, 간판의 외래어 병행 인정, 불고기 등의 중량 당 가격표시, 불법포획 야생 동 · 식믈 조리 · 판매금지, 유통기한 경과제품의 보관금지, 동물내장 조리기구 등의 살균 등
② 즉석판매제조 · 가공업자 : 8개항
③ 식품소분 · 판매 · 운반업자 : 19개항
④ 식품자동판매기업자 : 7개항
⑤ 식품조사처리영업자 : 1개항

제4절 위해요소 중점관리 기준(HACCP)

1. HACCP제도의 개요

HACCP system은 원료생산, 수확, 운반, 제조 · 가공, 보관, 유통 · 판매 및 최종 소비에 이르기까지 발생할 수 있는 생물학적, 화학적, 물리적 위해요인을 각 단계에서 과학적으로 분석하고, 특히 이들을 최종제품에 결정적으로 위해를 줄 수 있는 공정, 지점 등에서 효과적이고 효율적이며 과학적으로 관리하는 수단을 강구하여 사전 관리함으로써 식품의 안전성(Safety)을 확보하기 위한 조직적인 자주위생 관리체계이다.

즉, HACCP에 의한 관리방식은 최종검사 대신에 원료의 입고부터 제조공정, 출하에 이르기까지 위해발생을 사전에 예방하는 것을 목표로 위해에 관련된 중요한

관리점을 관능검사 및 계측기기에 의한 공정관리를 바탕으로 한 감시를 하고, 데이터에서 벗어나는지 여부를 해석하여 그 결과를 기록하는 방법이다.

위해요소 분석이란 "어떤 위해를 미리 예측하여 그 위해요인을 사전에 파악하는 것"을 의미하며, 중요관리점이란 "반드시 필수적으로 관리하여야 할 항목"이란 뜻을 내포하고 있다.

즉 HACCP는 위해 방지를 위한 사전 예방적 식품안전관리체계를 말한다. HACCP 제도는 식품을 만드는 과정에서 생물학적, 화학적, 물리적 위해요인들이 발생할 수 있는 상황을 과학적으로 분석하고 사전에 위해요인의 발생여건들을 차단하여 소비자에게 안전하고 깨끗한 제품을 공급하기 위한 시스템적인 규정인 것이다.

결론적으로 HACCP란 식품의 원재료부터 제조, 가공, 보존, 유통, 조리단계를 거쳐 최종소비자가 섭취하기 전까지의 각 단계에서 발생할 우려가 있는 위해요소를 규명하고, 이를 중점적으로 관리하기 위한 중요관리점을 결정하여 자율적 · 체계적 · 효율적인 관리로 식품 안전성 확보를 위한 과학적인 위생관리체계라고 할 수 있다.

HACCP시스템은 미국에서 발생한 0-157식중독 사건을 방지하기 위해서 만든 시스템이며, E-coli 0-157을 방지하기 위한 법령에서 출발했다. 이후 살모넬라와 리스테리아도 추가되었다.

HACCP시스템은 이런것들을 제거시키는 것이 아니라 감소시키는 시스템이다. HACCP시스템이 만들어진 곳이 미국이기 때문에 미국의 노동환경에 알맞는 시스템이다. 때문에 우리나라의 환경에서 미국과 같은 결과가 나오기는 쉽지가 않다.

또한 매니지먼트 시스템의 개념이 없기 때문에 좋은 결과를 얻기 위해서는 많은 노력이 필요하다.

HACCP시스템의 성공을 위해서는 매뉴얼(표준작업)을 잘 지켜야 되기 때문에 작업자들이 매뉴얼을 잘 지킬 수 있는 방법을 강구해야 된다. 미국에서는 노무계약서에 표준작업을 지키겠다는 문구가 있으며 지키지 않을 때는 해고의 대상이 된다.

[HACCP 적용의 필요성]

HACCP에 따른 위생관리는 WHO의 국제식품규격위원회인 Codex위원회에 의하여 이루어지고 있다. 1993년 20차 총회에서 HACCP관리제도를 식품위생의 일반원칙으로 채택하고 각국에 대해 HACCP개념을 근거로 한 위생규격기준을 권고하고 있다.

① 미국 : 모든 식품의 위생관리에 HACCP 개념을 도입하고 있으며, 자국 내 수입되는 수산물 및 수산가공품에 1997년 12월부터 강제적용토록 하고 있다.
② 일본 : 1995년 개정된 식픔위생법에 등재된 '종합 위생관리제조과정'이라는 용어로서 HACCP 제도를 시행하고 있다.
③ 우리나라 : 1996년 12월 HACCP 제도의 적용체제를 구축해 적용대상 품목으로 식육가공품, 1997년 10월에는 어육가공품, 1998년 1월에는 냉동수산식품, 1998년 5월에는 유가공품을 단계적으로 확대해 개정고시 하였다.
④ HACCP 7원칙 12절차 : HACCP 7원칙이란 HACCP 관리계획을 수립하는데 있어 단계별로 적용되는 주요 원칙을 말한다. HACCP 12절차란 준비단계 5절차와 본 단계인 HACCP 7원칙을 포함한 총 12단계의 절차로 구성되며, HACCP 관리체계 구축 절차를 의미한다.

(1) 식품 위해요소 중점관리 기준(HACCP)

식품의 원료, 제조 · 가공 및 유통의 전 과정에서 위해물질이 해당식품에 혼입되거나 오염되는 것을 사전에 방지하기 위하여 각 과정을 중점적으로 관리하는 기준

(2) 위해요소(Hazard)

① 소비자의 건강장해를 일으킬 우려가 있어 허용될 수 없는 생물학적 · 화학적 · 물리적 특성
② 식품위생법 제4조의 규정에서 정하고 있는 인체의 건강을 해할 우려가 있는 생물학적 · 화학적 또는 물리적 인자

(3) 위해분석(Hazard Analysis)

가공식품의 원재료인 가축 · 가금 · 야채 · 과일류 · 어패류에 대하여 그 발육 · 생산 · 어획 · 채취 단계에서 시작하여 원재료의 보존 · 처리 · 제조 · 가공 · 조리를 거쳐 제품의 보존 · 유통단계를 지나 최종적으로 소비자의 손에 들어갈 때까지의 각 단계에서 발생할 우려가 있는 미생물 위해 원인을 확정하고, 위해의 중요도(Severity)와 위험도(Risk)를 평가하는 것

(4) 중요관리점(Critical Control Point ; CCP)

① 어떤 식품의 제조 · 유통체계에 있어 관리하지 않으면 건강장해를 일으킬 우려가 있는 장소 및 방법

② HACCP를 적용하여 식품의 위해를 방지 · 제거하거나 안전성을 확보할 수 있는 단계 또는 공정

③ CCP 결정도를 사용하여 논리적으로 중요관리점을 설정한다.

(5) 중요관리점의 한계기준(Critical Limit)

① 하나의 CCP에 있어서 그것이 미치는 위해 예방에 효과적인 역할을 하고 있다는 것을 보증하기 위해 정해진 하나 이상의 미리 설정된 허용한계

② 위해요소의 관리가 한계치 설정대로 충분히 이루어지고 있는지 여부를 판단하는 기준

(6) 감시(Monitoring)

① 제품의 안전성을 유지하고 확보하기 위하여 하나의 CCP 또는 그 기준에 대한 정확한 기록을 얻도록 계획된 일련의 검사, 측정 및 관찰을 행하는 것

② 위해요소의 관리여부를 점검하기 위하여 실시하는 일련의 관찰이나 측정 수단

(7) 개선조치(Corrective Action)

모니터링 결과가 중요관리점의 한계기준으로 관리되지 못할 경우에 취하는 조치

(8) 기록유지

작업공정, 이탈, 개선조치 및 기타 특별한 내용 등이 포함되어야 한다. 기록의 정확성이 결여되면 작업중지 또는 보류를 할 수 있다. CCP 및 개선조치와 관련된 모든 HACCP기록은 기록을 하지 않은 종업원이나 HACCP 계획의 개발을 완성한 사람에 의해 일일기록을 토대로 검토되어야 하며, 서명 날인한 작업장의 책임자는 일자, 시간 등의 모든 기록을 재검토하여야 한다. HACCP 계획과 관련된 기록은 HACCP팀 또는 품질관리 부서에서 2년간 보관한다.

(9) 검증(Verification)

① HACCP 방법에 따른 관리(감시)가 당초의 계획대로 정확하게 실시되고 있는지 확인하고, 증명하기 위한 방법 및 검사

② 해당업소에서 HACCP 계획이 적절한지 여부를 정기적으로 평가하는 조치

2. HACCP 관리체계 구축 절차

(1) HACCP팀 구성

HACCP Plan 개발의 첫 번째 준비단계는 회사 내에서 HACCP Plan 개발을 주도적으로 담당할 HACCP팀을 구성하는 것이다. 이들은 관련규정에 준하여 HACCP 교육을 받고 일정 수준의 전문성을 갖추어야 한다.

(2) 제품설명서 작성

제품설명서에는 제품명, 제품유형 및 성상, 품목제조 보고연월일, 작성자 및 작성연월일, 성분(또는 식자재)배합비율 및 제조(또는 조리)방법, 제조(포장)단위, 완제품의 규격, 보관 · 유통(또는 배식)상의 주의사항, 제품용도 및 유통(또는 배식)기간, 포장방법 및 재질, 표시사항, 기타 필요한 사항이 명시되어야 한다.

(3) 제품용도 확인

해당식품의 의도된 사용방법 및 대상 소비자를 파악하는 것이다. 그대로 섭취할 것인가, 가열조리 후 섭취할 것인가, 조리 가공방법은 무엇인가, 다른 식품의 원료로 사용 되는가 등 예측 가능한 사용방법과 범위, 그리고 제품에 포함될 잠재성을 가진 위해물질에 민감한 대상 소비자(예 – 어린이, 노인, 면역관련 환자 등)를 파악하는 것이다.

(4) 공정흐름도 작성

원료의 입고에서부터 완제품의 출하까지 모든 공정단계들을 파악하여 공정흐름도(Flow diagram)를 작성하고 각 공정별 주요 가공조건의 개요를 기재한다. 구체적인 제조공정별 가공방법에 대하여는 일목요연하게 표로 정리하는 것이 좋다. 또한, 작업특성별 구획, 기계 · 기구 등의 배치, 제품의 흐름과정, 작업자 이동경로, 세척 · 소독조 위치, 출입문 및 창문, 공조시설계통도, 용수 및 배수처리 계통도 등을 표시한 작업장 평면도를 작성한다.

(5) 공정흐름도 현장 확인

작성된 공정흐름도 및 평면도가 현장과 일치하는 지를 검증하는 것이다. 공정흐름도와 평면도의 작성 목적은 각 공정 및 작업장 내에서 위해요소가 발생할 수 있는 모든 조건 및 지점을 찾아내기 위한 것이므로 정확성을 유지하는 것이 매우 중요하다.

(6) 위해요소분석

위해요소(Hazard) 분석은 제품설명서에서 파악된 원 · 부재료별로, 그리고 공정 흐름도에서 파악된 공정 단계별로 구분하여 실시한다.

이 과정을 통해 원 · 부재료별로 또는 공정 단계별로 발생 가능한 모든 위해요소를 파악하여 목록을 작성하고, 각 위해요소의 유입경로와 이들을 제어할 수 있는 수단(예방수단)을 파악하여 기술하며, 이러한 유입경로와 제어수단을 고려하여 위해요소의 발생 가능성과 발생 시 그 결과의 심각성을 감안하여 위해를 평가한다.

[위해평가의 단계]

① 원료별 · 공정별로 생물학적 · 화학적 · 물리적 위해요소와 발생 원인을 모두 파악하여 목록화 하는 것이 도움이 된다.
② 파악된 잠재적 위해요소(Hazard)에 대해 평가하는 것이다.
③ 파악된 잠재적 위해요소의 발생원인과 각 위해요소를 안전한 수준으로 예방하거나 완전히 제거, 또는 허용 가능한 수준까지 감소시킬 수 있는 예방조치 방법이 있는 지를 확인하여 기재하는 것이다.

[위해요소의 예방조치방법]

① 생물학적 위해요소 : 시설 개 · 보수, 원료 협력업체로부터 시험성적서 수령, 입고되는 원료의 검사, 보관, 가열, 포장 등의 가공조건(온도, 시간 등) 준수, 시설 · 설비, 종업원 등에 대한 적절한 세척 · 소독 실시, 공기 중 식품노출 최소화, 종업원에 대한 위생교육
② 화학적 위해요소 : 원료 협력업체로부터 시험성적서 수령, 입고되는 원료의 검사, 승인된 화학물질만 사용, 화학물질의 적절한 식별 표시, 보관, 화학물질의 사용기준 준수, 화학물질을 취급하는 종업원의 적절한 훈련
③ 물리적 위해요소 : 시설 개 · 보수, 원료 협력업체로부터 시험성적서 수령, 입고되는 원료의 검사, 육안선별, 금속검출기 등 이용, 종업원 훈련

(7) 중요관리점(CCP) 결정

중요관리점이란 파악된 위해요소를 예방, 제거 또는 허용 가능한 수준까지 감소시킬 수 있는 최종 단계 또는 공정을 말한다. 동일한 식품을 생산하는 경우에도 제조 · 설비 등 작업장 환경이 다를 경우에는 서로 상이할 수 있다.

(8) CCP 한계기준 설정

한계기준은 CCP에서 관리되어야 할 생물학적, 화학적 또는 물리적 위해요소를 예방, 제거 또는 허용 가능한 안전한 수준까지 감소시킬 수 있는 최대치 또는 최소치를 말하며, 안전성을 보장할 수 있는 과학적 근거에 기초하여 설정되어야 한다.

한계기준은 현장에서 쉽게 확인 가능하도록 가능한 육안관찰이나 간단한 측정으로 확인할 수 있는 수치 또는 특정지표로 나타내어야 한다. 한계기준은 초과되어서는 안 되는 양 또는 수준인 상한기준과 안전한 식품을 취급하는데 필요한 최소량인 하한기준을 단독으로 설정 할 수 있다.

온도 및 시간, 수분활성도(Aw) 같은 제품 특성, pH, 관련서류 확인 등, 습도(수분), 염소, 염분농도 같은 화학적 특성, 금속검출기 감도 한계기준을 결정할 때에는 법적 요구조건과 연구 논문이나 식품관련 전문서적, 전문가 조언, 생산 공정의 기본자료 등 여러 가지 조건을 고려해야 한다.

(9) 중요관리점(CCP)에 더한 모니터링 체계 확립

모니터링이란 CCP에 해당하는 공정이 한계기준을 벗어나지 않고 안정적으로 운영되도록 관리하기 위하여 종업원 또는 기계적인 방법으로 수행하는 일련의 관찰 또는 측정수단이다.
모니터링 체계를 시행하게 되면 작업과정에서 발생하는 위해요소의 추적이 용이하며, 작업공정 중 CCP에서 발생한 기준 이탈(deviation) 시점을 확인할 수 있으며, 문서화된 기록을 제공하여 검증 및 식품사고 발생 시 증빙자료로 활용할 수 있다.

(10) 개선조치 확립

모니터링 결과 한계기준을 벗어날 경우 취해야 할 개선조치방법을 사전에 설정하여 신속한 대응조치가 이루어지도록 하여야 한다.

[개선조치 방법 설정시 체크사항]

① 이탈된 제품을 관리하는 책임자는 누구이며, 기준 이탈시 모니터링 담당자는 누구에게 보고하여야 하는가?

② 이탈의 원인이 무엇인지 어떻게 결정할 것인가?

③ 이탈의 원인이 확인되면 어떤 방법을 통하여 원래의 관리상태로 복원 시킬 것인가?

④ 한계기준이 이탈된 식품(반제품 또는 완제품)은 어떻게 조치할 것인가?
⑤ 한계기준 이탈시 조치해야 할 모든 작업에 대한 기록 · 유지 책임자는 누구인가?
⑥ 개선조치 계획에 책임 있는 사람이 없을 경우 누가 대신할 것인가?
⑦ 개선조치는 언제든지 실행가능한가?

(11) 검증절차 확립

HACCP팀은 검증활동을 HACCP 계획을 수립하여 최초로 현장에 적용할 때, 해당식품과 관련된 새로운 정보가 발생되거나 원료 · 제조공정 등의 변동에 의해 HACCP 계획이 변경될 때 실시하여야 한다. 또한, 전반적인 재평가를 위한 검증을 연 1회 이상 실시하여야 한다.

[HACCP의 평가와 검증]

① HACCP 계획의 유효성 평가 : HACCP 계획이 올바르게 수립되어 있는지 확인하는 것으로 발생가능한 모든 위해요소를 확인 · 분석하고 있는지, CCP가 적절하게 설정되었는지, 한계기준이 안전성을 확보하는데 충분한지, 모니터링 방법이 올바르게 설정되어 있는지 등을 과학적 · 기술적 자료의 수집과 평가를 통해 확인하는 검증의 한 요소이다.
② HACCP 계획의 실행성 검증 : HACCP 계획이 설계된 대로 이행되고 있는지를 확인하는 것으로 작업자가 정해진 주기로 모니터링을 올바르게 수행하고 있는지, 기준 이탈시 개선조치를 적절하게 하고 있는지, 검사 · 모니터링 장비를 정해진 주기에 따라 검사 · 교정하고 있는지 등을 확인하는 것이다.

(12) 문서화 및 기록유지

기록유지는 HACCP 체계의 필수적인 요소이며, 기록유지가 없는 HACCP 체계의 운영은 비효율적이며 운영근거를 확보할 수 없기 때문에 HACCP 계획의 운영에 대한 기록의 개발 및 유지가 요구된다.

기록유지 방법을 개발할 때에는 최적의 기록담당자 및 검토자, 기록시점 및 주기, 기록의 보관 기간 및 장소 등을 고려하여 가장 이해하기 쉬운 단순한 기록서식을 개발하여야 한다.

[HACCP 체계의 운영과 관련된 기록목록]

① **원료** : 규격에 적합함을 증빙하는 원료공급업체의 시험증명서, 공급업체의 시험성적서를 검증한 업소의 지도 · 감독, 기록, 온도에 민감하거나 유통기한이 설정된 원료에 대한 보관온도 및 기간 기록

② **공정관리** : CCP와 관련된 모든 모니터링 기록, 식품 취급과정은 적절하게 지속적으로 운영하는지 검증한 기록

③ **완제품** : 식품의 안전한 생산을 보장할 수 있는 자료 및 기록, 제품의 안전한 유통기한을 입증할 수 있는 자료 및 기록, HACCP 계획의 적합성을 인정한 문서

④ **보관 및 유통** : 보관 및 유통온도 기록, 유통기간이 경과된 제품이 출고되지 않음을 보여주는 기록

⑤ **한계기준 일탈 및 개선조치** : CCP의 한계기준 이탈 시 취해진 공정이나 제품에 대한 모든 개선조치 기록

⑥ **검증** : HACCP 계획의 설정, 변경 및 재평가 기록

⑦ **종업원 교육** : 식품위생 및 HACCP 수행에 관한 교육훈련 기록

3. 식품 위해요소 중점관리(HACCP)의 시설기준

HACCP 기준은 식품위생법 제32조의 2 제1항의 규정에 의하여 식품의 원료, 제조, 가공 및 유통의 전 과정에서 위해물질이 해당 식품에 혼입되거나 오염되는 것을 사전에 방지하기 위하여 각 과정을 중점적으로 관리하는 기준을 정하는 것을 목적으로 하는 것으로서 보건복지부 고시로 관리 · 운용되고 있다.

작업장에서 HACCP의 적용을 받기 위해서 HACCP 관리기준 이외에도 작업장 시설, 제조 시설, 위생관리, 보관 및 운반관리, 검사관리, 냉장 · 냉동 설비, 검사 시설 등에 관한 시설관리기준이 갖추어져야 한다.

(1) 작업장 시설 등

작업장의 시설 등은 다음 각 호에 적합하여야 하며, 작업장 관리 기준서를 작성 · 비치하여야 한다.

① 건물(식품 제조시설과 원료 및 제품의 보관시설 등이 설비된 건축물)은 축산폐수, 화학 물질 기타 오염물질을 발생시설로부터 식품에 나쁜 영향을 주지 않도록 거리를 유지하여야 한다.

② 작업장은 주거 및 불결한 장소와 분리되어야 하며, 위생적인 상태로 유지되어야 한다.

③ 작업장은 각 작업실별로 구획되어 오염구역과 비오염구역으로 구분되어야 하며, 적절한 온도를 유지하여야 한다.

④ 바닥은 콘크리트 등으로 내수 처리하여야 하며, 파여 있거나 물이 고이지 말아야 한다.

⑤ 배수로는 적절하게 설치되어 폐수가 역류하거나 퇴적물이 쌓여 있지 말아야 한다.

⑥ 내벽은 내수 처리하여야 하며, 미생물이 번식하지 아니하도록 청결하게 관리하여야 한다.

⑦ 천정은 청소가 쉬운 시설로 되어 있고, 먼지가 쌓여 있거나 응결수가 떨어지지 않아야 하며, 미생물이 번식하지 않도록 청결하게 관리하여야 한다.

⑧ 문은 단단한 내수성 재질(스테인레스, 알루미늄, 에프알피 · 테프론 등 물을 흡수하지 않는 것을 말한다)로서 청소가 쉬운 구조로 되어 있어야 한다.

⑨ 채광 또는 조명은 적절하게 설치되어야 하고, 채광 · 조명설비 등으로부터 식품 오염을 유발하지 않도록 보호 장치를 설치하여 항상 청결하게 관리하여야 한다.

⑩ 환기시설은 악취, 유해가스, 매연, 증기들을 환기시키는 데 충분하도록 설치되어야 한다.

⑪ 작업장에는 방진, 방충망 및 쥐 막이 시설을 갖추고 있어야 한다.

⑫ 작업원을 위한 위생적인 화장실, 탈의실 및 수세시설이 있어야 한다.

⑬ 작업장의 제조시설은 해당 식품에 대한 제조공정의 흐름에 따라 적절히 배치되어야 한다.

⑭ 분말이 날아 흩어지는 작업실은 이를 제거하는 시설이 있어야 한다.

⑮ 작업장 내 배관은 청결하게 관리되어야 하며, 연결부위는 인체에 무해한 것을 사용하여야 한다.

⑯ 출입구 및 창은 완전히 꼭 닫힐 수 있어야 하며, 공중낙하세균 등을 정기적으로 측정 · 관리하여야 한다.

⑰ 작업실 내의 통로는 작업원 외에는 사용할 수 없도록 되어 있어야 한다.

⑱ 수돗물이 아닌 지하수 등을 사용하는 경우에는 먹는 물 관리법 제5조의 규정에 의한 먹는 물의 수질기준에 적합한 물을 공급할 수 있는 시설을 갖추어야 한다.

⑲ 지하수를 사용하는 경우 취수원은 화장실, 폐기물 처리시설, 동물 사육장 등 지하수가 오염될 우려가 없는 장소에 위치하여야 하고, 이 경우 용수 저장탱크는 외부로부터 오염되지 않도록 설치되어 있어야 한다.

⑳ 용수저장탱크는 반기별 1회 이상 청소를 실시하며, 오염물질의 유입을 방지하기 위하여 잠금장치를 설치하여 청결상태를 유지하여야 한다.

㉑ 용수에 대한 정기 수질검사는 연 1회 이상, 미생물학적 검사는 월 1회 이상 실시하여야 하며, 그 결과를 기록 · 유지하여야 한다.

(2) 제조시설 등

제조시설 및 기구는 다음 각 호에 적합하도록 하여야 하며, 제조시설 관리기준서를 작성 · 배치하여야 한다.

① 해당 식품의 제조에 필요한 시설 및 기구를 갖추어야 한다.

② 제조시설은 각 품목의 제조공정 흐름에 따라 적절히 배치되어야 한다.

③ 제조시설은 각 품목의 제조 외의 다른 목적에 사용되지 아니하여야 한다.

④ 제조시설 및 기구는 청소하기 쉽고 다른 제조공정으로부터 오염되지 않도록 배치되어 있어야 한다.

⑤ 제조시설 및 기구는 정기적으로 점검하여 작업에 지장이 없도록 관리되어야 한다.

⑥ 포장자재는 식품위생법 제9조 제1항의 규정에 적합한 규격품을 사용하여야 하며, 포장은 오염을 방지할 수 있는 위생적인 조건하에서 실시하여야 한다.

(3) 냉장 · 냉동설비 등

냉각 · 냉장 · 냉동설비는 다음 각 호에 적합하도록 하여야 하며, 냉장 · 냉동 설비관리 기준서를 작성 후 비치하여야 한다.

① 냉각 · 냉장 · 냉동설비의 구조와 기능은 원료 및 제품을 효과적으로 수용할 수 있고 오염시킬 우려가 없어야 한다.

② 온도계의 감은봉은 적당한 곳(가장 온도가 높은 곳)에 설치되어야 한다.

③ 냉장 및 냉동기기는 자동온도기록장치가 부착되어 온도 상황이 기록 · 유지될 수 있어야 하며, 수동 및 자동 온도 조절 장치에는 중대한 온도 변화를 알릴 수 있는 자동경보장치가 부착되어야 한다.

④ 냉장 · 냉동 설비 등은 정기적으로 청소를 실시하고, 그 결과를 기록 · 유지하여야 한다.

(4) 위생관리 등

기구 · 위험물 · 폐기물 및 작업원 등의 위생관리는 다음 각 호에 적합하도록 해야 한다.

① 위생관리에 필요한 시설 · 기구 등을 갖추어야 하며, 위생적으로 이를 유지하여야 한다.
② 원료와 제품의 처리 · 가공 등에 사용되는 기구 및 용기는 용도별로 구분 · 표시하여 청결하게 관리하여야 한다.
③ 작업장에 종사하는 작업원은 해당 작업에 필요한 위생복 · 위생모 · 위생마스크 및 위생장갑을 착용하여야 한다.
④ 작업원은 작업장에서 껌을 씹거나 음식물을 먹거나 담배를 피우거나, 침을 뱉어서는 안 된다.
⑤ 신체질환 등으로 식품에 위해를 끼칠 우려가 있는 작업원은 제조 · 가공 등에 종사하여서는 안 된다.
⑥ 작업원은 고용 전 신체검사 및 정기적인 신체검사를 받아야 하며, 그 기록을 유지하여야 한다.
⑦ 작업장과 화장실의 출입구에는 손을 사용하지 않고 이용할 수 있는 세척시설, 손을 말릴 수 있는 소독시설을 갖추어야 한다.
⑧ 화장실과 탈의실은 외부로 통하는 환기시설을 갖추어야 하며, 벽과 바닥은 내수성 재질로 되어 있고, 청결한 상태가 유지되어야 한다. 또한 화장실의 구조는 수세식으로 되어 있고 출입문은 손으로 사용하지 않고도 이용할 수 있도록 하여야 하며, 뚜껑이 있는 휴지통을 비치하여야 한다.
⑨ 작업장과 떨어진 곳에 폐기물, 폐수 처리시설을 설치 · 운영하여야 하며, 그 관리기록을 유지하여야 한다.
⑩ 폐기물은 매일 연속적으로 반출하여 옥외에 방치되지 않도록 하고, 폐기물 용기는 자주 소독 및 세척하여야 한다.
⑪ 작업장 내에서 쥐와 곤충을 구제하여 식품들을 오염시킬 우려가 없도록 하여야 하며, 식품들의 오염을 방지할 수 있는 제한된 장소에서만 허용해야 한다.

⑫ 살충제 등과 같은 유독성물질과 인화성물질 등은 취급주의 표시를 하여야 하며, 격리된 장소에서 안전하게 관리 · 보관되어야 한다.

⑬ 다음 사항이 구체적으로 기재된 위생관리 기준서를 작성 · 비치하여야 한다.
- 청소장소 및 청소주기
- 청소방법과 청소에 사용하는 소독약품 및 도구
- 작업원 손 씻기 및 소독방법
- 작업 중 위생에 관한 주의사항
- 청소상태의 평가방법
- 작업원의 건강상태 관리사항
- 소독조의 소독약품, 점검횟수 및 점검방법
- 기타 필요한 사항

(5) 보관 및 운반관리 등

제품의 보관 및 운반관리 등은 다음 각 호에 적합하도록 하여야 한다.

① 원료 · 자재(부자재를 포함한다. 이하 같다), 반제품 및 완제품은 명확하게 구분해 관리하며, 적절한 온드를 유지하여야 한다.
② 부적합한 원료 · 자재 및 완제품은 별도 구분해 보관하며, 처리기록을 보관하여야 한다.
③ 원료 · 자재, 반제품 및 완제품은 바닥과 벽에 밀착되지 않도록 적재 · 보관하여야 하며, 보관 중에 이상이 생겼을 경우 보관책임자는 즉시 HACCP 팀장에게 이를 알리고 그 내용과 조치사항을 기록 · 보관하여야 한다.
④ 원료 계량실은 구획되어야 하며, 필요시 먼지제거 시설을 갖추어야 한다.
⑤ 원료 · 자재 및 완제품은 선입 · 선출방법으로 반출하고, 반품된 제품은 구분하여 보관 · 처리하여야 한다.
⑥ 다음 사항이 구체적으로 기재된 보관관리 기준서를 작성 · 비치하여야 한다.
- 원료 · 자재 구입 시 품명 · 수량 및 규격 확인방법
- 보관관리 장소 및 방법
- 완제품의 반 · 출입 관리방법
- 검사결과 불량품에 대한 처리방법
- 취급시 교차오염을 방지하기 위한 대책
- 기타 보관관리에 필요한 사항

⑦ 식품 및 원료 · 자재 등이 운반중 적절하게 보관될 수 있도록 수송기구 및 벌크 용기는 다음 사항에 적합하도록 설계 · 관리되어야 한다.
- 식품 및 포장 등에 대한 오염을 방지할 수 있어야 한다.
- 세척이 쉽고 필요시 소독이 가능하여야 한다.
- 쾌적한 환경과 적절한 온도를 유지할 수 있어야 한다.
- 내부온도 등을 외부에서 확인할 수 있어야 한다.

(6) 검사시설 등

검사시설 · 기구 및 이에 대한 관리는 다음 사항에 적합하도록 하여야 한다.

① 제품 검사에 필요한 시설 및 기구를 갖추어야 한다.
② 시설 및 기구를 정기적으로 점검하여 검사에 지장이 없도록 관리하여야 하며, 특히 저울 및 온도측정 장치는 연 1회 이상 공인기관의 보정을 받아야 하고 점검사항 및 검사 성적서를 기록 · 유지하여야 한다.
③ 원료 · 자재, 반제품 및 완제품에 대하여 필요한 정기검사를 실시하여야 하며, 검사기록을 작성 · 비치하여야 한다.
④ 검체를 채취할 때는 오염되거나 변질되지 않도록 하여야 한다.
⑤ 다음이 구체적으로 기재된 검사 기준서를 작성 비치하여야 한다.

- 제조번호 및 제조연월일
- 검사번호
- 검사접수 및 검사연월일
- 검사항목, 검사기준 및 검사항목
- 판정결과 및 판정년월일
- 검사자 및 판정자의 서명날인
- 검체의 채취, 취급 및 검사방법
- 검사결과의 통지방법
- 기타 필요한 사항

제5절 식품위생

1. 식품오염

식품에 해로운 물질이나 병원성 미생물 등이 비의도적으로 존재하는 것

① 오염원 : 원료, 식품, 포장재, 공기, 물, 흙, 식품접촉, 식품취급, 사람, 동물, 곤충 등

② 식품오염원의 분류
- 생물학적 위해 : 세균, 곰팡이, 기생충 등의 오염
- 화학적 위해 : 자연 독, 위해첨가물, 중금속, 방부제, 세척제 등
- 물리적 위해 : 이물질 등

2. 식중독

일반적으로 음식물을 섭취하였을 때 일어나는 급성위장염을 주요 증상으로 하는 질환을 식중독이라고 한다. 법정 전염병이나, 영양부족, 극약에 섞인 음식 등은 식중독에 포함하지 않으며 학자마다 그 분류 방법이 조금씩 다르다.

식중독 발생은 장기간 보존, 부적절한 보관온도, 불완전한 냉각, 부적절한 재가열, 교차오염, 작업자 오염, 부적절한 원료사용, 비위생적인 환경 등에서 온다.

① 식품위생의 3원칙 : 청결, 신속히 사용, 온도관리

② 식중독예방의 3원칙
- 미생물을 붙이지 않는다(청결, 세정)
- 미생물을 증식시키지 않는다(온도관리, 정균기술)
- 미생물을 제거한다(미생물제거기술)

③ 식품을 보다 안전하게 하기 위한 5가지 열쇠(WHO)
- 청결을 유지한다(손씻기, 세정, 살균)
- 가공하지 않은 식품과 가열한 식품을 분리한다(교차오염예방)
- 잘 가열한다(30초이상 70℃ 가열)
- 안전한 온도를 유지한다(위험zone 5℃~60℃)
- 안전한 물과 원재료를 사용한다

조리사는 미생물학, 식품위생학 등 과학적 지식을 기반으로 바른 위생지식을 숙지하여야 한다.

(1) 세균성 식중독

세균은 영양분 · 수분 · pH · 산소 · 온도 · 시간이 적합하면 기하급수적으로 번식한다. 식중독균의 감염경로와 증식조건, 사멸조건을 충분히 이해하여 예방책을 강구해야 한다.

첫째, 식품취급자는 식품 · 기구 · 용기 · 포장 · 시설 등을 청결히 관리해서 깨끗한 환경을 만들어야 한다.
둘째, 신속한 조리시간과 조리 후 신속히 판매하여 시간의 경과로 인한 세균 번식 환경을 없애야 한다.
셋째, 식품보관시 신속히 냉장보관하여서 세균이 번식할 수 있는 적온을 주지 않는다.
넷째, 가열하여 세균을 사멸시키거나 독소를 불활성화시킨다.

세균성 식중독은 세균에 의한 감염형과 세균 번식에 의한 대사산물인 독소에 의한 독소형으로 구분한다. 감염형 식중독은 살모넬라와 비브리오가 대표적이며, 오염된 식품이나 배설물 등으로 감염된다.

살모넬라는 조류의 장내에 많으며, 비브리오는 해산물에 많이 있다.

독소형 식중독은 포도상구균, 보툴리나스균이 대표적이며, 100℃로 가열하여도 파괴되지 않는 독소도 많이 있다. 또한 상한 음식 · 식품이 원인인 경우가 많이 있다. 포도상구균에 의한 식중독이 가장 많으며 포도상구균은 염증이 있는 곳에 있다.

① 감염형 식중독의 예방책

- 식품의 안전보관, 저온보존, 가열 처리
- 조리장에 쥐, 바퀴벌레, 파리 등을 구제
- 어패류 등 생식과 보관, 2차 감염에 주의

② 독소형 식중독의 예방책

- 식품 오염이나 2차 감염을 방지하고 오염의 가능성이 있는 식품은 즉시 폐기
- 조리장은 주기적으로 살균하며, 화농이 있는 자는 조리 금지
- 저온저장, 취사장 청결, 위생적 보관, 위생적 가공, 음식물 가열 처리

③ 감염 · 독소형

병원성 식중독균에 다량으로 오염된 식품을 섭취한 후 장내에서 증식할 때 독소를 생성해 발생하는 식중독이다. 아직 불분명한 상태의 식중독을 말한다. 예방방법은 감염형 식중독과 동일하다.

(2) 화학물질 의한 식중독

식품의 가공기술이 발전함에 따라 식품의 제조 · 가공 과정에서 상품적 · 영양적 가치를 향상시키기 위하여 화학물질을 식품첨가물로 사용하고 있다. 이러한 화학물질에 의한 식중독은 그 내용이 매우 복잡하므로 행정 · 제조 · 소비 등 모든 면에서 대책은 강구해야 한다. 특히 환경오염과 농수축산물의 재배환경 변화로 식중독이 일어날 수 있는 가능성이 증가되었다.

유해 감미료, 인공 착색료, 보존료 등의 사용시 유의하며 규정을 준수해야 식중독을 방지하거나 그 위험성을 최소로 줄일 수 있다. 모든 식품이 자연 상태에서 생산 · 수확된다면 화학적 식중독은 거의 없어지겠지만 현대사회의 복잡한 사회구조에서 고객의 기호나 상품의 유지를 위해서는 첨가물질을 사용할 수밖에 없으며, 성장 호로몬이나 항생제, 농약 등이 농수축산물 재배에 사용된다. 사용자는 인체에 유해하지 않도록 각별히 유의하여 사용해야 한다.

야채, 곡류, 과일 등의 잔류농약 제거에 유의해야 한다. 또한, 사용이 금지된 포장지로 음식을 포장해서는 안 되며, 용기 또는 기구에서 용출되는 중금속이나 환경 호로몬에 유의해야 된다.

화학적 식중독을 일으키는 원인 물질들은 인체에도 해가 되지만 환경을 오염시키는 원인 물질이므로 각별히 유의하여야 한다. 예를 들면 캔(can)류는 개봉 후에 다른 그릇에 옮겨서 보관해야 캔에서 주석산이 용출되는 것을 막을 수가 있으며, 알루미늄 냄비를 사용할 때에는 쇠로 된 주걱을 사용하지 말고, 황동 제품에서는 납 검출을 유의해야 한다.

세척용 세제류를 사용해서 용기를 세척할 때는 용기에 남아있는 잔류물을 유의해야 한다. 세제사용 규정은 세제의 포장지에 표시되어 있으므로 사용방법, 희석 정도 등을 잘 지켜서 인체에 위해요소를 최소화해야 한다. 오븐 크리너를 사용할 때는 음식과 직접 닿는 그릇에는 사용을 금지해야 하며, 중성세제를 사용할 때는 규정된 양의 배율로 희석해서 쓰고 잘 헹구어야 그릇에 세제가 잔류하지 않는다.

(3) 자연독에 의한 식중독

성장과정에서 생성한 독물을 함유한 동·식물을 식품으로 섭취해 일어나는 식중독이다. 동물성 식품에 의한 것, 식물성 식품에 의한 것, 미생물의 대사물질에 의한 것 등이 있다.

① **패독** : 굴, 피조개, 바지락, 진주담치(홍합)는 2~6월 사이 수온이 6℃~18℃일 때 몸속에서 독소가 생성된다.
② **복어의 독** : 복어는 먹이활동에 의해서 몸속에 독소를 생성한다.
③ 독버섯, 감자의 파란 싹 부분, 맥각균, 청매, 독맥, 독미나리, 오두, 오색두, 은행, 피마자, 도라지, 시금치 등은 독소를 지닌 식품이며, 식용으로 사용할 때는 주의를 요한다.
④ 황변미 중독은 곰팡이가 독소이다. 맥각중독과 마이코톡신 중독이 있다.

(4) 식품위생의 중요사항

물리적 장비와 설비는 좋은 위생 실행에 도움이 되어야 한다. 음식은 부패와 오염을 막을 수 있도록 다루고, 냉장저장해야 한다. 접시, 식기, 장비는 깨끗이 세척해야 하며 실질적으로 소독이 행해져야 한다. 또한 보관 용기는 항상 뚜껑을 덮어두어야 한다.

① 식품 관련 미생물의 일반적인 성질

거의 모든 식품은 상온에서 8시간이 지나면 식중독을 일으킨다. 그리고 생육적온에서 4시간이 지난 식품은 식중독을 지닐 위험이 생긴다.
식품 속의 생균의 안전 한계는 10^8/g이다. 초기 부패가 시작될 때 10^8/g의 세균이 존재하는데, 포도상구균의 경우는 24℃에서 20분에 한 번씩 분열하여 식중독에 이르는 세포 수에는 5시간 정도 지나면 도달한다. 보툴리너스 균은 10분에 한 번씩 분열하며, 모든 미생물은 2차 감염이 일어난다.

② 미생물의 오염방지를 위한 유의사항

- 돼지고기는 완전히 익혀야 선모충의 피해가 없다.
- 홀랜다이 소스는 준비한 후 4시간이 경과하면 쓸 수 없다.
- 컵 테두리에 손이 닿지 않게 컵을 만질 것
- 얼음은 손으로 잡지 말 것
- 버터는 손으로 잡지 말 것

- 나이프, 포크, 스푼을 잡을 때는 손잡이 쪽을 잡을 것
- 손가락이 음식에 닿지 않도록 조심할 것
- 산패는 온도와 관계없이 일어난다.

음식을 식힐 때는 음식의 내부온도가 60℃에서 4℃로 낮아지는 것이 4시간 안에 이루어져야 하고, 음식 데울 때는 내부온도가 75℃ 이상으로 2시간 이내에 도달해야 한다. 그리고 이 경우 모두 유통기한이 지난 제품을 사용해서는 안 된다.

또한 제조원이 불분명한 식품 사용을 금지하며, 각 재료는 그 식품 고유의 방법으로 보관한다. 냉동육류는 냉장상태에서 해동하고, 음식물은 4℃~65℃에서 방치해서는 안 된다.

(5) 병원성 대장균 0-157

질병을 일으키는 대장균의 하나로 1980년 미국에서 발견되었다. 인체에 감염되었을 때의 주요 증상은 혈변, 복통, 설사이며, 주요 합병증(소아, 노인 요도성 용혈증후군)으로도 사망할 수 있다. 미국에서는 매년 약 200명이 사망하고 있으며, 초여름부터 가을까지 가장 많이 발생한다.

주 원인은 오염된 식품, 우물물, 2차 오염 등으로 다양하다.

① **특성**

- 열에 약하다(68℃에서 사멸함).
- 저온에 강하다(-20℃에서 생존함).
- 산에 강하다(PH 4.5에서도 생존).
- 소독수, 알코올, 락스 등에 약하다.

② **감염경로** : 동물의 분변에 오염된 고기(주로 소고기, 생우유, 덜 익힌 햄버거 고기), 동물(주로 소)의 장에 존재하므로 동물의 분변에 오염된 식수나 식품 섭취로 감염된다. 또한 병원성 대장균 0-157에 오염된 음식을 통하거나 비위생 조치로 인한 2차 감염이 일어날 수 있다.

③ **예방조치** : 고기는 75℃ 이상의 온도에서 5분 이상 충분히 익혀서 먹고, 과일과 야채는 깨끗한 물에(소독수 처리) 충분히 씻어서 먹는다.

또한, 음식 및 음료의 오염방지에 유의해야 하며, 개인위생 관리를 철저히 하고 음식 조리 전 및 화장실을 다녀온 후에는 반드시 비누로 손을 잘 씻어야 한다. 역성비누나 알코올 등의 소독제에 잘 사멸된다.

반드시 끓인 음식물을 섭취하고 날 음식은 삼가한다. 칼이나 도마 및 그릇 등의 주방용품은 잘 세척 · 소독하여 사용해야 하며, 뜨거운 물 또는 염소류 소독제, 락스 등을 이용하여 소독하면 사멸된다.

음식은 오래 보관하지 않으며, 음료수의 위생관리에 힘쓴다.

④ 0-157식중독 예방요령 : 소의 내장에는 0-157균이 있으므로 육류와 내장은 각각 분리된 용기에 담아 운반해야 한다. 식품저장 시에는 냉장은 10℃ 이하, 냉동은 영하 18℃ 이하로 유지하고, 교차오염 방지를 위해 육류와 야채는 반드시 구분하여 전용용기에 보관 · 사용한다.

또한 칼 · 도마 · 행주 · 기물 등의 사용 기구는 자주 소독하여 사용한다. 생고기 조리에 사용한 기구는 반드시 끓는 물에 소독한 후 사용해야 하며, 생고기를 만진 후에는 반드시 손을 씻고 소독한 뒤에 다른 작업을 한다. 작업 시에는 수돗물을 사용하고 우물물 등은 염소 등으로 소독한 후 사용한다.

(6) 노로바이러스

노로바이러스(genus Norovirus, family Caliciviridae)는 사람에게 장염을 일으키는 바이러스로 Norwalk-like viruses(NLVs), caliciviruses, small round structured viruses라고도 불린다. 노로바이러스는 한 가닥의 RNA(single-stranded RNA)로 이루어져 있으며, 외피(外皮)가 없다(non-enveloped viruses).

적어도 네 가지 종류의 유전자 그룹(GI, GII, GIII and GIV)이 있으며, 최소한 20개 가량의 유전자형이 있는 것으로 밝혀졌다.

법정 전염병으로 지정된 노로바이러스는 장염 등 급성설사 질환을 일으키는 대표적 병원성 바이러스로 감염자는 구토 · 설사 · 위경련 · 미열 등의 증세를 보이지만, 건강한 사람에게는 큰 해가 없는 것으로 알려졌다.

대부분의 경우 경미한 증상이 나타나고, 감염 후 1일~2일이 지나면 자연 회복된다. 가열하기 곤란한 생굴과 홍합, 대합 등 조개류와 채소류가 주된 오염원이다. 대개 음식물 섭취 후 24시간~48시간 내에 증세가 나타나며, 사람에 의한 전염성이 매우 강하다.

노로바이러스 감염을 막기 위해서는 손을 청결하게 유지하는 한편 과일과 채소는 철저히 씻고 굴은 익혀 먹는 것이 좋다. 노로바이러스성 질병이 발생한 후에는 오염된 물체의 표면을 소독제로 세척하고 살균하며, 바이러스에 감염된 옷과 이불은 비누를 사용해 뜨거운 물로 세탁하고, 환자의 구토물은 즉시 폐기하는 등의 사후 조치도 매우 중요하다.

노로바이러스는 얼려도 죽지 않고 전염력이 매우 강해 대규모 식중독으로 이어질 가능성이 크다. 항생제로 치료가 되지 않고 백신도 개발돼 있지 않기 때문에 감염된 것이 확인될 경우 일단 구토와 설사 등으로 인한 탈수 증세를 막도록 물을 많이 마시는 것이 좋다.

노로바이러스는 특정한 혈액형의 항원과 결합하는 성질이 있다. 이 때문에 노로바이러스 감염에 대항할 수 있는 능력이 혈액형에 따라 다를 수 있는데, 일반적으로 혈액형 O형이 노로바이러스에 감염되기 쉽고, B형은 노로바이러스 감염증에 잘 걸리지 않는다.

제6절 개인위생

개인위생은 생활방식이며, 특히 식품 서비스업에서 성공하기를 갈망하는 모든 사람들이 준수해야 하는 기준이다. 음식을 다루는 사람들은 항상 건강한 몸과 청결한 자신의 상태를 유지하여야 하며, 자신으로부터 각종 병원균으로 인한 오염내지는 전염을 근본적으로 차단하여야 한다. 특히 2차 감염의 예방에 주력하여 위생상에 전혀 이상이 없는 음식을 생산하여야 한다.

조리사는 정기적인 신체검사와 예방접종을 해야 하며 건강을 제일로 생각하고, 과로 · 수면 부족을 피해야 한다. 또한 질병 예방에 따른 올바른 지식을 가지고 철저히 실천하며, 건강한 자만이 좋은 음식을 만들 수 있다는 것을 명심해야 한다.

그리고 관리자는 탈의실, 휴게시설, 화장실 등의 적절한 시설을 완비시켜 주어야 하며 시설이 잘 운용되는지 점검하고 위생적인 관리를 위해 종사원에 대한 위생교육과 위생관리를 지속적으로 지도 · 감독할 필요가 있다.

1. 손의 청결

음식물을 취급하는 주방의 개인위생관리는 손 씻는 것이 전부라고 해도 틀리지 않을 만큼 손의 청결이 중요하다. 손은 세균이 번식할 수 있는 좋은 조건을 가지고 있으며, 또한 오염될 수 있는 확률이 가장 높은 인체 부위이다. 전염시킬 수 있는 위험성이 신체 중 가장 많은 곳이므로 개인위생의 시작은 손의 청결에서 시작한다.

(1) 이상적인 수세시설

이상적인 수세시설은 손을 씻은 후 수도꼭지를 만지지 않고도 물을 정지시키며, 타월을 쓰지 않고 손의 물기를 없애고, 손을 대지 않고 출입문을 통과하여 작업장에 출입할 수 있는 시설이다.

(2) 손의 위생과 수세방법

작업 중 눈 · 귀 · 코 등 기타 오염될 수 있는 물체를 만지지 않는다. 손톱을 짧게 자르고 반지나 시계 등을 착용하지 않으며, 비누 등을 사용하여 팔부터 씻어 내린 후 손끝은 수세용 솔로 닦는다. 이때 흐르는 물에 손을 헹구어 2차 감염을 방지한다.

(3) 손을 씻어야 할 시기

출근하여 위생복을 입고 작업하기 전과 용변 후, 폐기물, 걸레, 청소도구 등의 더러운 물건을 만진 후, 그리고 조리된 음식을 담는 작업을 할 때에는 항상 손을 씻어야 한다. 그리고 얼굴이나 머리카락을 만졌을 경우와 작업이 끝났을 때나 외출 전 · 후, 그리고 작업 중에는 매 30분마다 손을 씻어야 한다.

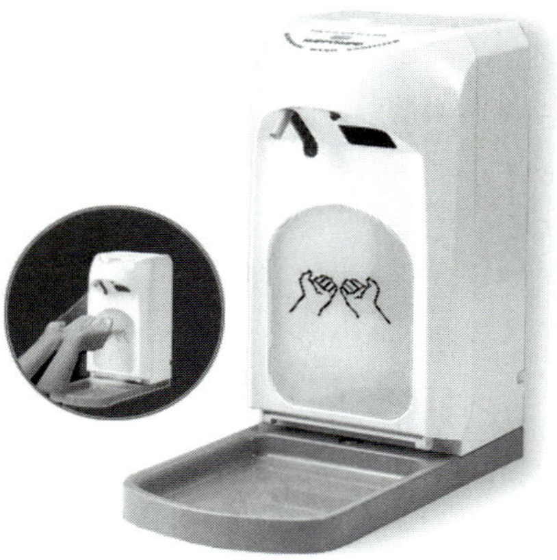

손 소독기

(4) 건강진단

건강검진으로 연 1회 보건증을 만들어야 한다.

- 영업에 종사하지 못하는 질병 : 제1종 전염병 중 소화기계 전염병, 결핵, 피부병, 화농성 질환, B형 간염(비활동성 간염 제외), 에이즈

(5) 실천 사항

① 1년에 한번씩 보건증을 발급 받는다.
② 손과 손톱을 깨끗하게 한다.
③ 식품이나 깨끗한 도구, 혹은 입이 닿을 수 있는 곳에는 손가락이 닿지 않도록 주의한다.
④ 몸에 화농이 있을 때는 음식 주변에서 작업하지 않는다.
⑤ 음주나 흡연을 음식 주변에서 하지 않는다.
⑥ 기침, 재채기는 음식이 없는 곳에서 손수건으로 가리고 하며, 즉시 손을 세척한다.
⑦ 작업에 적당한 위생복 · 위생모 · 앞치마 · 스카프 등을 항상 착용한다.
⑧ 작업장과 그 주변을 항상 깨끗하게 한다.
⑨ 일할 때의 상태로 화장실에 가지 않는다.
⑩ 용변 후에는 손을 소독한다.
⑪ 작업 중에는 손으로 머리나 몸의 다른 부위를 만지지 않는다.
⑫ 보석류, 시계, 반지 등을 착용하지 않는다.
⑬ 식품을 취급하는 기구는 입 · 귀 · 머리 등에 접촉되지 않게 한다.
⑭ 음식을 맛볼 때는 작은 그릇에 담아서 해야 한다.
⑮ 화장품 사용을 통제하여야 한다.
⑯ 작업 중에는 대화를 하지 않는다.
⑰ 위생원칙과 식품 오염의 원인을 숙지한다.
⑱ 손톱은 짧게 깎으며, 씻을 때는 솔을 이용해 씻으면 좋다.

2. 복장

주방에 들어올 때는 위생복 · 위생모 · 안전화를 착용하여 조리시 먼지 · 이물 · 세균 등이 음식물을 오염시키지 않도록 해야 한다. 또한 위생복 상태로 조리실 밖으로 나가지 않아야 한다.

제7절 주방의 시설위생

1. 시설위생의 의의

식품을 조리 · 판매하는 주방의 시설 및 설비는 안전하고 깨끗한 식품을 생산할 수 있도록 항상 위생적이어야 한다. 식품위생법에서는 영업시설의 식품위생을 확보하기 위하여 필요한 시설 및 설비에 관한 위생요건을 시설기준으로 규정하여 그 시설기준에 적합한 시설을 갖춘 영업자에 대해서만 영업허가를 내어주고 있다.

주방을 위생적으로 유지하는 목적은 위생적 음식을 생산하며, 각종 장비의 청결관리로 시설의 수명을 연장하고, 식재료의 안전한 유지 · 보관 및 원활한 사용에 있다.

주방이 차지하는 모든 공간부터 모든 기구와 장비 등은 위생적으로 청결하게 관리되어야 한다. 또한 조리사의 개인위생과 아울러 주방위생은 대단히 중요한 사항이므로 반드시 지켜져야 한다.

2. 작업구분과 환경적 분리

주방의 서로 다른 기능적 구역은 환경적으로 분리하여 관리해야 그 역할을 다할 수 있다. 주방과 식당 사이나 주방과 외부가 환경적으로 분리되어 냄새 · 소음 · 햇빛 · 먼지 · 오염 등으로부터 보호되어야 한다. 또한 주방 내에서도 저장구역이나 전처리구역과 조리구역 사이도 환경적으로 분리되어야 한다.

주방은 오염구역과 비오염구역으로 구별해서 환경적으로 분리해야 되며, 동선의 흐름을 비 오염구역에서 오염구역으로 정하고, 식재료의 흐름은 오염구역에서 비오염구역으로 정해서 깨끗한 식재료가 오염되는 일이 없어야 한다.

또한 오염된 재료의 동선과 청정한 재료나 음식의 동선이 서로 겹치는 일이 없어야 한다.

주방의 오염지역은 종사원과 장비 및 음식이 오염될 수 있는 구역으로 세면장, 세척장, 검수구역, 고기 및 야채저장고, 전처리구역, 쓰레기장, 접시 세척장 등이다.

비오염구역은 온요리구역, 냉요리구역, 제과 · 제빵구역 등 음식을 조리하거나 준비된 음식이 취급 · 보관되는 곳이다.

환경적 분리를 위해서는 주방의 구역에 물리적으로 벽을 설치하거나 약간 높은 분리벽을 설치하여 오염구역과 비오염구역을 구분해야 한다. 분리벽을 설치하기가 어려운 소형주방이라면 주방바닥 타일의 색을 다르게 구별하여 분리할 수도 있다.

주방종사원들은 환경적구역설정 내에서는 행동제한을 받아야 하며, 특별한 경우를 제외하고는 불필요한 이동을 자제해야 한다. 그리고 조리사들이 오염구역과 비오염구역을 통과할 때 손을 씻을 수 있는 세면대를 설치하여 조리사들에게 청결을 유지하도록 주지시켜야 한다.

3. 소독

소독 · 살균의 방법에는 자비소독, 증기소독, 자외선조사 등의 물리적 방법과 살균, 소독제와 같은 약품을 이용하는 화학적 방법이 있다. 최근에는 물리적인 소독 방법보다 화학적 방법을 많이 사용하는 편이다. 주방에서 사용하는 행주의 경우에도 소독이 필요 없는 일회용을 많이 사용하며, 식기의 경우에는 자동세척기에서 세척과 소독이 동시에 이루어진다.

살균소독제는 각종 작업대, 기기, 도마 소독에 적합하며 옥시(산소)계와 염소계 소독제를 많이 사용한다. 역성비누는 손이나 식기소독에 적합하며, 식품에는 사용할 수 없다.

도마의 세정 · 소독방법은 중성세제나 크린저(cleanser)를 이용하여 온탕에서 수세미로 잘 문질러 닦은 후 소독하는 것이다. 소독 · 살균 방법으로는 열탕, 증기소독하는 방법이 있으며, 차아염소산나트륨으로 약품 소독하거나 자외선 등을 조사하는 방법도 있다. 자외선 살균 조사시에는 도마 표면에 난 잔 칼집이 만든 그늘로 인해 살균효과가 거의 없으므로 알루미늄제 난반사 막대기를 붙여 이용한다. 또한 단시간 조사로는 효과가 없으므로 표면에 직접 오랜 시간 조사한다.

도마는 어떤 방법으로 소독 · 살균하여도 습한 곳에 그대로 방치하면 잔존균이 시간의 경과에 따라 재차 증식하므로 소독 · 살균 후에는 즉시 건조 상태를 유지하도록 한다.

도마는 어류용 · 식육용 · 야채용 등으로 각각 전용의 것을 사용하는 것이 좋으며, 조리된 음식과 날것을 동일한 도마를 사용하여 재오염되는 일이 없도록 한다.

4. 청소의 용이성

주방의 위생관리는 주방에서 식품을 다루는 기구와 장비들을 효과적으로 활용하기 위해 청결하게 유지 할 수 있도록 하는 관리활동을 말한다. 위생시설에 관계되는 요구사항이 많을 수 있으나 가장 중요한 것은 청소의 용이성과 기구와 장비의 배치, 기구 장비의 구조와 재질이다.

배치방법에 따라서 청결관리가 용이해지며, 장비의 재료에 따라서 위생적 관리가 쉬워진다. 그리고 바닥, 벽, 천장의 재질은 외관과 함께 청결과 유지 보수가 용이하도록 선택되어야 한다.

[주방위생을 위한 실천 사항]

① 일일 1회 대청소를 한다.
② 가급적 어느 곳이나 물기를 제거한다(특히, 주방의 바닥).
③ 천장, 벽면을 주 1회 이상 주기적으로 청소한다.
④ 냉장 · 냉동고의 온도 관찰에 유의한다.
⑤ 냉장고는 주 1회 모든 물건을 꺼낸 후 소독수를 사용해서 대청소를 하여야 저온균으로부터 보호된다.
⑥ 사용한 모든 기기류는 깨끗이 닦아 물기를 제거해 세균 번식을 막는다.
⑦ 매일 영업종료 후 튀김기의 기름을 거른다.
⑧ 각종 기물은 일정한 자리를 정해 놓고 항상 제자리에 놓는다.
⑨ 재질이 철이나 알루미늄이 아닌 것은 과도한 열을 주지 않는다.
⑩ 칼과 도마는 식품의 종류에 따라 각각 다른 것을 사용하고, 사용 후에는 살균처리를 한 후 물기를 제거해 둔다.
⑪ 주방 바닥은 세균의 온상이므로 모든 식품이나 기물 등은 바닥이나 바닥 가까운 곳에 방치하지 않는다.
⑫ 쓰레기는 분리해서 수거하며, 쓰레기통은 항상 뚜껑을 덮어 둔다.
⑬ 후드와 닥트가 더러우면 화재의 위험성이 높고, 음식물에 이물질이 떨어질 수 있다.
⑭ 주방은 정기적으로 방제 소독해야 한다.

⑮ 주방의 온도는 16℃~20℃, 습도는 70%가 적당하다.

⑯ 냉장고 안에서 쓰는 보관용기는 열전달이 좋도록 두껍지 않아야 된다.

⑰ 냉장고에 식품을 쌓을 때는 맨 아래 있는 식품도 냉각될 수 있어야 하며, 대류 현상이 일어날 수 있어야 한다.

⑱ 통조림은 직사광선이 없는 10℃~13℃에서 저장하는 것이 좋다.

⑲ 냉동 야채를 사용할 때는 세균의 사멸을 위해서 반드시 끓여야 한다.

⑳ 식품 용기는 열린 상태로 있어서는 안 된다.

㉑ 세척제 · 쥐약 · 바퀴벌레약 등은 식품과 분리저장해야 하며, 자물쇠로 잠그고 보관한다.

㉒ 한 번 조리된 음식은 36시간 이상 냉장고에 보관하면 안 된다.

㉓ 쇠고기는 표면부터 부패하고, 돼지고기는 내부 살점부터 부패하며, 닭고기는 뼈 관절부터 부패하므로 육류 보관 냉장고는 온도 변화가 없어야 한다. 특히 닭고기, 돼지고기, 생선은 꼼꼼하게 살펴보아야 한다.

5. 정리정돈

필요한 것과 필요 없는 것을 구별하여 필요 없는 것을 처분하는 것이다. 주방청결의 시작은 정리정돈에서 부터이다.

정리의 포인트는 필요한 것과 필요 없는 것을 구별한 후 필요한 것은 정돈하고 필요없는 것은 처분한다. 그리고 판단하기 어려울 때는 일정기간 다른 장소에 보관한 후 사용하지 않을 때는 처분한다.

정돈이란 필요한 것을 보관하는 장소와 보관하는 방법, 보관하는 양을 정하여 식별하는 것이다. 정돈의 포인트는 물품을 수납할 장소를 확보한 후 필요한 것을 어디에 둘것인가 정한다. 수납장소에 명찰을 붙여 품명이나 수량을 명시하고, 수납방법, 꺼내는 방법을 정한 후 관리자를 정한다.

[정리정돈의 효과]

① 환경이 정리 · 정돈되어 깨끗해지면 작업원이 더러워지지 않는다.

② 물건이 줄어 공간 확보가 쉬워지며 작업효율이 상승한다.

③ 청소, 세정, 살균작업하기가 쉬워진다.

④ 곤충류의 먹이가 없어져 번식할 수 없게 된다.

⑤ 곤충에 의한 미생물 오염의 확대가 없어진다.

정리정돈은 청결을 얻기 위한 첫걸음이며 정리정돈 없이는 청결할 수 없다.

CHAPTER 6

안전관리

제1절 주방의 안전관리

현대식 주방은 많은 기구와 기기류의 사용으로 조리, 보관 등의 업무가 쉬워졌으며, 다양한 조리방법의 개발과 생산성 향상을 이룩하였지만, 항상 안전사고의 위험이 있는 곳이므로 긴장된 마음으로 근무에 임하여야 한다. 또한 각 기기류의 정확한 사용법을 숙지하고 안전규정에 따라서 사용하여야 한다.

주방이 안전한 곳이 되기 위한 첫번째 조건은 안전에 대한 경영자의 자세이다. 종업원 한 사람 한 사람이 중요하다는 깊은 인식과 한 사람이라도 다치지 않게 하겠다는 경영정신이 우선되어야 한다. 그리고 가능한 한 물리적 구조와 장비의 안전을 확인하는 것과 주방장은 안전 교육을 수시로 실시하여 안전사고를 미연에 예방하여야 하는 것이다.

누구든지 다치고 싶은 사람은 없을 것이다. 그러나 마음만 가지고는 주방의 안전을 지킬 수 없다. 모든 종사원이 안전에 관한 기본적인 마음가짐이 있어야 하며, 그에 따르는 경영 이념과 시설 · 교육 · 협동심이 요구된다.

사전에 안전사고를 예방함으로써 사고로 인한 피해를 줄일 수가 있으며, 이것은 주방장의 주요한 임무 중의 하나이다.

보험회사의 자료에 따르면 주방 내에서 안전사고가 많이 일어나는 순은 충돌, 베임, 미끄러짐, 떨어짐, 결림(스트레인), 화상, 눈 속에 이물질, 유리잔이나 자기로부터 베임, 손 도구와 용기, 엘리베이터, 면도칼이나 기계로부터의 베임 등이다.

1. 칼

(1) 칼의 안전한 사용

칼은 조리사들의 가장 기본적인 조리의 도구로서 가장 많이 사용하는 도구이다. 주의를 소홀히 하면 위험하지만 주의를 기울여 사용하면 아무런 위험이 없다.

칼이 손에 있을 때는 항상 긴장하여야 하며, 칼은 항상 일하는 테이블 위에 놓여 있어야 된다. 작업을 하면서 잡담을 해서는 안 되며, 작업을 하지 않을 때는 칼을 잡고 있으면 안 된다.

또한 사용하지 않을 때는 항상 칼통에 보관하여야 한다. 칼의 세척을 위해 싱크대나 물속과 같이 잘 보이지 않는 곳에 칼을 두면 아주 위험하다. 날카로운 칼은 자르기는 좋으나 아주 위험하다는 것을 인식해야 한다.

칼이 바닥에 떨어질 때는 그냥 떨어지게 두어야지 손으로 잡지 말고, 칼로 캔을 열거나 칼을 이용하지 않아야 될 곳에 사용하지 않으며, 냉동 상태의 재료나 너무 딱딱한 물건은 칼로 자르지 않는다.

자신이나 주변 사람에게 상처를 입히지 않도록 조심해야 하며, 칼로 작업을 하는 사람의 곁을 지나칠 때는 앞으로 안 듯이 지나가야 한다.

(2) 칼의 사용법

일반적으로 칼은 칼끝의 모양에 따라 크게 세 가지로 나눈다.

로우팁(low tip)형은 칼끝이 아래로 향하고 있으며, 똑바로 자르기 좋고 채썰기 등 동양요리에 적당하다.

센터팁(centre tip)형은 칼등과 칼날이 곡선을 이루고 있어서 힘들이지 않고 자르기 좋으며, 회칼로 많이 사용한다.

하이팁(high tip)형은 칼등이 곧게 뻗어 있고 칼날이 둥글다. 본(bone) 나이프나 뼈를 자를 때 많이 사용한다.

하루의 작업이 끝나면 칼을 손질하는 것이 좋다. 숫돌에 칼을 갈 때는 표면이 편평한 숫돌을 사용해야 칼날이 고르게 갈아진다. 그리고 숫돌을 충분히 물에 적셔야 수분이 마찰열을 줄여서 칼날이 약해지는 것을 방지한다.

숫돌을 고정시킨 다음 칼의 한쪽 면과 숫돌이 거의 닿게 해 가는데, 이때 칼을 너무 세우게 되면 처음에는 칼이 빨리 갈리나 나중에는 칼을 갈기가 어려워진다.

칼을 갈 때는 처음에는 숫돌의 앞부분 쪽에서 시작해서 반대쪽으로 이동한다. 이때 중간은 숫돌의 모든 부분을 이용해서 칼을 간다. 그리고 눌러서 밀 때는 힘을 주고 당길 때는 힘을 빼고 당긴다.

양날 칼은 양면을 같은 회수로 갈고, 단면 칼은 한쪽 면만 갈고 반대쪽은 쇳가루를 제거하는 정도만 간다. 다 갈면 잘 씻은 후 물기를 제거하고 보관한다.

2. 기기류

주방장은 주방 종사원의 안전과 장비의 관리를 위하여 모든 장비의 사용법, 분해, 세척법 등을 수시로 교육시켜야 한다. 기계작동 전 안전장치를 확인하고, 기계의 이상 유무를 먼저 확인해야 하며, 세척 혹은 분해 시에 전원을 끄고 기계가 완전히 정지한 것을 확인한 후에 실시한다.

대부분의 기계는 전원이 정지된 후에도 1분 정도 기계가 더 움직인다는 사실을 알아야 한다. 모든 기계류는 흉기로 변할 수도 있다는 것을 생각하고 항상 긴장한 상태에서 작업에 임해야 하는 것이다.

장기간의 기계사용은 금한다. 작업 중 잡담은 집중을 이완시킨다. 규정된 사용법에 따라서 사용하도록 교육시켜야 한다. 작업 중에 이상이 발생하면 즉시 전원을 차단하고 확인한다. 손을 사용하지 않아도 되는 기계는 손을 사용하지 말 것이며, 육절기 · 슬라이서 · 그라인더 · 믹서 등의 주방기계를 작동할 때는 손보다 목재 봉을 사용해서 기계에 원료를 넣도록 한다.

또한 전기와 물이 만나면 아주 위험하므로 전기를 동력으로 사용하는 기기는 물 사용 시에는 주의해야 한다.

3. 화상

주방에서 발생하는 화상은 두 가지가 있다. 하나는 뜨거운 물건의 표면에 접촉하여 화상을 입는 경우와 다른 하나는 뜨거운 물이나 기름, 수증기 등에 화상을 입는 경우이다.

주방에서 사용하는 모든 그릇과 냄비류 등은 뜨겁다고 가정한 후 사용하여야 한다. 스팀캐틀이나 스팀기기 등의 사용 방법을 숙지하고 있어야 하며, 안전 수칙을 지켜야 한다. 그리고 튀김음식은 물기를 제거한 후에 튀겨야 뜨거운 기름이 튀지 않는다.

뜨거운 물이 나오는 수도꼭지는 항상 경계의 대상이며 냄비 혹은 스팀기기 등을 열 때는 뜨거운 증기를 조심하여야 된다.

무겁거나 뜨거운 것을 옮길 때는 주변에 알리고 도움을 청해야 된다. 소매가 긴 옷은 열기구에서 팔의 화상을 보호해 주며, 안전화의 착용은 뜨거운 물로부터 발을 보호해 준다. 오븐 크리너나 실버크리너(디스탄) 등을 사용할 때에는 방수장갑을 착용하며, 원액이 피부에 닿지 않도록 해야 한다.

4. 화재예방

주방은 고열 · 기름 · 가스 · 전기 등의 화재 위험을 안고 있다. 또한 주방에서 사용하는 기구들에도 기름이 묻어 있어서 대형 화재가 일어날 수 있으므로 세심한 주의를 필요로 한다.

가스 사용 시에 먼저 안전 이상 유무를 확인하고 배기관 주위와 후드, 필터, 송수관의 청소 상태를 항상 점검해야 한다. 자동소화 장비는 정기적으로 점검해야 하며, 주방장비는 철저한 세척으로 이물질을 없애야 한다.

또한 기기의 바른 작동과 조리시 사용되는 기름의 안전한 취급을 위한 훈련이 필요하다. 영업 종료시 조리기구, 전기기구, 난방장비, 가스 등 확인을 위한 이중 시스템을 갖추어야 한다.

전기배선이나 장비 등은 불량품 사용을 금지하고, 재떨이는 금속 용기에 버리며, 흡연은 지정된 구역에서만 한다.

식탁보는 밀폐된 금속 보관함에 저장하고 소화기 사용법과 화재신고 요령 교육을 받아야 하며, 화재 발생시 침착하게 평소에 교육을 받은 대로 행하면 된다. 화재 발생 시에 공포는 자신과 동료, 고객의 죽음을 초래할 수도 있다. 출구와 비상구 및 테이블 사이의 통로 공간 등을 항상 체크해야 한다.

5. 기타

냉동 · 냉장고의 사고는 치명적일 수 있으며, 대형 냉동고 속에서 30분이면 추위와 공포로 사망할 수도 있다. 대형 냉동고의 대부분은 안전장치가 되어 있지만 항상 주의하여야 하며 그 속에서 작업할 때는 안전수칙을 꼭 지켜야 한다.

영하 20℃ 이하의 냉동고에서 작업을 할 때는 10분 이상 초과하지 말고 밖에서 쉬었다가 다시 작업하여야 한다.

그리고 주방 바닥이 미끄러워서는 안 되며 항상 깨끗하게 청소되어 있어야 한다. 박스 · 테이블 · 의자 위에 올라가는 것을 삼가야 하고, 움직일 때는 시야가 가려지지 않아야 되며, 움직일 곳을 먼저 보고 난 후에 움직이며 급속한 방향전환을 해서는 안 된다. 가스오븐에 불을 붙일 때는 정면이 아닌 측면에서 해야 한다.

사람의 허리는 매우 복잡한 구조로 되어 있으며, 다른 복잡하고 정교한 기계들과 마찬가지로 부실한 이용과 보존, 불합리한 사용으로 인해 손상을 입을 수 있다. 주방에서 근무하는 조리사 중 허리를 다치는 경우가 많은데, 본인의 잘못된 습관과 몸에 적합하지 않은 기기들을 사용함으로써 허리에 부담을 주는 것이 원인으로 지적되고 있다.

[허리 부상을 방지하는 방법]

① 급격한 동작을 삼간다.
② 계속적으로 물건을 들어올림으로써 과로하게 되는 것을 피한다.
③ 작업 중 휴식을 취하고 신체리듬에 보조를 맞춘다.
④ 무거운 것을 들 때는 기계를 사용하거나 타인의 도움을 받는다.
⑤ 자신에게 너무 과중한 물건을 들어올리는 것을 삼간다.
⑥ 무거운 것을 들 때는 몸에 짐을 밀착시키고 허리를 펴서 무게의 힘이 다리에 받도록 하며 발을 움직이고 몸을 비트는 동작은 삼가야 한다. 무거운 힘을 허리에서 받으면 허리의 디스크에 손상이 오기 쉽다.

제2절 응급처치방법

주방은 위험한 기기들을 많이 사용하는 곳이므로 사고가 일어날 수 있는 확률도 높다. 그러므로 주방 종사원은 갑자기 발생하는 응급사항에 대처할 수 있어야 한다.

응급처치는 긴급을 요하는 사고에 대한 조치로서 사고의 악화나 치료에 지장을 초래하지 않도록 하는 사전 조치이며, 치료의 궁극적인 조치는 아니다.

따라서 응급 처치를 위해서는 정확하고 올바른 지식이나 기술 습득이 필요하며 잘못 처치함으로써 악화나 치료에 지장을 주어서는 안 된다.

1. 일반적 확인사항

응급처치를 하기 전에 확인해야 할 사항들은 다음과 같다.

① 맥박 및 출혈의 유무 확인
② 호흡의 정지 여부 확인
③ 의식 유무 확인
④ 손상 부위 및 손상 정도 등을 확인
⑤ 뼈의 골절 여부 확인

2. 일반적인 조치사항

① 출혈 확인시 지혈법에 의한 응급 처치
② 호흡 정지시 인공호흡에 의한 응급조치
③ 사후처리로 의사를 부를 것인지, 응급차를 부를 것인지, 직접 병원으로 옮길 것인지는 신속히 결정한다.
④ 환자의 운반 방법 결정
⑤ 환자가 의식이 있으면 가장 편안한 자세로 만들어 준다.
⑥ 환자가 의식이 없으면 손상 부위를 고려하여 적절히 조치한다.
⑦ 안색이 창백하면 머리를 낮게 다리를 높게 하고, 안색이 홍색이면 머리를 높게 하고, 자색이면 인공호흡이나 기도에 이물질을 제거한다.

3. 인공호흡법

인공호흡은 구강 대 구강법이 가장 좋다. 환자의 기도가 열릴 수 있도록 가능한 한 머리를 뒤로 젖히고 턱을 앞으로 내민 자세로 만든다. 구강 내에 이물질이 있을 때는 손가락을 넣어 제거한 후에 혀를 앞으로 집어내어 기도가 열리도록 한다.

처음에는 분당 5~10회 실시하다가 차차 늘려서 15~20회 실시하되, 스스로 호흡을 시작하면 인공호흡 주기를 조정할 필요가 있다.

환자의 호흡에서 잡음이 나면 턱을 들어 기도를 열어 주고 배가 부풀어 오르면 배를 살짝 압박해서 배의 공기를 빼준다. 그리고 환자 스스로 호흡을 시작하면 호흡에 지장이 되는 모든 요소를 제거한다.

4. 지혈 및 손상부위 보호

작은 외상은 출혈 부위를 멸균 탈지면이나 거즈로 직접 압박하고 손, 팔, 다리 등의 심한 외상은 지혈대를 이용하여 지혈을 한다. 코피가 날 때는 머리를 앞으로 숙이고 코에 얼음찜질을 하는 것이 좋으며, 탈지면으로 콧속이 꽉 차도록 막는 것도 가압과 혈괴 형성에 도움을 준다.

내출혈이나 상처에 박힌 큰 이물 등은 함부로 처치하지 말고 전문의에게 맡기는 것이 좋다. 지혈대 사용시에는 출혈부위보다 심장이 가까운 곳에 삼각건으로 두 번 감고 마지막 감은 속에 지혈대와 같이 매듭을 한다.

지혈대의 사용은 지혈 방지 최후의 수단이므로 출혈량이 많을 때 사용하며, 지혈 부위 하단에 괴사가 올 수 있으므로 조심하여야 하고, 15분~30분마다 1회씩 늦추어 주어야 한다.

5. 그밖에 응급조치

뜨거운 물, 기름 등이 피부에 닿았을 때 즉시 찬물 등으로 찜질하면 화상의 부위를 축소시킬 수 있다. 화상은 감염의 위험성이 크므로 화상 부위를 비위생적으로 취급하면 안 된다. 또한 화상으로 생긴 물집은 터트리면 안 되며 화상 부위가 깊거나 클 때는 신속하게 의사의 도움을 받아야 한다. 붕대는 반드시 멸균 붕대를 사용하며 화상 부위가 크고 환자가 의식이 있을 때는 저농도의 소금물을 약간 먹이는 것이 체액과 염분을 공급하는 데 도움이 된다.

고기를 많이 파는 음식점에서는 간혹 기도가 이물질로 막히는 질식 피해자가 발생한다. 보통 뇌에 산소가 4분 이상 공급되지 않으면 돌이킬 수 없는 상태가 되고 말지만, 질식사고가 일어나고 4분 이내에 병원 응급실에 도착하기란 어려운 일이므로 질식에 대한 대응방법을 알아두면 한 생명을 구할 수도 있다.

질식사고가 발생하면 먼저 등 뒤를 텅텅 소리가 나게 쳐서 타격을 준다. 그 뒤 피해자의 뒤에 서서 팔로 허리 주위를 감싸고 그 사람의 몸을 앞으로 굽히게 한다. 이때 왼쪽 손으로 오른쪽 주먹을 쥐고 오른손 주먹을 피해자의 배꼽과 늑골 아래에 둔 뒤에 손을 민첩하게 위쪽 방향으로 움직인다(폐 속의 공기를 이용해서 이물질을 밖으로 밀어낸다). 필요하면 여러 번 반복한다.

• 고기를 먹던 중 말을 하지 못하고, 가슴이나 목을 움켜쥐고 얼굴과 입술이 자색이 되어 쓰러지면 질식이라고 의심해야 한다.

부상으로 인해서 쇼크가 왔을 때는 편한 자세로 머리를 낮추고 보온 조치를 하며, 때에 따라서는 수분을 공급한다. 무엇보다 안정이 가장 중요하며, 빨리 의학적 보호를 받도록 해야 한다. 골절 자체보다 쇼크나 내출혈로 사망할 수도 있으므로 골절부위에 따라 부목을 이용하는 방법이 있다.

제3절 세척관리

외식산업의 3대 요소는 상품(음식), 서비스, 청결이다. 새로운 식문화 창조는 이러한 세 가지 점을 이행하는 것부터 시작한다. 미국 맥도날드의 위생관리는 아주 엄격하다고 한다. 그 기준은 바로 무균상태 유지이다. 청결에 관한 끊임없는 추구가 오늘날의 맥도날드의 번영을 가져왔다.

세척관리는 오염된 식기나 기물 및 기기 등을 세정하고 살균 · 건조시키는 과정이다. 주방에서 음식물을 조리하기 위해서는 위생적인 부분이 필수적으로 선행되어야 한다. 한 번 사용한 물건은 세척해야 하며 주방공간에 배치되어 있는 장비나 기물 및 기기는 항상 청결한 상태로 유지해야 한다. 또한 사용자들은 사용방법과 용도에 대해서도 정확하게 숙지하고 있는 것이 위생적이며, 사용기간을 늘릴 수 있는 방법이다.

청소매뉴얼 작성

세척하여 깨끗해지면 오염을 제거해 오염에 포함되는 미생물의 오염도를 저하시킨다. 오염의 성질을 알고 세정제를 결정하여야 되며 청소매뉴얼을 작성하여야 한다. 세정의 목표를 정하고 목표에 적합한 청소 매뉴얼을 만들며 매뉴얼을 일상적인 청소, 정기청소, 특별청소로 구분하여 매뉴얼을 작성한다.

1. 세제의 성질

세제는 크게 알칼리성, 중성, 산성 제품으로 나눈다. 알칼리성과 산성에는 여러 가지 강도가 있으며 사람의 피부에 닿으면 피부의 손상을 가져온다. 그러므로 이런 종류의 세제를 사용할 때는 보호용 장갑을 사용하고 특히 눈에 들어가지 않도록 조심해야 한다. 만약 부주의로 눈에 들어갔을 때는 즉시 흐르는 물로 씻어 응급조치를 한 후 병원으로 가야 한다.

알칼리성과 산성은 서로 반대 성질을 가지고 있으므로 혼합하면 서로 중화되어 기대했던 세제의 효과를 얻을 수 없다. 세제를 사용할 때는 규정대로 희석하여 사용하여야 하는데, 만약 그렇게 하지 않았을 경우에는 세제가 기기, 주방 내의 기물이나 집기류에 잔류되어서 음식물 등에 섞여 인체에 피해줄 가능성이 생긴다.

세제의 농도는 제품에 따라 다르므로 정해진 배율로 희석하여 사용하는 것이 경제적이다. 세제는 진한 농도로 사용한다고 그 효과가 높아지는 것은 아니다. 오히려 잔류 세제의 제거에 방해가 되어서 용기나 기구 등에 세제의 잔류가 많이 남아서 그 부분이 쉽게 더러워지거나 식품에 들어가서 인체에 위해를 끼치게 된다.

세제는 벽이나 바닥 혹은 모든 집기류들의 오염을 제거하는 물의 작용을 돕고 묵은 때를 녹여 없애는 작용을 한다. 기름때는 물로 제거가 불가능하기 때문에 세제를 물에 타면 물에 용해되지 않는 기름때 등도 물에 녹으므로 제거가 가능하다.

평상시 세정에는 중성세제를 사용하는 것이 좋으며 특별한 청소 시 알카리 세제를 사용하는 것이 좋다. 알카리제와 산성세제를 사용할 때는 잔류치 제거에 주력해야 한다. 일반적으로 중성세제는 세척력이 약하며 알카리 세제가 강한 세척력을 보인다. 산성세제는 특수용도로 사용되며, 금속을 부식시킨다. 금속이 부식되면 유기산이 많이 생긴다.

(1) 세제사용 세정법

세제사용 세정법은 세정액에 의해 오염된 부분을 물리적으로 제거하는 방법이다. 화학적 합성품을 원료로 하여 제조된 합성세제는 약 알카리성과 중성으로 구분하여 사용한다. 중성세제는 흡착, 침투, 팽윤, 유화, 분산 등 5가지 작용을 한다.

중성세제에는 약 20% 정도의 계면활성제가 함유되어 있는데, 시판되는 대부분의 세제액은 500배~1000배 희석하여 사용하여야 한다. 세정액은 사용 후 바로 온수로 헹구어야 하며, 희석하다가 사용하지 않은 경우에는 헹구어도 다량의 세정액이 기기나 가구류에 남아 있게 된다.

소독제를 사용하여 세정할 때는 식기와 식품의 소독이 필요할 때 이용되는 세척 방법으로 주로 소화기계 전염병이나 식중독 등을 예방하기 위해서 사용되며 염소나 발생기 산소, 알콜 등을 이용한 제품들이 있다. 세정 후 2~5분 정도 깨끗한 물에 헹구어 냄새를 제거해야 한다.

(2) 계면활성제

비누는 동 · 식물류를 원료토 만든 것인데 비해 합성세제는 화학적으로 합성한 계면활성제를 함유하고 있어서 이 계면활성제가 세정 작용을 한다.

계면활성제는 수용액 속에서 그 표면에 흡착하여 그 표면장력을 현저하게 저하시키는 물질로 표면활성제라고도 하며, 때문에 이런 성질을 세척에 이용한 것이다. 계면활성제는 친수성(親水性) 부분과 소수성(소수성) 부분으로 이루어진 화합물로 물과 기름에 친화성이 있는 양친 용매형이다. 계면활성제 수용액이 고체(기름 등)와 접하면 물과 고체의 계면에 계면활성제가 흡착하여 물속으로 기름을 분산시킨다.

세제는 그 용도에 맞는 계면활성제에 각종 보조제를 섞어서 제조한다. 예를 들면 지방을 용해하는 힘이 있는 유기용제나 더러움의 성분을 분해하는 힘이 있는 요소 등을 첨가해서 제조한다. 또한 계면활성제의 세척력을 증가시키기 위해 인산염, 규산염 등을 첨가시킨다. 그러므로 세제는 그 성분작용에 알맞게 사용해야 한다.

2. 세제의 종류

(1) 디스탄

산성의 계면활성제이다. 자극적인 냄새가 나며, 은도금으로 된 모든 기물의 세정에 사용한다.

사용방법은 은 기물에 묻은 오물을 중성세제나 물을 사용하여 깨끗이 세척한 후 규정에 따라 희석한 디스탄 액을 용기에 담고 은도금된 기물을 디스탄 액에 약 3초 정도 담갔다가 꺼낸 후 더운물로 충분히 헹군다.

그리고 사용하지 않을 때는 항상 뚜껑을 덮어 놓아야 한다. 세척시 수세미로 문지르면 안 되며 은기물의 색의 얼룩이 심하게 져서 적정한 색이 나지 않을 때는 기물을 디스탄 액에 넣었다가 스펀지로 가볍게 문질러 주면 된다.

(2) 린즈

린즈는 계면활성제로 식기세척에 사용되며, 식기가 세척기에서 빠져나온 후 재빨리 건조시켜 주는 작용을 한다. 소량을 사용하여도 세척된 식기가 즉시 건조되어 나옴으로써 위생적인 상태를 유지할 수 있다. 린즈는 식기세척기에 부착되어 있는 린즈 드라이 디스펜서(Rinse dry despenser)에 넣어주고 저장통에 연결시켜 주면 항상 일정한 물량이 식기세척기에 자동으로 투입된다.

(3) 사니솔

강력한 세척 · 살균 · 악취제거 능력을 가진 세제로 계면활성제이며, 안정성이 높은 염소가 다량 함유되어 있는 약 알칼리성 세제이다. 살균력이 강하기 때문에 식기세척기에 사용하면 식기는 위생적인 상태로 세척된다.

식기세척기에 부착된 자동투입기를 사용하는데, 바닥청소나 기구류 청소시에는 60℃~70℃의 뜨거운 물에 0.2%~0.3%로 희석해서 사용한다.

(4) 오븐 크리너

계면활성제로 강한 알칼리성 세제이다. 원액은 위험한 강한 알칼리 용액이므로 보관이나 사용시에 주의를 요하며 적당히 희석하여 사용해야 한다. 오븐 크리너는 강력한 세척력을 가지고 있어서 기름때와 묵은 때를 쉽게 세척할 수 있다.

오븐 · 그릴 · 후드 · 주방 바닥 등을 세척할 때 사용되며, 오븐 크리너를 세척할 곳에 뿌려 놓고 1~2분 정도 지난 후에 솔로 문지른다. 그리고 뜨거운 물로 깨끗이 세척한 후 물기를 제거한다.

오븐이나 그릴을 세척할 때는 80℃ 정도의 온도에서 세척하는 것이 좋다. 또한 오븐 크리너는 강한 알칼리성 세제이므로 피부나 눈에 닿지 않게 주의해야 된다. 원액이 피부에 닿으면 화상을 입게 되고, 부식성이 높아서 깨끗이 행구지 않으면 스텐 제품도 변색된다.

(5) 론자

계면활성제이며 수질의 부패 방지 및 이끼제거제로 사용된다. 물 3000*l*당 론자 1*l*를 투입하며, 식기세척기의 경우는 약 10분 동안 가동시킨 후 론자를 투입하고 다시 10분 정도 가동하면 이끼나 물때가 완전히 제거된다.

(6) 팬 트리너

계면 활성제이며 중성세제이다. 주로 주방에서 손으로 기물류나 그릇류를 세척할 때 혹은 배기후드에 있는 기름때나 벽, 타일 등을 세척할 때 사용한다. 기름때를 제거하는 강력 세척제로 물과 1:3 정도의 비율로 희석하여 수세미로 문지르고 따뜻한 물로 행군 뒤 마른 걸레질로 물기를 제거해준다.

(7) 디프스테인

알카리 세제이며, 세척시 손으로 문지르거나 비비지 않고 간단히 씻어 내는 세척제이다. 자동 식기세척기에 사용되며 플라스틱, 도자기류, 유리그릇, 프라이팬, 타일 벽 등의 세척에 사용한다.

물 1*l*에 6g~12g의 디프스테인을 혼합한 후 세척한 물건을 담가 두었다가 행구면 된다.

(8) 액시드 크리너

액시드 크리너는 특수세제와 액시딕 포스페이트(Acidic phosphate)의 혼합물로 오물 세척작용과 스케일 제거작용이 강한 세제이다. 청량음료, 접시세척 등에 많이 사용하며 세척 후 깨끗한 둘로 헹구어 잔류물이 남지 않게 해야 한다.

Reviews & Rationales

PART 3

주방시설관리론

CHAPTER 1

주방의 시설관리

제1절 주방시설관리의 일반론

1. 시설관리의 의의

주방시설 · 설비관리의 궁극적인 목적은 시설이나 장비를 효율적 · 과학적으로 설계하여 배치하고 유지 · 보수하여 고객과 경영자의 요구를 만족시킬 수 있는 양적 · 질적으로 좋은 음식 상품을 생산하여 공급하는 데 있다.

주방시설은 주방이 차지하고 있는 공간부터 식품을 다루는 모든 기구와 장비들을 총칭하는 말이다. 고객과 경영자의 요구를 만족시킬 수 있게 주방이 운영되기 위해서는 위생적이며, 쾌적한 환경 및 적절한 시설 · 설비가 기본이다.

이러한 시설 · 설비를 운영하기 위해서는 설비계획이 잘 이루어져야 한다. 그래야 관리도 원활히 이루어지게 되기 때문이다. 시설 · 설비의 효율적인 이용은 식당 운영 전반에 큰 영향을 미치게 되므로 주방관리자는 시설 · 설비계획 및 관리의 중요성을 인지하여 식재료의 반입부터 저장, 생산, 서빙에 이르는 일련의 작업이 능률적으로 이루어질 수 있도록 항상 연구하며, 개선하려는 노력을 해야 할 것이다.

만약 주방 내의 각종 기기와 기구의 관리 · 보수를 시설관리 기술자가 관리한다고 하여도 주방 내의 모든 시설은 조리사들이 음식을 조리할 때 사용하는 시설이므로 책임 조리사에게 일차적인 관리의 책임이 있다. 관리가 잘 되지 않아서 음식의 생산에 영향을 미친다면 그 피해는 주방 종사원들이 보게 될 것이다.

주방시설은 음식상품을 생산하는 기능적 생산시스템이기 때문에 효율적이고 합리적인 배치 · 관리가 이루어져야 한다. 주방시설관리 시스템의 수립은 고객과 조리사가 공존하는 요소인 동시에 음식상품의 질을 결정하는 핵심적 요소 중 하나이다.

주방 시설관리의 기준에서 보면 비합리적인 시설관리는 결과적으로 관리 시스템적 시설 설계와 장비배치 과정에서 투입되는 직접비라고도 할 수 있는 자본비용에도 크게 영향을 미친다. 그러므로 식음시설 운영자가 설계 및 배치에 있어 지켜야 할 준수사항을 엄격히 규제해야 하는 것은 당연하다.

주방시설은 한번 설계하여 배치하게 되면 내구연한이 길고, 변경이나 교체시 비용이 많이 들며, 시설자체가 상품성을 내포하고 있기 때문에 시설 노후화가 오더라도 가능한 한 장기간 사용하는 경우가 대부분이다. 그렇기 때문에 구입단계부터 신중히 검토하여야 한다.

관리란 일반적으로 사람을 통제 · 지휘 · 감독하는 것을 의미하며, 시설이나 물건을 유지 · 보수 · 개량 등으로 인간 활동의 결합에 의해 특정목적을 달성하는 행위이다. 주방은 음식생산을 위하여 여러 가지 기능적 시설로 구성된 종합시스템이다. 여러 가지 기능들 – 검수기능, 저장기능, 생산기능, 세척기능, 서비스기능 등 – 과 그 기능을 위하여 필요한 기기류들에 의해 주방은 구성되며, 기기류들이 적절히 설계된 공간에 잘 배분되고 또한 기능적으로 잘 배치되었을 때, 그리고 잘 배치된 기기류들을 잘 관리하여 고객의 욕구에 만족을 주었을 때, 주방관리의 의의가 있다.

주방의 종사원들은 필요한 상황에 따라 최고의 생산능력으로 사전에 정해진 적절한 품질의 음식상품을 생산하여야 하는데, 이때 적절한 주방장비와 잘 설계된 주방과 주방장비의 배치는 음식상품의 품질에 영향을 주게 된다. 즉, 좋은 품질의 음식상품을 생산하기 위해서는 잘 만들어진 주방과 신선한 재료와 숙련된 조리사가 필요하다.

2. 시설관리의 효과

주방의 시설과 장비의 합리적 구성 설계는 주방 종사원의 생산성과 음식의 질을 높일 수 있지만, 잘못 설계된 시설과 장비는 여러 가지 문제를 일으킨다. 비합리적인 시설관리 방향은 결과적으로 시설 및 배치과정에서 들어가는 자본비용을 증가시킨다. 또한 보다 많은 공간수요가 요구되면 그만큼의 자본비용과 인건비도 추가된다.

주방시설은 한 번 설계하여 배치하게 되면 교체하는 데 많은 비용이 들어가며 시설자체가 상품성을 내포하고 있기 때문에 시설이 노후되거나 필요성이 감소되더라도 쉽게 교체하기보다는 가능한 한 장기간을 사용하는 경우가 대부분이다.

또한 판매하고 있는 메뉴 교체에 대하여 주방시설의 교체가 필요할 때에는 전면적인 교체보다 일부를 교체 또는 변경하여 사용할 필요도 있을 것이다. 그러므로 시설의 설계와 배치는 환경의 변화에 맞추어 변화할 수 있도록 유연성 있는 성능을 지니도록 주방을 설계해야 하며, 생산 설비나 주방 장비의 단순한 재배치에서도 일정한 원칙에 입각해서 실시해야 한다.

제2절 주방시설관리 방법

1. 주방의 시스템적 관리

주방은 일련의 특성화된 구성요소들이 기능적으로 연계된 복합적 · 체계적 시스템 공간이라 할 수 있다. 또한, 주방시스템을 구성하는 요소에는 물적 요소와 인적 요소가 기능적으로 연계되어 있으므로 개별적으로 구성되는 요소들의 기능적 관계를 설정하고 그에 따른 내용을 조정하는 시스템이라고 할 수 있다.

주방을 구성하고 있는 종합 시스템은 기능적으로 구성되어 있는 많은 요소들이 서로 관련돼 있어 어느 한 곳에 변화를 주면 시스템을 구성하고 있는 모든 기능적 하위 시스템에 영향을 미치는 유동적 시스템이라고 할 수 있다. 그러므로 체계적이고 효율적인 주방시설관리 시스템의 구축과 개발이 필요하다.

외식기업의 경영적인 측면에서 볼 때 주방의 조리시설은 전체 시스템 중에서 하위시스템으로 분류되어 있다. 그러나 외식기업의 경영에 미치는 영향을 볼 때 가장 중요한 부분 중의 하나가 주방시설관리 시스템이다. 이것은 외식기업의 본질적인 경쟁력인 음식상품의 생산과 관련이 있고, 기업경영의 성패와 직결되기 때문에 계획과정부터 종료까지 인적구성 요소와 물적 구성요소를 집중적으로 투입해야 한다.

(1) 사전적 관리

주방시설이나 설비의 사전적 관리는 주방의 설계 부분부터 계획적으로, 원칙에 입각해서 수립해야 한다. 계획초기에 설정된 주방의 크기와 위치를 결정하며, 주방의 시설과 장비를 선정 · 배치하고, 저장고의 종류 및 크기와 위치를 결정한다.

주방 종사원의 구성이나 주방의 외적 환경 등도 사전에 합리적인 계획에 의해서 결정해야 한다. 사전적 주방관리가 부실하면 그만큼 추가경비가 들거나 관리의 효율성이 떨어지게 된다.

(2) 실행적 관리

주방시설이나 설비의 실행적 관리란 주방이라는 한정된 인적 · 물적 자원이 구성되어 있는 공간에서 고객에게 제공될 상품을 가장 경제적이고 합리적인 생산활동을 통해 최대의 이윤을 창출하는 데 요구되는 사항들을 구체적으로 관리하는 단계를 말한다.

이것은 주방에 배치되어 있는 장비와 시설물을 관리하고, 주방 내적환경과 주방 구성원을 관리함을 말한다. 사전계획에 의해서 잘 갖추어진 주방은 관리가 용이하여 효율적으로 관리할 수 있다.

2. 주방설비 관리

주방설비를 시설함에 있어서 가장 중요하게 고려할 것은 생산성과 시스템화이다. 주방의 모든 설비는 내부 · 외부 고객의 만족을 위한 목적으로 운영되어야 하므로 음식 상품의 품질과 작업능률의 향상을 위해 가장 효율적으로 조화될 수 있도록 설비가 이루어져야 한다. 주방설비는 주방의 공간적 부분과 시설물을 말하며 조리장비, 기구, 주방 공간, 건물을 포함한다.

[주방에 갖추어야 할 시설 · 설비조건]

① 음식을 위생적으로 처리할 수 있을 것.
② 경제적이며 능률적으로 주방을 운영할 수 있을 것.
③ 모든 종업원이 안전하고 쾌적한 환경에서 근무할 수 있을 것.
④ 필요한 시간 내에 생산하여 서빙할 수 있을 것.

주방설비 및 시설계획에 있어서 음식상품의 생산량, 생산방식, 설비의 능력, 공정의 체계 등 모든 요인을 고려한 일반원칙을 수립하는 것이 결코 용이한 것은 아니다. 그렇지만 주방작업 활동공간의 시설이라는 상대적 중요성을 고려하여 본다면, 효율성을 실현할 수 있는 일반적인 원칙에 입각해서 시설계획이 이루어져야 한다.

주방장비 및 시설배치계획에 있어 시설관리를 위한 일반적인 원칙의 기준은 다음 내용을 포함해야 한다.

① 식음료상품에 대한 새로운 아이디어 창출과 선별능력

② 새로운 조리식품의 개발과 시험 및 적용결과 흡수

③ 판매의 최종설계

④ 단계적인 상품화 계획단계와 생산 및 판매 등의 과정에서 전략적 우위를 지닌 계획의 원칙이 수립되어야 한다고 본다.

주방은 고객의 요구에 대응하는 상품을 생산하는 생산접점으로서, 음식상품의 질적 가치를 극대화할 수 있고, 또한 주방시설의 합리적인 활용으로 불특정다수의 고객들에게 만족실현을 주고 그에 의한 수익을 극대화할 수 있다.

CHAPTER 2

주방장비와 도구관리

제1절 주방장비관리의 목적

1. 주방장비관리의 목적

주방은 언제 어느 상황에서도 최대의 생산능력과 최고품질의 음식상품을 생산할 수 있도록 설계 · 관리되어야 한다. 항상 사용하기에 적절한 시설장비와 편리한 배치(Layout), 훈련된 조리사, 적절하게 준비된 식재료에 의해서 음식의 품질이 결정되고 아울러 고객의 만족이 이루어질 것이다.

최소한의 인원과 노력으로 사전에 예정된 기준에 적절한 고품질의 음식상품을 생산하기 위해서는 주방시설의 과학화와 효율적인 관리가 이루어져야 한다.

주방시설의 불합리한 운영은 음식의 품질을 떨어뜨리고 경제성을 악화시키며, 신속한 서비스를 저해한다. 품질악화와 서비스 저해는 고객의 불만족을 가져오며, 이는 재구매를 어렵게 하여 궁극적으로는 식당경영을 어렵게 한다.

주방장비 관리의 목적은 고객에게 높은 품질의 음식과 서비스를 제공하고 고객의 다양한 욕구나 취향 및 기호에 대응하기 위함에 있다. 또한 주방의 모든 장비나 설비를 외식기업의 컨셉과 생산목표 달성에 가장 잘 기여할 수 있는 상태로 유지시키는 데도 목적을 둘 수 있다. 그러기 위해서는

① 주방의 생산능력을 최대로 유지할 수 있도록 해야 한다.
② 관리 및 생산비용을 최소화해야 한다.
③ 음식상품의 품질을 최상으로 유지해야 한다.
④ 주방종업원의 안전에 최선을 해야 한다.
⑤ 고객 만족을 이루어야 한다.

주방장비는 음식상품을 만드는 여러 요소 중 중요한 위치에 있으며, 특정한 상품의 맛을 좌우하는 요소 중의 하나이다. 조리사가 주방 장비의 도움 없이 대량의 고품질 음식상품을 생산하기는 어렵다.

음식의 맛과 생산량을 좌우하는 구성요소의 하나로서 현대식 주방에서 주방장비의 역할은 중요하다고 하겠다. 이러한 주방장비는 조리사들이 필요로 할 때 언제든지 사용할 수 있도록 관리해야 한다. 현대화된 조리장비들은 주방 종사자들의 노동력을 감소시키면서 단위당 작업의 능률을 향상시키게 된다.

2. 장비관리의 포인트

주방장비 및 기물의 관리목적은 현재 판매 중인 메뉴의 원활한 작업수행을 위한 것임과 동시에 미래 지속적인 기능 유지를 위한 것이다. 이러한 목적을 달성하기 위하여 먼저 주방장비의 사용방법과 용도, 사용연한 및 간단한 구조 등을 파악하여 적절한 관리 매뉴얼을 만들어야 한다.

장비관리시 중요한 관리 포인트는

첫째, 모든 조리장비와 기물은 사용방법과 기능을 충분히 숙지하고, 전문가의 지시에 따라 정확히 사용해야 한다.

둘째, 장비의 적절한 사용용드 외 타용도의 사용을 금해야 한다.

셋째, 장비나 기물에 무리가 가지 않도록 사용에 유의해야 한다.

넷째, 장비나 기물에 이상이 있을 경우엔 즉시 사용을 중지하고, 적절한 조치를 취해야 한다.

다섯째, 전기를 사용하는 장비나 기물의 경우 전기사용량과 일치여부를 확인한 다음 사용해야 하며, 특히 수분의 접촉여부에 신경을 써야 한다.

여섯째, 사용 도중에 전기기관(moter)에 물이나 이물질이 들어가지 않도록 항상 주의하고, 청결하게 유지해야 한다.

제2절 주방기기의 선택

1. 구입방법

주방기기는 제조업체의 카탈로그나 전시장 및 다른 주방에서 사용 중인 표준화된 기기를 구입하는 경우와 특수한 모형이나 기능을 위해 주문제작한 기기를 구입하는 경우가 있다.

표준형으로 대량생산되는 주방기기는 가격이 상대적으로 저렴하고 사후관리도 가능하므로 잘 선택하면 성능좋은 기기를 저렴한 가격에 구입할 수 있다. 주문 제작 기기를 구입할 때는 자세한 세부항목과 정확한 요구조건이 필요하기 때문에 거기에 맞는 정확한 시방서가 필요하다.

작업효율을 개선시키기 위해 또는 특수한 주방구조나 배치에 적합하도록 제작이 필요할 때에는 주방의 기준과 규모, 경제적 지불수준, 제작자의 요건 등에 차이를 두고 구입해야 하기 때문에 대부분 구입가격이 비싸다. 그렇지만 주방의 특성과 서비스 방법에 필요한 요구내용과 일치하는 제품이라는 장점이 있어서 경제적 가치가 높다. 주문제작 시에 세부항목, 정확한 요구조건, 제작자의 목록, 개발 프로그램의 자세한 표시, 산업공학기술의 적용 등을 고려해서 제작하도록 해야 한다.

제조업체의 표준상품을 구입할 때는 대부분의 주방 관리자가 제조업체의 제품 카탈로그에 의해 구입하는 경우가 일반적이다. 그러나 좋은 주방기기를 구입하려면, 평상시에 주방장비 전시회나 상품광고나 새로 오픈한 주방 등에서 주방기기에 대한 정보를 얻어 새로운 기기에 대한 정보를 끊임없이 습득하는 것이 중요하다.

과학기술의 발전으로 새로운 성능을 가진 주방기기가 끊임없이 개발되고 있기 때문에 새로운 주방기기 시장의 정보와 새로운 기기로 만든 음식의 요리법과 그와 관련된 정보를 가지고 있어야 하는 것이다.

2. 주방기기 선택시의 주의사항

주방장비나 기물을 선택할 때에는 많은 주의가 필요하다. 조리사들이 평소에 사용하고 있는 장비들은 대부분 제조년도가 몇 년씩 지난 것인 경우가 대부분이다. 항상 새로운 주방장비에 대한 정보를 가지고 있지 않으면 신규장비 구입 시에 현재 사용 중인 장비와 신규장비만을 비교하기 때문에 신규장비에 대해서 쉽게 구입결정하는 경향이 있다.

주방장비의 구입목적은 최소의 비용으로 최고의 음식상품을 창출하고 서비스를 제공하기 위한 것이다. 주방장비는 고가이고 내구년한이 길어 한번 구입하면 오랫동안 사용하는 경향이 있으므르 특히 신중한 의사결정을 할 필요가 있다.

유명 주방장들은 국내 주방기기 전시회 혹은 해외 주방기기 전시회, 제조회사의 카탈로그, 제조회사 홈페이지 등을 통해 주방장비에 대한 정보를 습득하면서 주방장비의 발전 상태의 흐름을 잘 알고 있다. 그래야 주방장비의 관리와 구입을 잘 할 수 있기 때문이다.

[주방장비나 기물을 선택할 때의 유의점]

① 주방장비의 본질적인 필요성
② 기초구입비용과 관리상 필요한 추가비용
③ 사용의 편리성과 규정된 성능
④ 특별한 조건에 대한 만족도
⑤ 안전과 위생성
⑥ 모양과 디자인, 색상
⑦ 제반시설과 적합성

(1) 주방장비의 필요성 여브

구매하고자 하는 주방장비들은 각 기능별 선택기준이 서로 다르기 때문에 서비스 방법과 음식의 양과 질을 평가할 수 있는 심사기준에 적합한 선택을 해야 한다. 식당의 메뉴구성과 그 기기가 원하는 분량을 취급할 수 있는가? 음식의 품질을 개선할 수 있는가? 혹은 작업비용을 감소시킬 수 있는가?

조리장비가 갖고 있는 성능과 사용방법, 유지비용 등은 주방의 시설관리 기능에 중요한 요소이므로 이와 같은 사항 등을 잘 파악해서 평가해야 한다. 즉, 필수적인 것과 기본적인 것, 장비의 활용성, 적절한 가격, 디자인 등을 고려해야 한다.

① 기기의 처리능력

② 품질개선에 필요요성
③ 작업비용과 작업시간의 절약
④ 메뉴와 일치 여부
⑤ 메뉴변경시 활용 여부

(2) 비용

주방장비는 비교적 오랫동안 사용할 수 있어 보통 15년~20년의 경제적 수명을 가지고 있다. 그러나 구입초기의 구입비용이 장비구입 결정을 좌우해서는 안 되며, 여러 가지 요인들을 적용시켜 가격 평가기준을 만들어야 한다. 가장 우선적으로 적용시켜야 하는 중요한 항목은 가격에 알맞은 장비나 기물의 정도임을 나타낼 검증항목이다.

장비의 구입비용과 기능에 적합한 조리 상품생산이 가능할 때에 장비 구입가치는 의의가 있다. 장비구입의 비용은 고가이므로 경영전반에 영향을 미칠 수 있다. 장비구입에서 만족스런 성과가 나타나지 않거나, 생산품 창출가치가 기대에 미치지 못한다면 장비를 구입하는 것보다 구입하지 않는 편이 더 유리할 수 있다.

주방장비의 최종적인 가격을 평가할 때 고려해야 할 항목은 다음과 같다.

① 최초의 가격 : 시장가격
② 설치비용 : 장비의 가격에 많이 추가될 수 있다.
③ 수리비 : 사후관리 비용도 중요한 평가요인이다.
④ 내구연한 : 장비의 사용수명도 평가요인이다.
⑤ 작업비용 : 작업에 필요한 인건비, 운영비, 청소비 등
⑥ 생산가치와 소비가치 : 기기의 공헌도와 비용 간의 차이

(3) 장비의 성능과 편리성

주방장비의 선택요인의 속성 중 성능과 사용방법의 편리성과 안전성도 중요한 요인 중의 하나이다. 주방장비의 성능은 구입비용과 부합되어야 한다.

규정된 규격과 우수한 성능을 보증할 수 있는 품질이 구입비용보다 클 때 장비구입의 경제성이 이루어지기 때문이다.

① 메뉴에 적합한 기능 : 필요한 기능의 충족, 사용자의 만족도
② 비용과 성능의 부합
③ 정비가 좋은 기기는 유지비용이 절감된다.

(4) 만족도

주방장비는 각자가 가지고 있는 특성조건이 매우 다르게 작용하여 고객이 요구하는 일정한 조리 상품을 생산하는 기능을 갖고 있다. 이러한 특정조건에 부합한 기능의 만족도는 성능별 사용결과에서 그 정도를 찾을 수 있다.

특정조건에 적합한 만족도를 찾기 위한 방법으로 다음의 몇 가지 평가기준을 참조하면 선택의 조건을 편리하게 만들 수 있다.

① 특정음식에 대한 설비
② 작업요구에 필요한 상세 분석
③ 메뉴에 따른 장비의 활용성
④ 장비의 기능적인 요구조건
⑤ 산업공학기술의 사용정도
⑥ 생산표와 생산적 요소

(5) 안전과 위생

위생적인 면은 음식의 질과 생산비용뿐만 아니라, 고객의 직접적인 반응에도 영향을 미치므로 위생과 안전은 장비선택의 중요한 요인 중 하나이다. 먼저, 청소가 용이하도록 기기의 분해와 조립이 쉬워야 되며, 세균의 번식이 쉬운 온도 혹은 습도에 노출되어서는 안 된다. 그리고 자재는 오염물질을 함유하지 않아야 한다.

기기에 있는 미세한 홈은 세균번식을 돕기 때문에 세척 후 습기를 신속히 제거할 수 있어야 한다.

또한 장비선택의 안전기준점을 확보해야 한다. 작업자가 상해나 오염으로부터 보호될 수 있어야 되며, 정상적인 마모율과 무해한 재료로 만들어야 한다. 주방장비로부터 고객과 작업자는 안전해야 하며, 위생적으로도 무해해야 한다.

(6) 모양 · 디자인 · 색상

주방장비는 모양 · 디자인 · 색상이 주방의 기준과 건물구조, 그리고 전체 분위기와 맞지 않는다면 바람직하지 못하다. 특히 고객에게 공개되어 있는 공간에서 필요한 장비의 디자인이나 색상은 식당의 분위기에도 영향을 미치게 된다.

주방장비는 기기의 설계와 기능에 있어서 사람들의 관심을 끌어야 한다. 예를 들어, 크고 멋있게 설계된 커피기계(Coffee Merchine)는 커피숍 고객의 커피에 대한 신뢰성과 맛에 대한 기대가치를 높여 줄 것이다. 이처럼 심미성과 내구성 그리고 활용성과 이용 다양성을 갖춘 디자인 및 색의 적절한 조화는 작업자의 생산성과 고객의 신뢰성도 높여준다.

(7) 제반시설과 적합성

주방을 구성하고 있는 각 시설이나 장비는 서로 연계되어 있다. 장비와 장비 간에도 상호 연계되어 있으며, 장비와 시설 사이에도 상호연계되어 있다. 전기 시스템, 수도 시스템, 환기, 가스 등 제반시설과의 적합성도 장비선택의 요인 중의 하나이다.

장비는 단순하면서 공간을 최대로 활용해야 하며, 설비의 기준 · 건물 · 컨셉 · 다른 기기들과 기능적인 면이나, 디자인 · 모양 · 색상 등에서 조화를 이루어야 한다.

3. 주방장비 구입 시의 고려사항

주방장비는 고가이므로 구입할 때 투자비가 많이 들지만, 한번 구입하면 내구연한이 길어서 오랫동안 사용하게 된다. 그러므로 주방 장비를 구입할 때는 구입할 장비에 대하여 많은 사항들을 고려해야 된다. 또한 제조회사에 대해서도 여러 가지 사항을 고려해야 한다.

그리고 기기의 초기 구매가격보다 기기의 생애가치를 고려하는 것이 중요하다. 즉 기기의 가격 산정 시 구매가격만을 계산하기보다는 운영비용, 유지비용, 기기의 평균수명 노동효율성 등을 계산한다. 저렴한 가격 때문에 매력적인 기기라고 할지라도 유지비용과 노동력을 많이 필요로 하고 에너지 효율성이 떨어진다면 장기적으로 좋은 기기라고 할 수 없다.

(1) 주방장비에 대한 고려사항

① 온도조절기는 정밀제어가 가능해야 한다.
② 작동하기 쉬운 제어 판넬로 되어 있어야 한다.
③ 부식이 안 되고, 강도가 높으며, 위생적인 스테인리스 스틸이 좋다.

④ 앞면, 측면, 테두리, 다리, 문 등의 청소가 용이해야 한다.
⑤ 분리조립식 부품은 분해결합이 용이해야 한다.
⑥ 방수가 되어야 할 부분은 철저히 방수되어야 한다.
⑦ 에너지 절감을 위한 절연설계가 필요하다.
⑧ 점화, 과열방지, 램프, 가스 자동차단 등 안전장치가 부착되어야 한다.
⑨ 사용하기 편리하게 인간 공학적 설계가 되어 있어야 한다.
⑩ 열전달 시스템이 과학적으로 되어 있어야 한다.
⑪ 보온 · 보랭 · 단열성 및 단열재의 사용이 잘 되어 있어야 한다.
⑫ 기계 작동 시 소음이 없어야 한다.
⑬ 그릴은 표면 각 부분의 온도차이가 없어야 하며, 보온력이 좋아야 한다.
⑭ 전압, 전력, 주파수 확인
⑮ 가스의 종류 및 안전검사필증이 있어야 한다.

(2) 주방장비 구입 시의 제조회사에 대한 고려사항

① 제조회사의 사업년수는 얼마나 되었는가?
② 제조회사에서 끊임없이 개발을 위해 연구하는가?
③ 제조회사의 고용인과 피고용인의 관계는 원활한가?
④ 사후관리(After Service)는 잘 되어 있는가?
⑤ 가격구조는 적정한가?
⑥ 판매원 혹은 제조원에 수리전담반이 있는가?

(3) 주방장비 구입시 중요한 점

① 주방시설 및 장비는 음식시설의 일부가 된다.
② 장비가 노동력을 줄일 수 있어야 한다.
③ 장비가 에너지를 절약할 수 있어야 한다.
④ 새로운 장비와 현재의 장비와의 차이가 구별되어야 한다.
⑤ 새로운 메뉴 도입으로 새로운 장비의 필요성
⑥ 판매량의 증가로 새로운 장비의 필요성 여부

제3절 주방장비

1. 온요리 구역의 장비

(1) 오븐(Oven)

오븐의 종류는 다양하고, 각각 나름대로의 특징을 가지고 있다. 오븐은 내부의 공기가 가열되는 정도에 의해 조리되는 도구로서 그 열원은 전기와 가스가 있고 그 외 기타기능이 첨가된 여러 종류가 있다.

전기 오븐은 상하에 부착된 히터를 가열하기 때문에 열의 분포가 고르게 나타나며, 가스 오븐에 비해 온도는 정확하지만 화력이 약하다.

가스 오븐은 아래쪽에 장착된 가스버너가 열원이며, 강한 화력이 있으나 열이 고르지 않고 전기 오븐보다 습기가 많아서 촉촉하게 구워낼 수 있다. 컨백션 오븐에 스팀 기능을 추가하여 음식을 부드럽게 익히도록 만들어진 오븐도 판매되고 있다.

① 오븐레인지(rangeoven) : 핫탑, 오픈탑, 그릴탑 또는 기타 내구성이 높은 레인지나 기기들의 밑에 장착되어 있는 표준형 오븐이다. 주로 중소형 주방에서 로스팅과 베이킹 용도로 사용한다. 사용하기가 조금 불편하며, 에너지 효율이 낮고 용량도 작은 편이다.

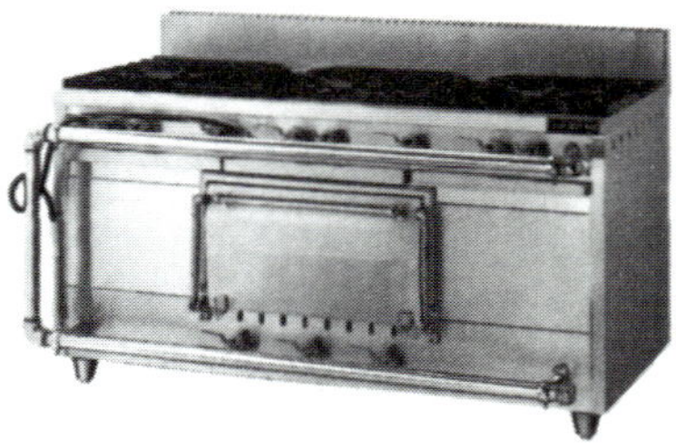

오븐레인지

② 컨벤션 오븐(convention oven) : 에너지 효율이 높고 공간을 많이 차지하지 않기 때문에 널리 쓰이는 오븐 중의 하나이다. 팬이 장착되어 있어서 가열된 공기를 고속으로 순환시켜주므로 열전달이 좋아 조리시간이 단축되며, 공간 전체에 열이 고르게 전달된다. 또한 대량의 음식을 신속히 요리할 수 있어서 많이 사용하는 오븐 중의 하나이다. 기본적인 컨벤션 오븐에는 시트 팬이 다섯 장 들어간다.

컨벤션 오븐

③ 회전식 오븐(revolving-tray oven) : 회전 오븐은 식품에 공기 흐름을 증가시키기 위하여 설계된 오븐이다. 식품을 담는 트레이는 회전 관람차의 바퀴 휠처럼 회전하는 대형 휠에 고정되어 있는데, 이 트레이가 회전하면서 식품이 가열된다. 에너지 효율은 높으나 공간 활용도는 낮은 편이며, 가스와 전기 모델이 있다.

④ 데크 오븐(deck oven) : 피자 오븐이라고 불리며 1, 2 또는 3조의 데크로 구성되어 있고 가스 또는 전기를 열원으로 한다. 데크 위에 또 다른 데크가 올려져 있는 고정형이 많으며, roast oven이나 bake oven 중 하나의 형태인데 oven의 높이가 roast oven은 대개 30cm~40cm, bake oven은 10cm~ 20cm이다.

데크오븐

steam spray가 장착될 수 있으며, 중소형 베이커리에서 선호하는 경향이 있다. 상당히 넓은 공간을 차지한다.

⑤ 컨베이어 오븐(conveyor oven) : 식품을 오븐 속에 일정한 속도로 통과시켜 조리함으로써 모든 식품이 균일한 시간에 조리된다. 열원이 금속 컨베이어 벨트의 위아래에 있어서 오븐을 통과하는 식품의 양면을 동시에 조리하는 방식이 있고, 뜨거운 공기를 컨베이어 벨트 상하에 위치한 작은 구멍으로 분사하는 고속분사 방식이 있다.

컨베이어 오븐

⑥ 저온 오븐(low-temp roasting) : 저온 오븐은 대략 104℃~116℃로 조리하면서 육류에서 나온 습기를 오븐 내부에 보존할 수 있도록 특별히 설계된 오븐이다. 이것은 육류의 수축을 30%~40% 감소시켜 상당한 원가 절감 효과를 가져오고, 고기를 부드럽게 익혀 준다.

요리가 완성되는 시간은 3~6시간으로 오래 걸리지만 에너지는 시간에 비해 적게 소모된다. 또한 기계 외부로 열이나 연기를 방출하지 않기 때문에 환기(후드) 장치가 필요 없다.

⑦ **콤비 오븐/스티머(combi oven/steamer)** : 콤비 오븐은 오븐과 스티머가 결합된 기기이다. 그러므로 컨백션 오븐 또는 스티머로 사용할 수 있고, 이 두 가지를 결합한 기능으로도 사용할 수 있다. 콤비 오븐은 만능 조리기기로 대류열과 스팀을 동시에 사용하여 신속히 조리하면서 음식이 마르거나 지나치게 조리되는 것을 피할 수 있다. 전기형과 가스형이 있으며 에너지 효율은 매우 높으나 가격이 비싸다.

콤비오븐/스팀

⑧ **적외선 오븐** : 적외선 오븐은 전자레인지 오븐과 유사한 원리로 작동한다. 전자레인지 오븐보다 적은 파동의 적외선이 이용되며, 적외선 에너지의 음식물에 대한 침투는 그다지 깊지 않기 때문에 조리의 진행은 전통적 오븐과 유사하다.

⑨ **장작 오븐** : 이탈리안 식당 또는 피자 레스토랑은 장작용 벽돌 오븐을 사용하는 곳이 많다. 돌판 바닥 위에 벽돌과 돌로 만들어진 절연성 높은 공간의 내부에서 장작을 태운 열을 조리에 이용한다.

⑩ **바비큐 오븐** : 돼지고기, 쇠고기, 가금류를 조리하면서 나무 장작에서 나오는 연기의 풍미를 고기에 배이게 하는 오븐이다. 소형 모델은 스테인리스로 만들어진 바퀴 달린 상자의 밑바닥에 가열장치와 연기생성 장치를 가지고 있는 형태이다.

바비큐 오븐

(2) 레인지

가스레인지는 가스테이블이라고도 부르며 보통 버너, 2열 버너, 3열 버너 등으로 구분된다. 레인지는 주방에서 보통 다른 종류의 더운 음식 조리기기와 연속선상에 배열하는데 작업대를 기기 사이에 설치하면 조리 전후의 식재료를 두기에 편리하다. 레인지의 하부에는 오븐을 넣어 설치할 수 있고, 그냥 레인지만 있는 형태로 구입할 수도 있다. 레인지는 열효율이 낮은 기기 중 하나이다. 전기, 프로판 가스, 천연 가스 등을 에너지원으로 이용하며, 가스테이블 레인지와 가스 낮은 레인지가 있다.

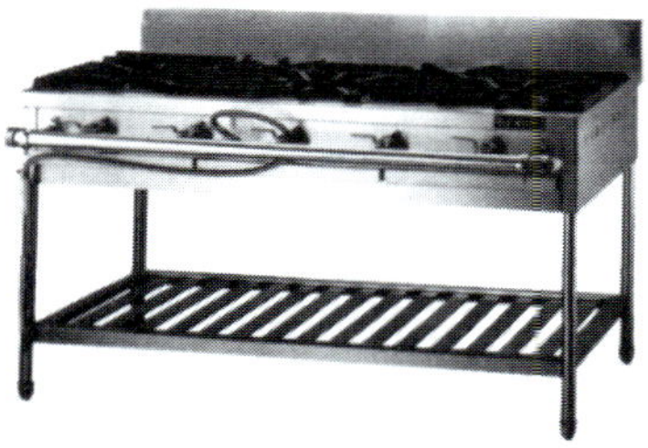

가스테이블

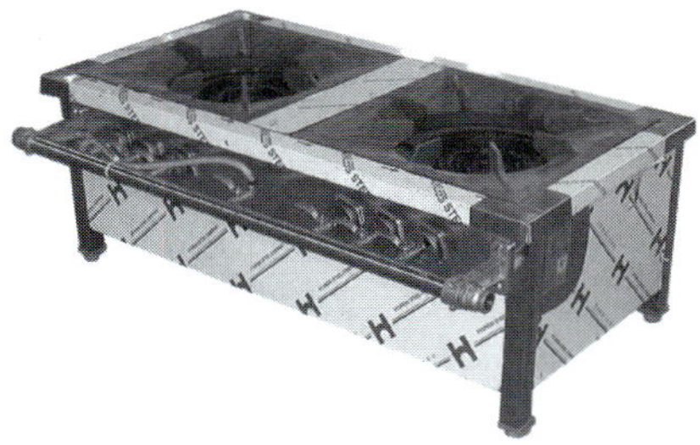

낮은 레인지

(3) 다단식 취사기

① 가스 다단식 취사기(Gas multistage rice cooker) : 가스버너를 사용하여 수증기를 발생시켜 밥솥 내의 압력으로 취사하는 방식을 사용한다. 보온이 가능하며 2단식, 3단식 등이 있다. 직화오븐 방식의 취사기이다.

취반시간은 30분 정도인데 컴퓨터 시스템 적용으로 밥이 눌거나 타지 않으며, 밥맛에 찰기와 끈기가 있다.

다단식 취사기

② 스팀 다단식 취사기(steam multistage rice cooker) : 스팀 코일의 발열을 이용하여 수증기를 발생시켜 밥솥 내의 압력(0.5kg/㎠)으로 밥을 한다.

③ 가스 자동밥솥(Gas automatic rice cooker) : 직화식 가스 자동밥솥이다. 직화열로 조리되어 밥맛이 좋고 자동점화, 취사, 뜸들이기 기능 등이 전자동으로 이루어진다. 50인분이 가능하고 좁은 공간에 설치하기 좋고, 가스 소비량이 적다.

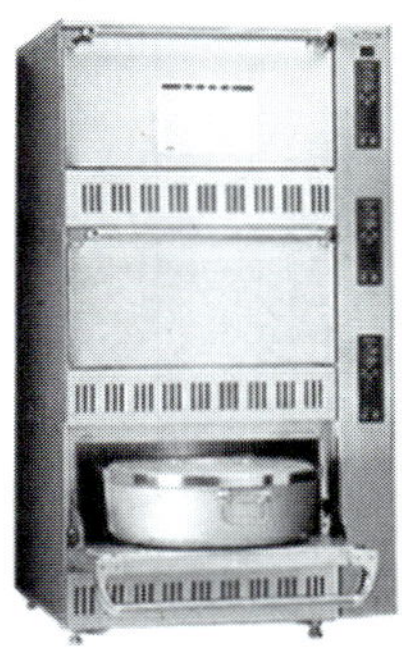

가스 자동밥솥

④ 가스 연속식 취사기(Auto gas conveyor rice cooker) : 가스를 열원으로 하는 직화식으로 밥솥이 체인 컨베이어에 의해 자동으로 이동되면서 밥이 되므로 연속적인 대량급식에 적합하다. 누룽지 발생이 없으며, 세미 · 충전 · 취사 · 정량분할 · 포장 등이 전자동이다.

⑤ 가스 터널식 취사기(Gas tunnerl type rice cooker) : 정량 세미에서 정량 분할까지 완전 자동으로 이루어진다. 에너지와 인건비가 절감되며, 밥맛이 좋다.

가스 터널식 취사기

(4) 회전식 프라이팬(Tilting skillet)

바닥이 두꺼운 철판으로 만들어진 팬(pan)으로, 음식이 완성되면 기울여 쏟을 수 있기 때문에 굽기, 삶기, 끓이기 등의 용도가 모두 가능한 다목적 장비이다.

소형보다 대형이 경제적이며, 가스형과 전기형이 있다. 음식을 가열된 표면과 직접 접촉시켜 조리하고 뚜껑을 사용할 수도 있기 때문에 에너지 효율이 높은 조리 장비이다.

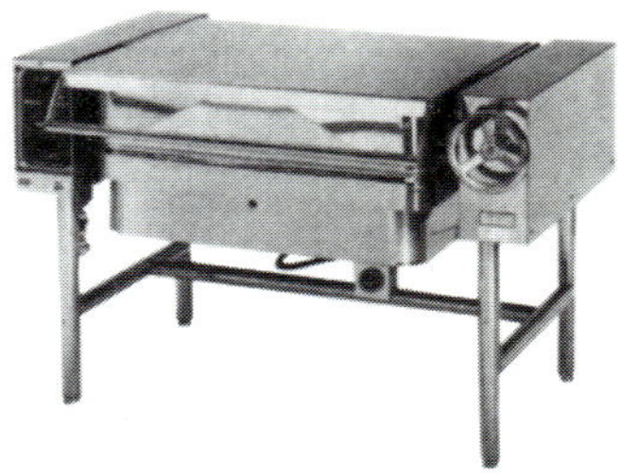

회전식 프라이팬

(5) 국솥

가스 회전국솥

① 가스 회전국솥(Gas tilting kettle) : 커다란 솥에 특수 버너를 장착한 형태이다. 열전도율이 좋고 반영구적이며, 강한 화력을 낼 수 있도록 설계되어 있어 조리시간이 빠르다. 보통 물을 끓일 때 사용하지만 볶음 및 튀김 요리도 가능하다.

③ 스팀 회전국솥(Steam soup kettle) : 스테인리스로 만들어진 2중 솥으로 수증기 투입을 위한 2인치 정도의 간격이 있다. 스팀 회전솥의 안쪽에 있는 솥에 열을 공급하기 위해 가열 통(jacket)안에서 물로 변환되는 수증기를 활용하여 작동한다.

내용물을 쉽게 처리할 수 있도록 회전식으로 되어 있으며, 스팀 압력은 일반적으로 1.5kg/㎠~2.0kg/㎠이다. 간단한 스팀조절 벨브가 있어 스팀의 양을 조절할 수 있다. 스팀케틀은 에너지 효율이 높은 스팀과 직접 연결해서 쓰는데, 건물에서 스팀공급에 불가능하면 주방의 소형 보일러에 연결하여 사용할 수도 있지만, 스팀공급이 전혀 불가능하면 전기 테이블에 부착된 케틀을 구입해야 한다.

스팀 회전국솥

(6) 튀김기

튀김기에는 단독 스탠드형, 테이블 부착형, 단위 기기형, 삽입형 모델 등이 있다. 단독 스탠드형의 경우는 가스 작동이 가능하며, 단위기기 또는 드랍인 모델의 경우는 전기 작동인 경우가 많다. 또한, 가스 튀김기는 기름통 밑에 설치되어 있는 링 또는 직선형의 리본 버너에 의해서 가열되지만, 전기 튀김기의 경우는 금속에 쌓인 가열기가 통 바깥쪽에서 기름 속에 잠겨 있는 상태로 열을 기름에 전도한다.

튀김기의 부속품은 자동튀김 바스켓 리프터, 조리시간 조절 장치, 자동 기름 거름장치, 케스터 등이 있다. 최근에 개발된 튀김기 중에는 튀김옷이 바닥에 떨어져도 타지 않는 냉관장치가 추가된 기기들도 있다.

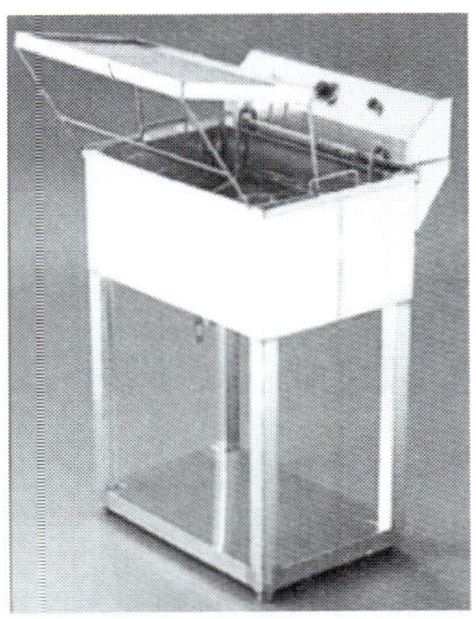

튀김기

• 압력튀김기(Pressure fryer) : 가압상태에서 기름 속의 열과 가압스팀으로 요리한다. 스팀 과정 중 조리하는 음식물이 함유하고 있는 수분이 나와서 요리 과정 중에 더해지기도 한다.

가압 하에서 스팀 작용에 의해 요리를 좀더 신속하게 익힐 수 있으며, 음식에 수분 함유량을 높여 주어 음식을 부드럽게 한다. 튀김음식이 기름에서 튀겨질 때 대략 5분이 지나면 음식의 표면의 수분 증발로 표면이 딱딱하게 굳는데 압력 튀김기는 이를 방지해 준다.

압력튀김기

(7) 그리들(Griddle) · 그릴(Grill)

두께가 10mm 정도의 철판으로 만들어진 번철로 음식을 조리하는 데 사용된다. 편평한 열 표면을 가지고 있으며, 보통 강철 테이블 안에 넣을 수 있는 형태로 제작됨으로써 깔끔한 조리구역을 만드는 데 일조한다. 그릴은 고열을 이용하는 기기이며, 기름을 사용하기 때문에 화재의 위험성이 높다. 스테이크, 계란, 팬케이크 등을 조리할 때 사용하며, 가스형과 전기형이 많이 쓰이는데 이들은 각기 장단점을 가지고 있다.

그릴은 철판이 두꺼워서 보온력이 좋아야 하고 철판 위의 각 부분에 온도가 고르게 분포되어야 한다. 철판의 아래쪽에 가스버너나 전기 열원이 있는데 그 간격이 균일하게 배치되어야 철판 각 부분의 온도가 고르게 나온다.

그리들(Griddle)

(8) 브로일러(Broiler)

복사열이나 적외선 열을 이용하는 조리기구이다. 식품의 상단이나, 하단 혹은 양쪽 모두에서 열을 가하도록 설계되어 있다.

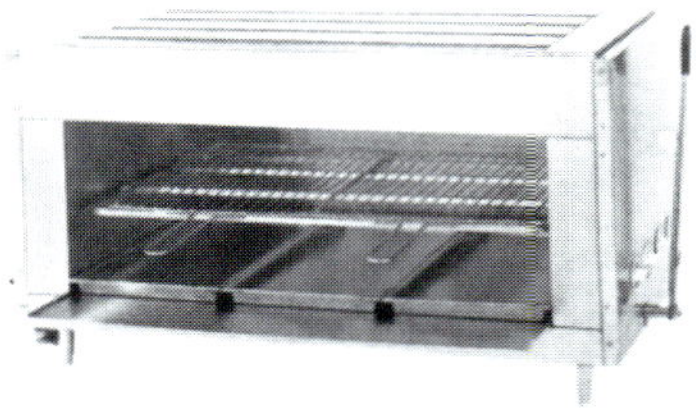

살라만더

브로일러

① 단독형 상단 버터 브로일러

② 차브로일러

③ 살라만더 : 열원이 위에 있다.

④ 컨베이어 브로일러 : 브로일러는 식품과 열원의 거리를 조절하여 조리시간이나 식품이 열을 받는 양을 조절한다. 음식을 놓는 철판이 상하로 움직이게 되어있다.

차브로일러는 열원과 식품 사이의 거리가 조절되지 않으며, 열원으로 목탄 · 전기 · 가스를 사용한다. 건열 조리 중 브로일러를 사용한 음식은 지방함량이 감소되고 당이 갈변되면서 풍미가 더해지고 육즙이 고기 내부에 보존되므로 그 인기가 높다. 열효율은 낮은 편이며, 조리도중 연기와 유증기가 공기 중에 배출된다. 장작을 사용하는 스페셜티 브로일러는 연기의 풍미를 음식에 더할 수도 있다.

(9) 베인 마리(Bain marie)

베인 마리는 중탕용 가열기기이다. 소스, 수프 등을 끓는 점에 가깝게 보온하기 위하여 사용하며, 보통 베인 마리의 싱크대 밑 부분에 있는 코일에 의해 가열된다. 주 에너지원은 스팀이나 전기이다.

베인 마리

(10) 냉면 레인지

솥 위에 냉면 성형기를 부착시켜 냉면반죽을 통에 넣고 압착하면 면이 끓는 물위로 떨어지게 제작된 기기이다. 보통 면을 세척하는 싱크와 함께 설치한다. 성형기의 에너지원은 전기를 사용하며, 냉면 솥은 물을 많이 사용하는 기기이므로 상수도를 설치하면 더 편리하게 사용할 수 있다.

냉면 레인지

(11) 중화 레인지

중화 레인지는 중식요리의 특성에 맞도록 강한 화력을 필요로 한다. 풍로가 장착된 석유버너의 강한 화력을 필요로 하는 경우도 있으며, 가스버너의 경우 강한 화력을 유지하기위해 특수버너와 가압장치를 설치하기도 한다. 고열로 인한 변형을 방지하기 위해 상판에 수냉식 냉각장치를 설치하기도 한다. 중화 레인지는 고열 때문에 내구연한이 짧다.

중화 레인지

이와 같이 작업자가 고열에 노출되지 않도록 설치 시에는 세심한 배려가 필요한데, 급기팬을 작업자의 위쪽에 설치하여도 열기를 막을 수 있다.

(12) 압력솥

액체의 끓는점은 압력을 높이면 높아지므로 솥에서 발생하는 수증기를 밖으로 달아나지 못하게 밀폐시키면 솥 내부의 압력과 온도가 높아지게 되는 원리를 이용한 압력솥은 곡류를 신속히 익힐 수 있으며, 고온에서 익히기 때문에 부드럽게 익힐 수 있다.

2. 검수 및 저장구역

(1) 냉동고 · 냉장고

냉동기의 냉동원리는 냉동기에 있는 증발기(evaporafor) 속에 있는 액체 냉매로 인해 열이 흡수되는 것인데, 이 작용은 냉매가 액체에서 기체(증기)로 변할 때 일어난다. 증기열을 흡수하여 기화된 뒤에 냉동 공간 밖에 위치한 응축기로 운반되어 여기서 냉매가 압축되면 높은 압력과 높은 온도 때문에 열이 밖으로 밀려나오고 냉각된다.

현재 사용하고 있는 공기 압축식 냉동장치는 냉동작용을 하는 장치인 증발기와 증발된 냉매증기를 응축하는 응축기, 냉매액이 증발하기 쉽도록 감압함과 동시에 냉매량을 조절하는 팽창밸브를 기본 구성장치로 한다. 가장 많이 사용하는 냉장 관련시설은 선반형 냉장고 · 냉동고와 창고형 냉장고 · 냉동고이다.

제상은 서리가 0.6cm 정도 미만일 때 하는 것이 좋다. 서리의 두께가 두꺼워지면 절연체 역할을 해 냉각작용이 둔해지기 때문이다. 최근에는 자동으로 제상이 되는 제품이 많이 사용되고 있다.

① **창고형 냉장 · 냉동고**(walk in refrigerators and freezers) : 사전조립형과 붙박이형의 두 가지 종류의 창고형 냉장 · 냉동고가 많이 쓰인다. 사전조립형은 보통 4인치 두께로 두 장의 금속으로 구성되어 있으며, 그 속은 우레탄 절연체로 채워져 있다. 재질은 아연철판이나 알루미늄을 쓰는데 내부바닥은 쿼리 타일로 마감하기도 한다.

붙박이형 냉장 · 냉동고는 옆면, 바닥, 천정 모두 절연성 폼(foam) 벽으로 시공되고 옆면은 구조형 유광 타일로, 바닥은 쿼리타일로, 천정은 알루미늄이나 스테인리스로 마감한다. 바닥을 설치할 때는 주방바닥보다 조금 낮게 만들고 그 위에 단열재와 냉장고 바닥을 설치해서 주방바닥과 평면을 유지한다. 냉각시스템은 위나 옆 혹은 조금 떨어진 곳에 설치할 수 있으나 냉각장치에서는 열이 발생함으로 충분한 공간과 환기시설이 있어야 한다.

② **선반형 냉장 · 냉동고**(reach-in refrigerator and freezer) : 선반형 냉장 · 냉동고는 다양하게 이용될 수 있고 가격도 저렴하며, 공간효율성도 높다. 1, 2 또는 3조형으로 구입할 수 있고 다양한 선택사양과 부속품이 있다. 대부분의 선반형 냉장고는 110V, 60싸이클, 교류단상 전원에 연결되는데, 창고형 냉장고의 경우는 110V, 208V, 240V, 460/480V 등의 전원에 연결될 수 있다.

식음료 서비스 업장을 위한 냉장 · 냉동기기는 매우 다양하다. 이러한 기기에 대한 가장 좋은 정보원은 제조업체에서 발간되는 카달로그일 것이다.

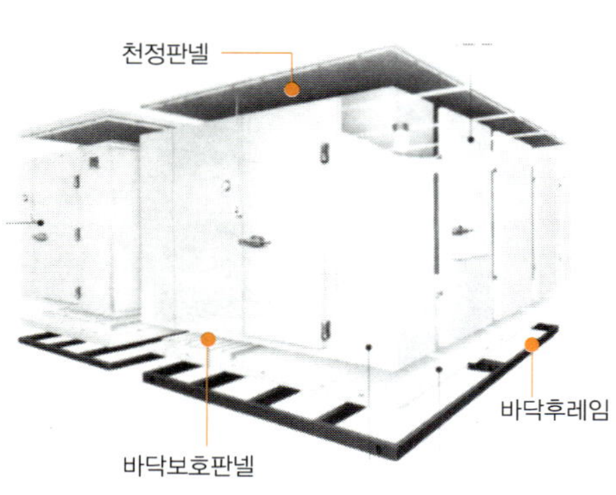

선반형 냉장 · 냉동고

[설치 시의 주의사항]

① 식재료의 반입 · 반출이 용이하도록 디자인되어야 한다.

② 청소 및 배수관계를 확인한다.

③ 작업상의 안전문제에 대비하여 내부에서도 문을 열 수 있도록 한다.

④ Panel의 단열성, 냉동기의 성능, 온도조절 및 확인 장치를 부착한다.

(2) 급속냉각기(blast chiller)

급속냉각기는 음식을 신속히 냉각시켜 줌으로써 음식이 식는 과정에서 박테리아의 급속한 성장이 가능한 온도에 머무는 시간을 최대한 단축시켜 준다. 고성능 냉각시스템과 고속의 냉공기 방출 냉각기 내부온도 조절을 위한 마이크로 프로세서 조절장치가 내장되어 있다.

① 해동고(Defreezer) : 냉동상태의 식품을 해동할 때 해동고 속에서 서서히 해동하여야 식품 손상을 최소화하며 해동할 수 있다. 일반적인 냉장고에서 해동작업을 하기도 하지만 냉동식품을 많이 취급하는 식당에서는 해동고를 두면 능률적이다.

② 빙온고(fish freezer) : 어류를 신선하게 보관 · 저장하기 위해서 식품이 얼기 직전의 온도, 즉 빙온에서 저장하는 항온 고급 저장고이다. −3℃~4℃ 범위 내의 숙성고라고도 할 수 있다.

③ **냉 테이블**(cold table) : 냉동 · 냉장고를 조리대와 작업대로 겸해서 사용할 수 있도록 만든 제품이다. 샌드위치 테이블, 콜드 팬, 피자토핑 테이블, 서랍식 냉 테이블 등이 있다.

④ **숙성고** : 온도 센서기능과 온도 조절기능이 강화된 냉장고로, 김치냉장고와 같이 온도의 유격을 최소화시켜서 원하는 적정 온도를 유지시켜 줌으로써 육류나 김치 등을 숙성시킬 수 있는 기능을 가진 냉장고이다. 온도조절 장치를 이용하면 특정식품의 숙성에 필요한 온도의 조절이 가능하다.

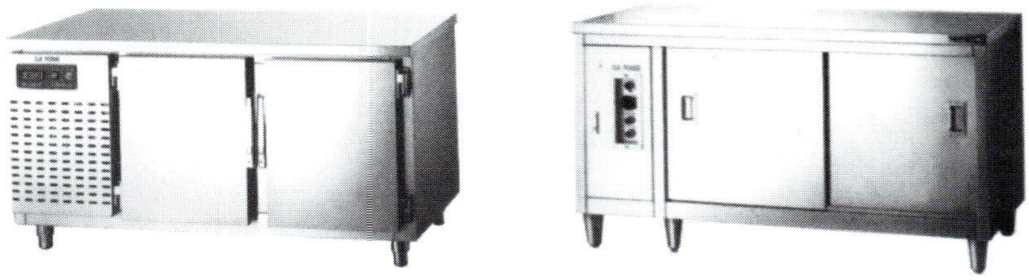

냉 테이블

3. 전처리 공간

(1) 믹서기(mixer)

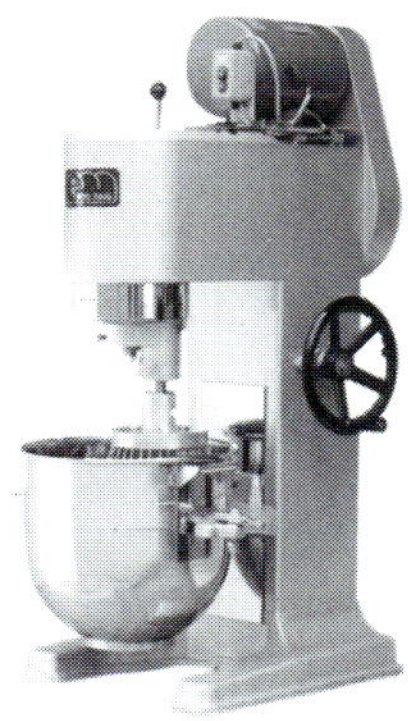

믹서기

믹서기는 용량과 선택사양이 다양하다. 믹서기의 용량은 재료를 담는 볼의 크기에 따라 결정되는데 4.7L에서 132.5L의 볼이 있다.

제과 · 제빵 주방에서 빵 반죽을 섞을 때 많이 사용하며, 드레싱 혹은 휘핑크림 등을 섞을 때 사용한다. 또한 보조기구를 이용하여 야채 커터 등을 할 수 있는데 Vertical, Horizontal, Spiral type mixer 등이 있다. 믹서기 구입 시에는 기본으로 따라 오는 믹서기의 비터(beater)에는 플랫비터(Flat beater), 와이어 휩(Wire whip), 도우 쿡(Dough cook)의 세 종류가 있다.

(2) 푸드 프로세서(Food processor)

① 블랜더(Blender) : 야채나 과일 등으로 주스를 만들거나 곱게 갈 때 사용하며, 저속회전 · 고속회전 · 순간작동 등의 버튼이 있다. 고속의 전기모터가 동력원이며 고속회전에 장시간 노출되면 과부하로 인한 기계의 손상이 오므로 고속 회전을 장시간 사용하면 안 된다.

블랜더

② 버팔로 차퍼(Buffalo chopper) : 반원형 칼날이 보호덮개 밑을 고속회전 하면서 식품을 절단하도록 구성되어 있다. 채소와 육류 및 기타 다양한 식품을 처리할 수 있지만, 안전사고가 많이 발생하는 위험한 기기이므로 사용에 주의를 요한다. 전원을 차단한 후 작업해야 하며, 기계작동 중에 손으로 재료를 빼내거나 하면 안전사고의 위험이 있다.

버팔로 차퍼

③ 직립 커터 믹서기(Vertical cutter-mixer) : 블랜더와 유사하지만 크기가 훨씬 크며, 곡선형으로 장착되어 있어서 칼이 고속 볼의 내부를 회전한다. 이것은 식품을 단 시간에 자르고, 섞고, 혼합하는 데 이용된다. 또한 육류와 채소류의 절단에도 많이 사용한다.

직립 커터 믹서기

(3) 슬라이서(Slicer)

강철로 만들어진 둥근 칼날을 모터로 돌리는데 칼날과 이동 손잡이는 약 30도 정도 기울어져 있어서 식재료가 칼날을 지나 내려올 때 중력의 도움을 받게 된다.

슬라이서

대용량 슬라이서는 수평절단 기능과 잘라진 식재료의 사이사이에 왁스 페이퍼를 자동으로 끼우면서 차곡차곡 쌓는 기능도 있다. 칼날의 크기에 따라 자를 수 있는 식품의 크기가 제한되어 있으며, 자동 슬라이서는 자동모터에 의해 손잡이가 자동으로 움직인다.

슬라이서는 칼 연마기가 있어서 칼날을 날카롭게 유지해 주며, 안전사고가 많이 발생하는 위험한 기기이므로 사용에 주의를 요한다. 완전수동, 반자동, 완전자동, 탁상용(Portable), 벤치형(Stand) 모델 등이 있다.

(4) 육절기(Bone saw)

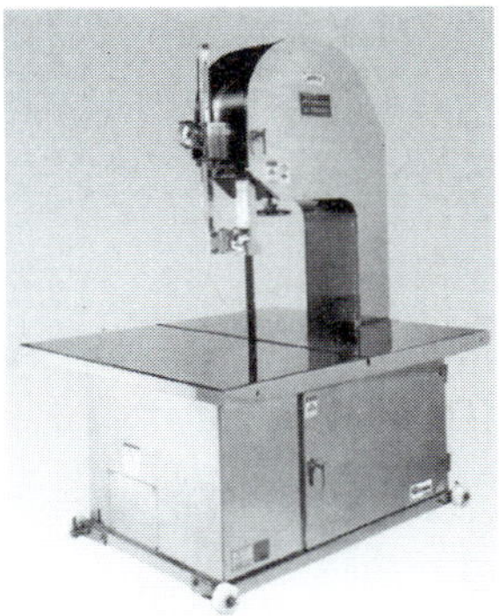
육절기

육절기 혹은 골절기는 육류용 톱으로, 고기와 뼈를 썰기 위한 밴드형 톱을 가진 장비이다. 기계의 모든 부분은 분리가 용이하고 세척이 쉬워야 한다.

육절기를 설치할 때에는 바닥의 수평을 잘 맞추어야 한다. 또한 너무 딱딱하게 냉동된 고기나 뼈를 자를 때 톱날에 무리한 힘을 가하면 톱날이 파손될 수 있는 아주 위험한 기계로서 작업이 편리하며, 구석진 곳(작업방해가 없는 곳)에 설치해야 한다.

(5) 감자 탈피기(Potato peeler)

감자 탈피기

대량의 감자 껍질을 벗길 때 사용하는 기기로 동력은 아래쪽에 위치하고 있으며, 기기내부의 거칠거칠한 표면에서 감자 등의 야채의 껍질이 마모된다. 작동 시에는 소량의 물을 공급해 주어야 한다.

(6) 미트 그라인더(Meet grinder)

고기 등을 혼합하여 갈아내는 기기로, 기기의 구조는 간단하게 이루어져 있다. 위쪽으로 재료가 투입되면 나선형의 구조에 의해 재료가 앞쪽으로 밀려나가고 칼날이 앞에 있는 몰드의 구멍을 통해 밀려나간 재료를 잘게 다지게 된다. 그리고 이때 몰드 구멍의 크기에 따라 재료가 잘려지는 크기가 달라진다. 주로 Mince beef 혹은 Ground beef를 만들 때 사용한다.

미트 그라인더

(7) 훈제기(Smoke machine or box)

보통 훈제 박스와 연기 발생장치는 분리되어 있으며 육류나 가금류, 생선 등을 훈제할 때 사용하는 기기이다. 연기 발생장치는 전기코일을 열원으로 하며 훈제 박스와 연결되어 있고, 훈제 박스는 선반이나 훅이 있는 공간으로 되어 있다.

(8) 야채 절단기(Vegetable cutter)

많은 양의 야채를 자르는 데 사용되며, 다양한 야채를 여러 모양으로 절단할 수 있다.

다양한 종류의 기기들이 있는데, 여러 가지 형태로 자를 수 있는 칼날이 있으며, 필요한 칼날을 선택하여 작업할 수 있다.

야채 절단기

(9) 진공포장기(Vacuum)

육류나 생선, 야채 등을 부패 또는 공기와의 접촉에서 막기 위하여 진공상태로 공기를 제거하여 포장하는 기계이다.

진공포장기

(10) 야채세척기

싱크와 컨베이어를 이용하여 야채세척을 쉽게 해주는 기기이다.

4. 제과 · 제빵의 기기류

제과 · 제빵 주방의 작업 테이블은 금속제보다 나무로 된 작업대가 좋다. 금속제는 빵반죽에서 열을 빼앗아가므로 작업대 상판이 전도율이 낮은 나무로 된 작업대를 사용해야 하는 것이다. 제과 · 제빵 주방도 일반 주방과 같이 소스를 끓이고, 굽고, 삶고, 튀기는 작업은 일반 주방과 동일한 기기류를 필요로 한다.

생산품을 오븐에서 꺼내 놓을 수 있는 선반이 필요하며, 제품을 방냉시킬 수 있는 공간도 필요하다. 또한 오븐의 선택이 대단히 중요하며 선택된 오븐은 주방의 공간 활용과 작업효과에 많은 영향을 미치게 된다.

(1) 시터(Sheeter) · 파이 롤러(Pie roller)

동력에 의해 작동하는 대형 금속 회전 롤의 기능을 한다. 소량의 덩어리로 나누어진 파이나 피자도우를 시터의 롤러들 사이에 삽입하면 양쪽으로 왕복하면서 종이처럼 얇게 퍼지게 된다. 특히 퍼프도우를 만들 때 많이 사용하는 기기이다.

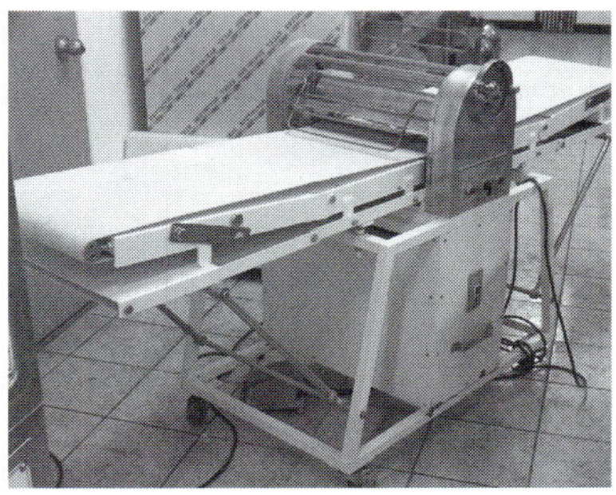

시터

(2) 롤디바이더/라운더(Roll-divider/rounder)

롤 디바이더/라운더는 필요한 반죽을 균등한 조각으로 나누고 나누어진 조각을 둥글려 둥글게 만들어 준다.

(3) 발효기(Proofer)

균일한 습도를 유지해 주는 열 캐비닛이다. 가열장치는 물을 담는 상자를 달고 있어서 증기를 발생시키게 되고, 이러한 증기는 발효기 캐비닛 뒤편에 있는 작은 관을 통해 발효기 내 모든 선반으로 전달된다.

고급 모델은 고도로 정밀한 습도와 온도 조절장치를 가지고 있다.

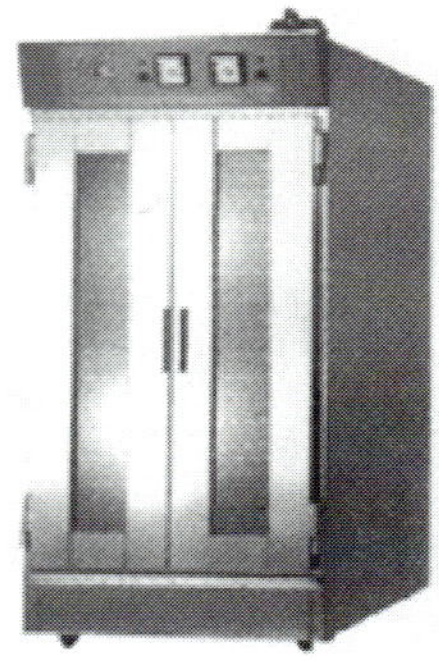

발효 지연기

(4) 발효 지연기(Retarder)

발효 지연기는 차가운 공기를 이용하여 이스트의 발효를 지연시키는 기능을 한다. 이스트 빵의 도우를 굽기 전에 일시 보관하는 장소이다.

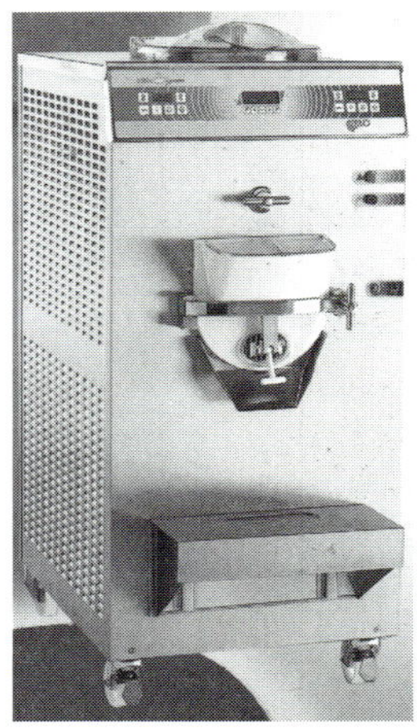

아이스크림 머신

(5) 아이스크림 머신

원하는 아이스크림 제조 방법에 따라 식재료를 계량하여 살균소독 탱크에 넣고 냉각시킨 후 다시 회전 냉각 거품기포 장치에 넣고 작동시켜서 아이스크림을 제조하는 설비이다.

(6) 냉장고와 마블테이블(Marble table)

위는 대리석으로 되어 있는 냉장고 작업대 겸용 테이블로써 온도 조절이 요구되는 제과 · 제빵용 작업대이다.

(7) 자동 빵 성형기

숙성된 반죽을 자동 빵 성형기에 넣으면 원하는 크기로 자동으로 분할하고 성형까지 해주는 장비이다.

테이블 믹서

(8) 테이블 믹서(Table mixer)

테이블에 올려놓을 수 있는 작은 믹서로서 소량의 반죽이나 휘핑크림을 만들 때, 계란을 기포할 때 등에 사용한다.

(9) 식빵 슬라이서

식빵을 균일하게 자르는 기기

식빵 슬라이서

(10) 발효실 겸용 도너츠 크라이어

튀김기와 발효실을 일체화한 도너츠 전용 프라이어

5. 세척구역 장비

(1) 식기 세척기

식기 세척기는 전기를 동력으로 이용해 식기를 자동으로 닦아주는 기기로 주방에서는 그 운영비용이 가장 높은 기기 중의 하나이다. 식기세척기를 구입할 때에는 초기 구입비용과 함께 운영비용을 주의 깊게 고려해야 한다.

자동 식기 세척기는 물이 접시에 뿌려지면 뜨거운 물과 세제가 작용하는데 이때 세척기 내에 Wash nozzle을 상하로 배치하여 분사하는 분사수압의 유체 역학적 작용에 의해 세척이 이루어진다. 수압은 0.5kg/㎠인데 이것을 jet water-knife라고 한다. 마지막 헹굼 단계에서는 약 섭씨 85℃의 물과 화학약품에 의한 소독이 일어난다. 린스가 처리되고 식기는 공기 중에 건조된다. 위생관련 법규에 따르면 주방에는 식기소독 시설이 있어야 되는데 식기 세척기를 사용함으로써 이 문제는 해결된다.

세정의 원리는 물의 압력에 의한 물리적 작용의 세정과 세제 등의 화학적 작용에 의한 세정, 고온수에 의한 세정, 소독작용이다.

① 1조 도어형 식기세척기 : 세척용 뜨거운 물을 담는 탱크와 세제 디스펜서로 구성되어 있다. 문을 열고 식기를 담은 랙을 세척기에 밀어 넣고 문을 닫은 후 기기를 작동시킨다. 세척이 완료되면 세척기 문을 열고 식기를 꺼내서 식기 건조대에서 자연건조시킨다.

1조 도어형 식기세척기

② 1조 컨베이어형 식기세척기 : 랙을 컨베이어 시작부분에 밀어 놓으면 자동으로 세척이 되고 끝나면 랙이 밀려나와 공기 중에서 건조된다.

③ 2조 컨베이어형 식기세척기 : 2개의 탱크를 가지고 있다. 첫번째 탱크에서는 뜨거운 물과 세제를 이용한 세정작용이 이루어지고, 두번째 탱크에서는 헹굼이 이루어진다. 접시를 담은 랙은 컨베이어를 타고 각 탱크를 통과한다. 1조 컨베이어 형과 비교해보면 린스용 탱크가 따로 있어 랙이 이동하면서 식기를 보다 빠르고 깨끗하게 세척할 수 있다.

2조 컨베이어형 식기세척기

④ 플라이트형 식기세척기 : 보통 2~3개의 탱크를 가지고 있다. 3조형의 경우에는 애벌세정용, 주세정용, 린스용 탱크로 이루어져 있다. 식기는 랙 없이 직접 기계 속으로 넣어서 세척하지만 유리잔이나 컵 등은 랙을 사용한다.

⑤ 순환형 식기세척기 : 2~3조형 식기세척기로 표준형 랙이 장착되어 있어 랙을 옮겨야 하는 번거로움 없이 노동효율을 높일 수 있다.

⑥ 냄비세척기 : 전체적으로 식기세척기와 비슷하지만, 식기세척기보다 고압의 물을 펌프 하는 모터의 용량이 크다. 또한 식기세척기는 2~3마력의 모터 사용하지만, 냄비세척기는 5~10마력의 모터를 사용한다.

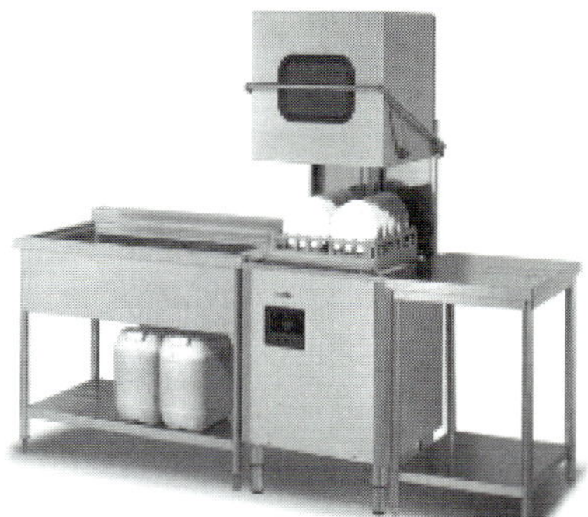

순환형 식기세척기

(2) 진동 솔 싱크대

싱크대에서 뜨거운 물(46℃)을 세제와 함께 연속적으로 고속회전시킴으로써 냄비와 팬에 남아 있는 음식찌꺼기를 제거한다. 냄비 세척 시 애벌세척을 한 후에 진동 솔 싱크대를 사용하면 좋다.

진동 솔 싱크대

(3) 세정대(Sink table)

주방의 구조에 따라 크기와 배치가 다를 수 있지만 가능한 한 작업자의 평균 신체에 맞추어 허리나 근육에 므리가 가지 않도록 만들어야 한다. 싱크통에 따라 1조 세정대와 2조 세정대가 있으며 규격 제품도 많이 있지만 주방의 구조에 따라 제작을 하는 경우가 많다.

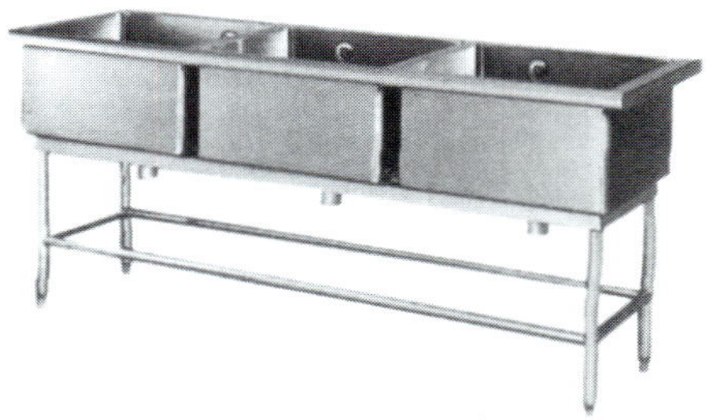

세정대

(4) 잔반 처리대(Soiled dish table)

식사가 끝난 접기를 일차적으로 처리하는 테이블로서 식기세척기와 같이 설치한다.

(5) 건조대(Clean dish table)

세척이 끝난 식기를 건조하기 위해 설치하는 테이블

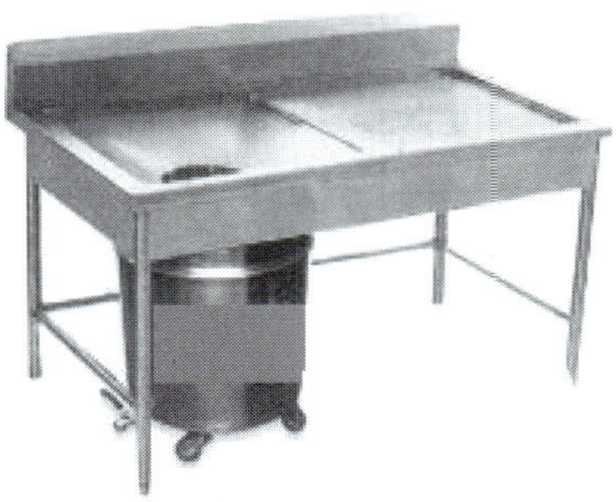

잔반 처리대

건조대

6. 그밖의 장비

(1) 쓰레기 처리기기

① **분쇄기** : 음식쓰레기를 갈아서 물과 섞어 하수구로 배출하는 기기로 물이 제대로 공급될 수 있도록 설치하면 분쇄된 쓰레기가 적당히 묽어져 배수관을 통해 배출된다.

② **펄퍼와 추출기 시스템**(Pulper and extractor system) : 분쇄된 쓰레기가 하수도로 방출됨으로 인해 많은 문제가 일어나기 때문에 분쇄된 쓰레기 중 고형분을 추출하여 쓰레기통에 버리게 한 처리기이다. 분쇄기의 단점을 보완한 기기라고 할 수 있다.

③ **쓰레기 압축기** : 쓰레기를 압축하여 부피를 줄이기 위한 기계

(2) 보온고(Food warmer)

보온고에는 매우 다양한 종류가 있다(기기의 형태와 용도, 용량은 제품 카탈로그를 통해서 얻을 수 있다). 그 중 가장 보편적인 형태는 스팀을 이용한 보온고이다. 베인 마리와 같은 물중탕 방법 혹은 증기열을 이용하기도 하는데, 빵 보온고의 경우에는 캐비닛에 서랍이 장착된 모델이 많다.

가열 캐비닛도 있다. 단순히 가열기능만 있는 캐비닛도 있고 음식의 질을 보존하기 위하여 습도 조절기능 등이 있는 것도 있다.

캐비닛의 형태는 바퀴가 있는 이동형과 고정형이 있으며, 전후개방형이나 좌우개방형 등 다양한 선택사항을 가지고 있다.

(3) 제빙기(Ice making machine)

얼음은 음료 등을 차게 하는 역할과 샐러드 바 등에서 전시효과를 위한 역할을 한다. 자동 제빙기가 많이 보급되면서 필요할 때 얼음을 사용하기가 편리해졌다.

제빙기

보통 제빙기는 얼음 보관통 위에 있으나 제빙기와 얼음 보관통이 분리된 형태도 많이 있다. 제빙기는 생산, 보관, 디스펜싱의 기능

을 하는 총체적 시스템을 갖추고 있으며, 얼음의 형태는 큐빅형과 조각형의 두 가지 모델이 있다. 큐빅형 얼음 제조기는 투명하고 단단한 형태를 가지며 천천히 녹는 얼음을 만든다. 반면 조각형 얼음 제조기는 얼음을 연속적으로 생산해 내어 얼음 생산량이 많고 에너지 효율도 높다.

제빙기에 표시된 용량은 일일 생산량을 나타내지만 얼음 보관 통에 얼음이 가득해지면 제빙기의 작동이 멈추므로 얼음 사용량 계산 때 이를 고려해야 한다. 또한 냉각기의 냉매로 사용되는 액체가 기체로 변하면서 나오는 온도의 차이가 공기나 물의 온도가 높아지는 여름에는 외기 온도의 영향을 받아 얼음 생산량이 줄어들므로 얼음 생산량 계산 때 이를 고려해야 한다.

제빙기는 공냉식과 수냉식이 있다. 각기 장단점이 있으므로 이것 또한 구입 시에 고려해야 할 요인 중 하나이다.

(4) 커피 메이커

많은 제조회사들이 다양한 커피메이커를 판매하고 있다.

커피 원두의 분쇄에서 추출까지 one-touch로 작동하는 자동 커피기기에는 컴퓨터 회로가 내장되어 있어서 에스프레소 · 카푸치노 · 라떼 등의 커피를 만들 수 있다.

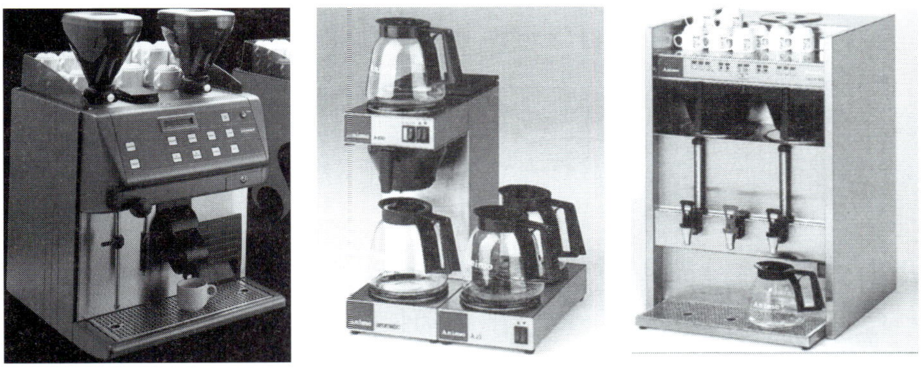

다양한 커피 메이커

원두에서 커피를 추출할 때는 원두의 분쇄 정도와 물의 온도 등에 민감하게 반응하므로 제조회사의 커피메이커에 따라 커피의 향과 맛이 다를 수 있다. 커피기계는 사이폰부터 현대식 첨단기계까지 다양하며, 밀크 · 시나몬 · 초콜릿 · 휘핑크림 등을 첨가할 수 있는 기기들도 있다.

① 에스프레소 기기 : 에스프레소, 라떼, 카푸치노, 냉커피, 녹차라떼 등 다양한 상품을 만들 수 있는 기기이다. 용량이나 제조회사에 따라 가격의 차이가 크며, 한두 구 또는 세 구의 브루잉 장치를 구비할 수 있고 다양한 장식의 액세서리가 있다. 프로그램 입력방식의 장치를 내장하여 물의 온도조절 및 양 조절 등의 다양한 기능을 간단한 버튼 조작을 통해 자동으로 한다.

② 커피 어언 : 끓는 물을 커피가루 위에 뿌리거나 부어 커피를 추출하는 방식의 기기이다. 커피가루는 커피 거름종이나 강철바구니에 담아 브루잉한다. 커피 보관통 외부 이중벽에는 끓는 물이 순환하면서 내부 커피를 보온하고 이 물은 다시 커피를 브루잉하기 위해 쓰인다.

커피 어언

(5) 만두 · 김밥 · 초밥 성형기

재료를 투입하면 자동으로 성형될 수 있도록 제작한 기기이다. 인건비의 부담이 점점 더 커지고 있으므로 이런 종류의 성형기 사용여부도 심각히 고려해 볼 필요가 있다.

(6) 소프트 아이스크림 기계

액체 믹스를 담는 용기가 있으며 액체 믹스가 냉각 실린더에 들어가면서 냉각된 실린더의 벽에서 얼게 된다. 견고한 강철이나 플라스틱으로 만들어진 교반기가 벽에 얼어붙은 아이스크림을 긁어내고 공기와 섞이게 한다. 이렇게 하여 냉동과 공기에 의해 부피가 커지면서 부드러운 아이스크림이 생성된다. 아이스크림 기계는 세균이 번식하기 쉬운 기기이므로 철저히 소독해야 한다. 또한 간단한 구조의 기기를 선택하는 것이 좋다.

아이스크림 기계

(7) 작업대(Work table)

기본적인 조리용 테이블로써 작업대로 사용한다. 작업대의 높이는 서서 손을 자연스럽게 내렸을 때 팔꿈치에서 주먹 하나 정도 아래가 적당하다. 작업자의 키가 다르므로 테이블 하단부에 높낮이를 조절할 수 있는 기능이 있는 작업대를 구입해야 하며, 하단부에 서랍이나 캐비닛이 부착되어 있는 것도 있다.

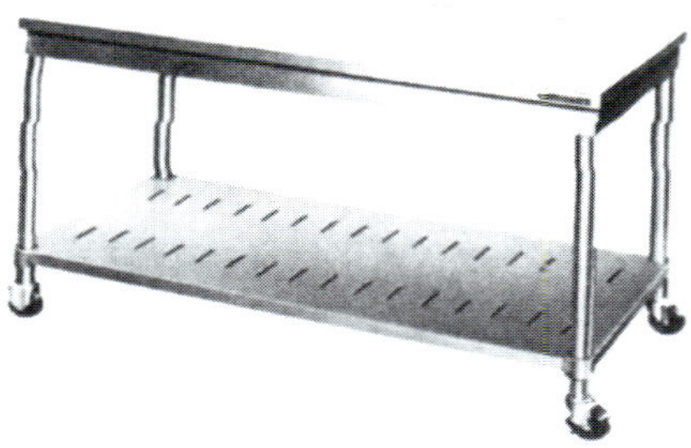

작업대

(8) 식기 보관기(Cabinet)

식기를 위생적이고 안정적으로 보관하는 데 사용된다.

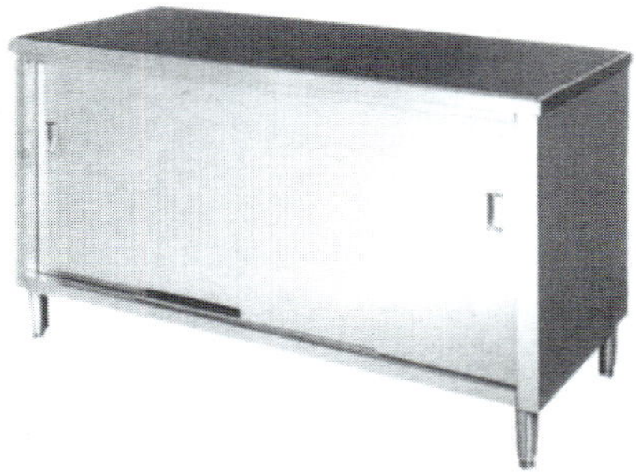

식기 보관기

(9) Roastary Toaster

회전 롤러에 의해 연속적으로 다량의 토스트를 구울 수 있다.

(10) 샌드위치 테이블(Sandwich table)

샌드위치 전용 테이블로 야채나 재료를 저장할 수 있으며, 신속한 작업이 가능하다.

(11) 국수기계(Pastal machine)

스파게티 국수, 마카로니 등 각종 파스타 종류를 만드는 기기

(12) 연육기(Meat-tender)

고기가 연해지도록 힘줄 등을 잘라주는 기기

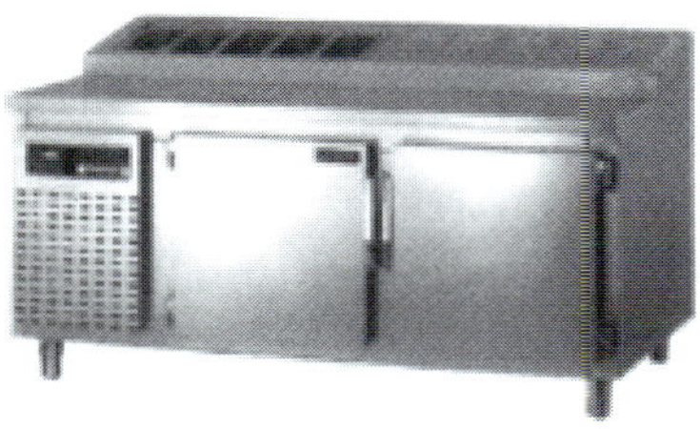

샌드위치 테이블

국수기계

(13) 선반래커

연육기

선반래커

제4절 주방기물

1. 접시류(Chinaware)

도자기류는 운반과 취급 시 매우 세심한 주의를 요한다. 식당 서비스 업무 현장에서 주로 차이나웨어(Chinaware)라고 하는 도자기류는 식 · 음료 상품을 판매하는 데 있어서 매우 중요한 역할을 한다.

주방의 역사 못지않게 오랜 역사를 갖고 있는 도자기류 기물은 그 자체로써 예술이며, 그 예술품 위에 또 하나의 예술품인 요리 작품을 올려놓음으로써 도자기와 음식의 조화로 하나의 완성된 예술품이 탄생하는 것이다.

도자기는 요리를 담고 운반하거나 보관하는 기능 외에도 재질에 따라 요리의 신선도나 숙성도, 보온의 차이를 나타내는 등 다양한 기능을 갖고 있는 종류도 있다. 이러한 기물들은 경제적 가치나 비용 면에서도 고가의 것들이 대부분이다.

도자기류 기물들은 제품 가격의 고하를 막론하고 파손되거나 금이 가기 쉬우며, 비록 가장자리의 미미한 손상으로도 요리 서비스를 위한 기물의 기능을 잃게 되기 때문에 세심한 주의나 특별한 관리가 이루어지지 않으면 이로 인한 손실이 매우 클 수 있다.

사용하거나 세척할 때 서로 부딪히지 않도록 해야 하며, 같은 품목별로 이동 · 정리 · 보관해야 한다. 안전사고에 주의하여 부주의나 방심으로 인해 깨는 일이 없어야 한다.

또 무리하게 한꺼번에 많이 이동시키거나 쌓아 놓으면 깨어질 우려가 있다. 사용 시에는 급격한 온도변화나 충격에 약하며, 산성 음식(식초 등)에 의하여 유약이 벗겨질 수 있으므로 주의를 해야 한다.

(1) 도자기의 종류

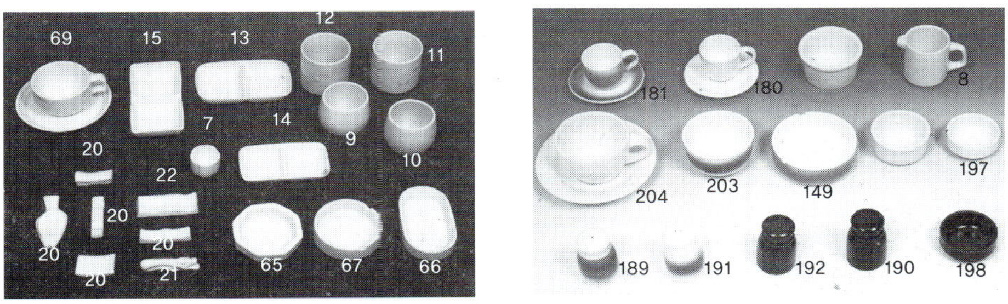

각종 도자기류

① 접시류

에피타이저 플레이트(Appetiwer Plate)	샐러드 플레이트(Salad Plate)
브레드 플레이트(B&B Plate)	앙뜨레 플레이트(Entre Plate)
디저트 플레이트(Dessert Plate)	서비스 플레이트(Service Plate)
쇼 플레이트(Show Plate)	

② 볼(Bowl)

수프 볼(Soup Bowl)	시리얼 볼(Cereal Bowl)
샐러드 볼(Salad Bowl)	슈가 볼(Sugar Bowl)

③ 컵(Cup)

커피 컵(Coffee Cup)	모카 컵(Mocca Cup)
데미타스 컵(Demitase Cup)	브이용 컵(Boullon Cup)

④ 접시 밑받침

모든 종류의 요리와 컵을 제공할 때에는 밑받침을 받쳐서 제공해야 한다.

2. 글라스류(Glaasware)

글라스는 디자인이 다양하고 화려하며 용도에 따라서 다양한 형태가 있다. 보통 모양이나 재질에 따라서 분류하며 크게 원통형 글라스(Cylindrical glass)와 굽달린형 글라스(Stemmed glass)로 분류하고 재질에 따라서 크리스탈 글라스(Crystal glass)와 보통 글라스(Normal glass)로 구분하기도 한다.

(1) 원통형(Cylindrical glass)

하이볼 글라스(Highball glass)	콜린즈 글라스(Collins glass)
비어 글라스(Plisner)	좀비 글라스(Zombie glass)–Ice tea glass
올드 패션드 글라스(Old fashioned glass)	

(2) 굽달린형 글라스(Stemmed glass)

와인 글라스(Wine glass)	리큐드 글라스(Liqueur glass)
브랜디 글라스(Brandy glass)	샴페인 글라스(Champagne glass)
칵테일 글라스(Cocktail glass)	위스키사워 글라스(Whisky sourglass)
레드와인 글라스(Red wine glass)	포트와인 글라스(Port wine glass)
워터 글라스(Water glass)	세리와인 글라스(Sherry wine glass)
화이트와인 글라스(White wine glass)	샴페인 프루트 글라스(Chanpagne flute glass)

(3) 그밖의 유형

디캔더(Decanter Glass)	워터피쳐(Water Pithcher)
솔트엔 페퍼 셰이커(Salt & Pepper shaker)	

(4) 글라스류 취급법

글라스를 잡을 때는 반드시 밑 부분을 잡아야 하고 손잡이가 달린 글라스는 손잡이 부분을 잡아야 한다. 고객의 입술이 닿는 윗부분이나 글라스 안에 손가락을 넣고 잡아서는 안 된다.

또한 글라스를 운반할 때는 손으로 운반하는 방법과 쟁반(Tray)으로 운반하는 방법이 있으며, 원통 모양의 글라스류는 Tray를 사용하는 것이 좋다. 글라스를 옮길 경우는 바쁜 경우에도 손가락을 끼워서는 안 된다. 굽(Stem)이 있는 글라스는 stem을, Trumber류는 하단을 잡아야 한다. 사용한 글라스는 반드시 종류별로 구분하여 랙(rack)에 담으며, 글라스류와 은기물(Silverware) 및 도자기(Chinaware)를 함께 모아 운반하지 않는다.

3. 은기물류(Silverware)

식당에서 사용하고 있는 은기물은 일반적으로 스테인레스나 은도금한 것이 많으며, 은도금이 되어 있지 않은 제품일지라도 식탁에서 사용하는 포크, 나이프, 스푼 등의 집기류들을 편하게 은기물이라 부르기도 한다.

은기물류는 변색될 가능성이 많으므로 깨끗이 씻은 후에 반드시 마른 수건으로 닦아야 하며, 장기간 보관해야 할 경우에는 비닐봉지 같은 밀폐용기에 잘 싸서 보관하면 좋다.

은도금 기물은 원가가 대단히 비싼 관계로 고급식당에서만 사용하고 있으며, 일반 식당에서는 품질이 좋은 스테인레스(Stainless steel) 기물을 많이 사용하고 있다. 사용된 기물은 지정된 개수통에 모으는데, 부딪쳐서 찌그러지거나 흠이 생길 우려가 많으므로 절대 던져 넣거나 한꺼번에 쏟아 넣으면 안 된다. 이때 은기물 종류와 스테인레스 종류는 따로 구분하여 모아 기물의 손상을 방지해야 한다. 또한 모인 기물은 세척기(Dish washer)에서 뜨거운 물과 세척액을 사용하여 충분히 씻어 낸다.

여러 종류의 기물을 한꺼번에 닦을 때는 반드시 포크(Fork)부터 닦는 것이 좋으며, 변색된 기물은 광택제로 깨끗하게 윤을 내어 사용한다. 또한 깨끗하게 준비된 기물로 세팅(Table setting)할 때는 음식이 닿는 윗부분을 손으로 잡거나 만져서는 절대 안 되며, 반드시 손잡이 부분을 모로 잡아 가능한 한 손자국이 나지 않도록 취급하고, 운반할 때는 소음이 나지 않도록 Tray를 사용한다.

(1) 은기물의 종류

① 트레이(Service Tray)

원형 트레이(Round Tray)	사각형 트레이(Square Tray)
직사각형 트레이(Rectangular Tray)	

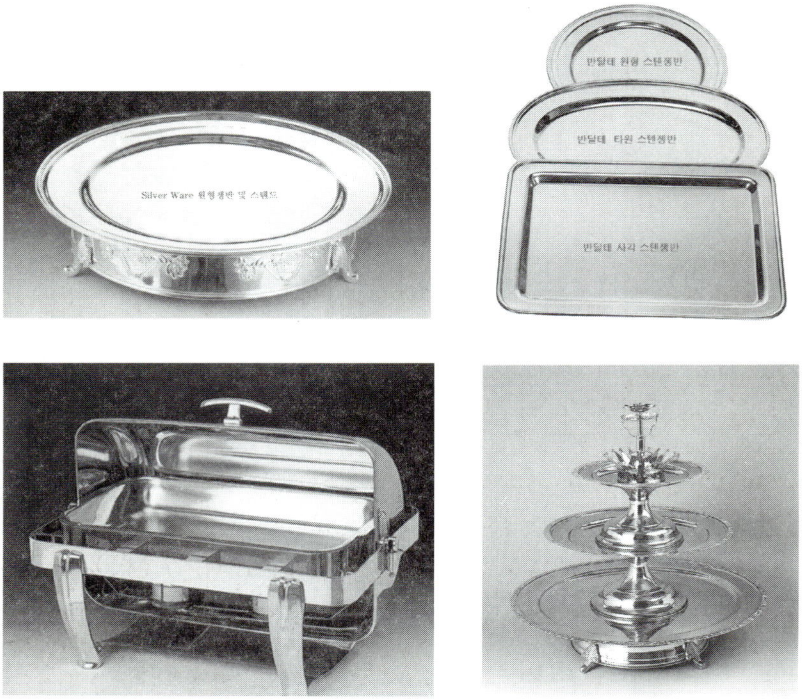

은기물류

② 나이프

에피타이져 나이프(Appetizer Knife)	생선 나이프(Fish Knife)
미트 나이프(Meat Knife, Entre Knife)	테이블 나이프(Table Knife)
과일 나이프(Fruit Knife)	카빙 나이프(Carving Knife)
디저트 나이프(Dessert Knife)	버터 나이프(Butter Knife)

③ 포크

에스카르고 포크(Snail or Escargot Fork)	샐러드 포크(Salad Fork)
카빙 포크(Carving Fork)	과일 코프(Fruit Fork)
디저트 포크(Dessert Fork)	미트 포크(Meat Fork)
생선 포크(Fish Fork)	에피타이저 포크(Appetizer Fork)
칵테일 포크Cocktail Fork)	

④ 스푼

브이용 스푼(Bouillon Spoon)	아이스크림 스푼(Ice cream Spoon)
수프 스푼(Soup Spoon)	서빙 스푼(Serving Spoon)
디저트 스푼(Dessert Spoon)	수프래들 스푼(Soup Ladle Spoon)
티 스푼(Tea Spoon)	소스래들 스푼(Sauce Ladle Spoon)
멜론 스푼(Melon Spoon)	설탕 스푼(Sugar Ladle Spoon)

⑤ 기타

수프 튜린(Soup Tureen)	커피 포트(Coffee Pot)
냅킨 홀더(Napkin Holder)	소스 볼(Sauce Bowl)
워터 피쳐(Water Pitcher)	아이스 패일(Ice Pail)
샴페인 쿨러(Champagne Cooler)	빵 바구니(Bread Basket)

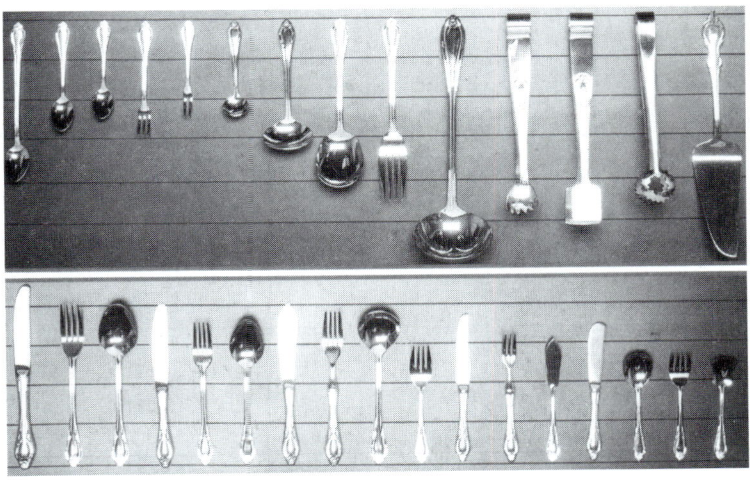

각종 은기물

4. 조리용 소도구

(1) 일반 소도구

Can opener(캔 오프너)	Orange Squeezer(주스 짜는 기구)
Universal Slicer(야채 슬라이서)	Potato Squeezer(감자 으깨는 기구)
Pepper Mill(통후추 으깨는 기구)	Vegetable Strainer(물 빼는 기구)
Roasting Pan(로스팅 팬)	Stew Pan(자루 냄비)
Sauce Pan(자루 냄비)	Soup Ladles(국자)
Wire Whip(거품기)	Basting Spoon,Long Spoon(조리용 스푼)
Scoop(얼음 등을 푸는 기구)	Round Flambee Pan(후람베 팬)
Fry Pan(프라이팬)	Fine Mesh Sieve(소스를 거르는 고운 체)
Frying Ladle(튀김용 국자)	Ice Cream Disher(아이스크림 기구)
Cheese Grater(치즈를 부수는 기구)	Kitchen Fork(주방용 포크)
Wood Flour Sieve(체)	Mixing Bowl(믹싱 볼)
Rice Mould(형틀)	Fish Bone Picker(생선뼈 빼는 기구)
Cake Turner(뒤집는 기구)	Egg Slicer(계란 분할 기구)
Spatular(압설자)	Oyster Cracker(굴 까는 기구)
Apple Corer(사과 속 빼는 기구)	Plate Scraper(알뜰 주걱)
Potato Peeler(껍질 깎는 기구)	Hand whisk(거품기)
Frying radle(프라잉 레이들)	lower fan(송풍기)
Sterilization machine(살균기)	Air conditioner(냉방기)
Vaccum dryer(진공건조기)	Revolving pan(당의기)
Gas range(가스레인지)	tongs(집게)
Pizza cutter(피자 커터)	Apple peeler(사과껍질 깎는 도구)

(2) 조리용 계량기기

① **온도계** : 용도에 따라 튀김용 · 육류용 · 캔디용 온도계가 있으며, 액체의 온도를 측정할 때 200℃~300℃까지는 봉상 액체온도계를 사용하고 오븐에서 육류를 구울 때는 온도 지시계를 사용한다. 수은 온도계, 오븐 온도계, 캔디 온도계가 있다.

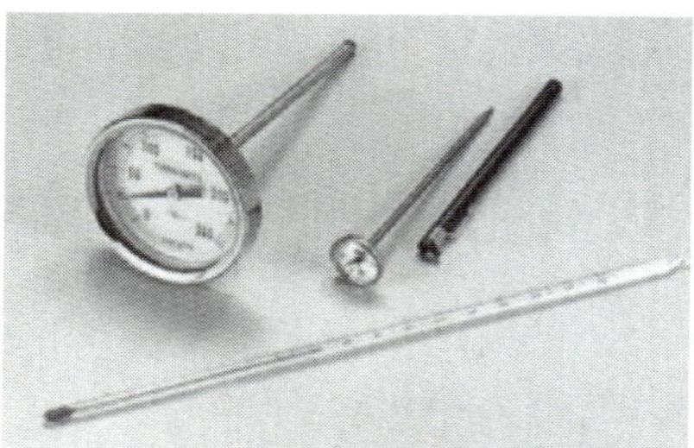

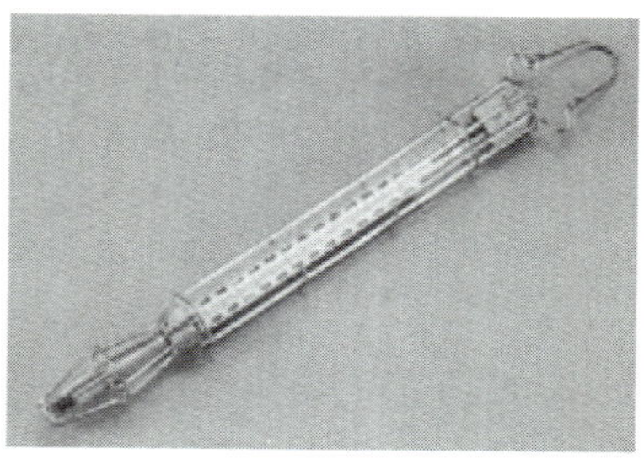

각종 온도계

② **저울** : 중량을 측정할 때 사용하며 조리용 저울, 접시지시 저울, 부등비 접시 수동 저울, 판 저울 등이 있다. 저울은 1년에 1회씩 검사해야 한다.

- Scale – 저울

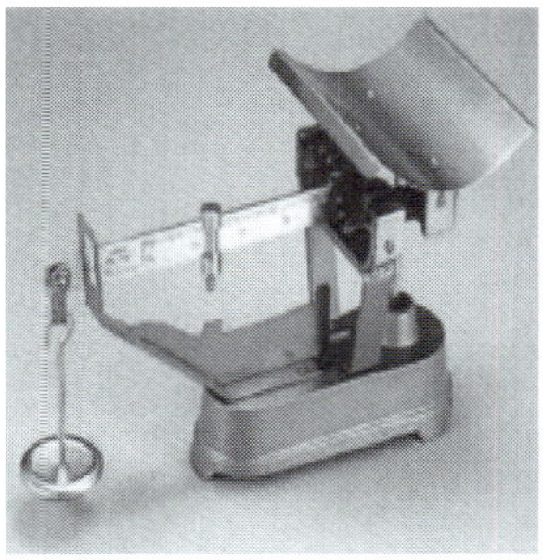

각종 저울

③ **계량기기** : 부피를 측정할 때 사용한다.

- Measuring Cup : 계량컵은 1C, 1/2C, 1/3C, 1/4C의 4종류가 있다.
- Measuring spoon : 1Ts, 1ts, 1/2ts, 1/4ts가 있다.

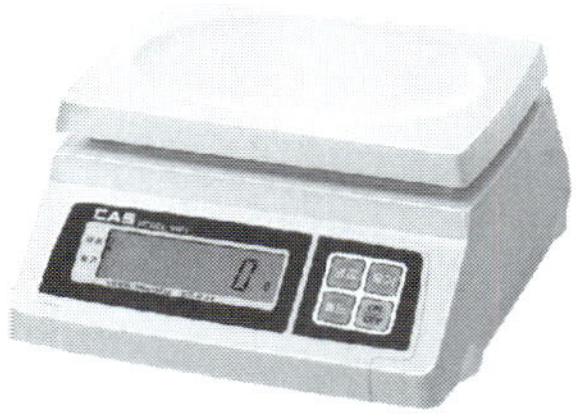

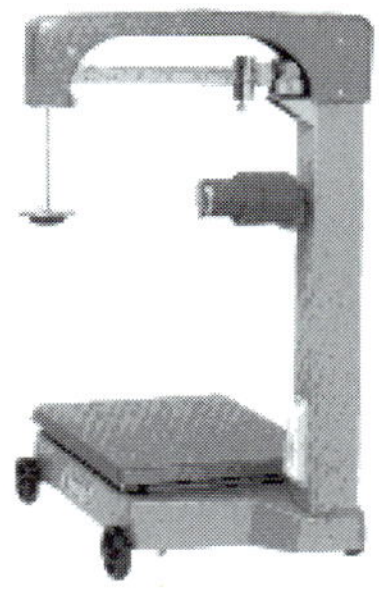

각종 저울

각종 계량기

④ 그밖의 기기

Sugar thermometer(당도계), Milk measure(밀크 도량형기)

Measure(도량형기), Fat thermometer(유지용 온도계)

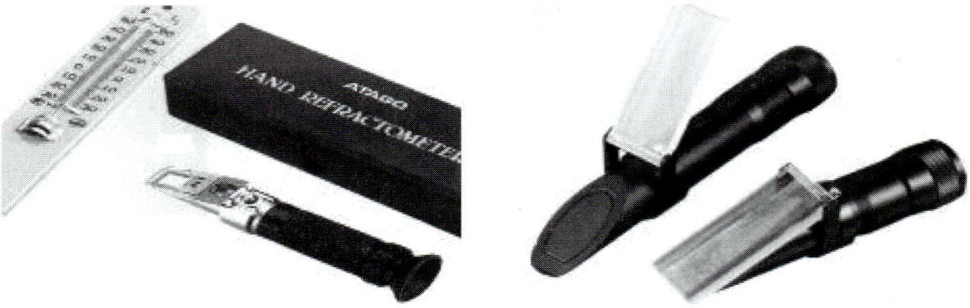

당도계

(3) 제과 • 제빵용 소도구

Wood Rolling Pin(밀대)	Portion Cuter(분할기)
Savarin Tin(사바린 틴)	Muffin Frame(머핀 프레임)
Pastry Bay(패스트리 베이)	Assorted Nozzles(각종 노즐)
Flour sifter(플루어 시프터)	Dough divider(반죽분할기)
Mill(밀)	자동제빵성형기
Pastry roller(패스트리 롤러)	Expansion dough divider(익스펜션 도우 디바이더)
Centrifugal machine(원심분리기)	우산형 라운더(도넛 제조기)
Dough bowl(반죽그릇)	Bowl for cream(크림그릇)
Copper pan(구리 팬)	Chocolate melter(초콜릿 용해기)
Brioches cake tin(브리오슈 케이크 틴)	Tartlet tin(타틀렛 틴)
Ring mould plain(평평한 링 몰드)	Gugelhopf cake tin(구겔호프 케이크 틴)
Oblong cake tin(직사각형 케이크 틴)	Cake ring(케이크링)
Tin for salt sticks(솔트 스틱용 틴)	Frame for cake tin(케이크틴 틀)
Loaf tin(로프틴)	Bread tin(브레드 틴)
Wooden cornet shaper(나무 코넷 틀)	Boat shapped cake tin(보트형 케이크 틴)
Doughnut Cutter(도넛 접시)	Baking tin(베이킹 틴)
Savarin tin(사바랭 틴)	Petit fours moulds(프티 푸르 몰드)

Heart shaped baking tin(하트형 베이킹 틴)	Bun tray madelaine(마드렌느용 번 접시)
Praline cutters(각종 프랄린 커터)	Scalloped Kokie cutter(스켈로프드 쿠키 커터)
Pastry cutter wheel(패스트리 커터 휠)	Pastry cutters(각종 패스트리 커터)
Star shaped pastry cutter(별모양 커터)	Set of assorted nozzles(각종 노즐 세트)
Decoration comb(데코레이션 콤브)	Spiked roller(스파이크 롤러)
Dough cutting blades(반죽 자르는 날)	Icing bag(아이싱 백)
Baking frame(베이킹 프레임)	Twirling stick(회전 스틱)
Wooden mixing spoon(나무 반죽주걱)	Long-handled scraper(긴 손잡이 주걱)
French bread moulder(기다란 빵용 성형기)	Bench scraper(벤치 스크래퍼)
Bread knife(빵칼)	Great shaped baking tin(하트형 베이킹 틴)
Dough scraper(반죽주걱)	Palette knife(파레트 나이프)
Water spray(워터 스프레이)	Scoup(스쿱)
Electrical hand wisk(일렉트릭 핸드 위스크)	Lamp for pulled sugar(폴드 슈거용 램프)
Lemon squeeze(레몬 압축기)	liqueur bonbon apparatus(리큐르 봉봉 기구)
Chocolate mould(초콜릿용 몰드)	Chocolate forks(초콜릿용 포크)
Metal cake divider(메탈 케이크 분할기)	Icing grid(아이싱 그리드)
Ice cream scoop(아이스크림 스쿱)	Heart cutter sets(하트 커터 세트)
Ice crusher(아이스 크러셔)	Mould for cassata(카사타 몰드)
Grease brush(그리스 브러시)	Wooden rolling pin(우든 롤링 핀)
Oven brush(오븐 브러시)	Bench brush(벤치 브러시)
Flower shaped for pulled sugar(폴드 슈거 꽃 기구)	Ingredient bin(인그리디언트 빈)
Pastry tube(패스트리 튜브)	Set of round pastry catters(원형 패스트리 카터 세트)
Pie and cake maker(파이와 케이크 마키)	Peel(나무 주걱)
Cream hill horn(크림 힐 호른)	Pastry brush(패스트리 브러시)
Giant cake filler(자이언트 케이크 필러)	Skimmer(스키머)

제과 · 제빵용 소도구

(4) 칼

식품재료나 조리방법에 따라서 다른 칼을 사용해야 함으로 용도에 알맞은 칼을 선택해야 한다. 육류용과 생선용, 채소용, 치즈용, 빵 슬라이스용 등 다양한 종류의 칼이 있다.

Round Butcher Steel	Parisienne Knife-모형 칼(파리지인 나이프)
Cheese Knife	Bread Knife
ham slicer	(Fish, meat, French, Chef, Bone, Chinese) Knife-각종 칼
Cleaver-고기 베는 큰 식칼	Decorating Knifes-조각용 칼
fruit Knife	

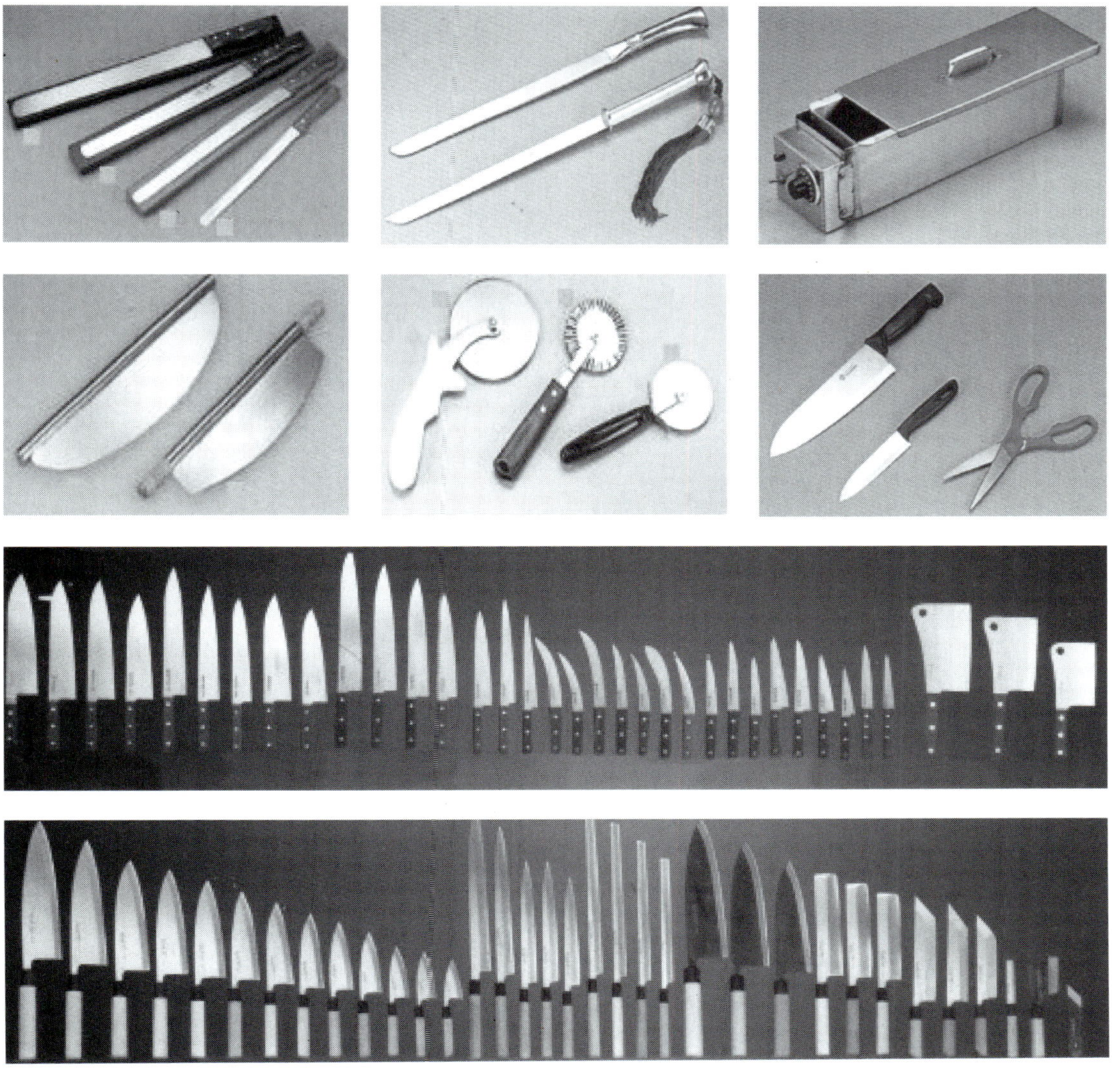

각종 종류의 칼

(5) 도마

도마의 재료는 단단한 목재나 합성수지제 등을 이용한다. 목재는 썰 때 감촉이 좋으며, 합성수지는 수분을 흡수하지 않아서 위생적이다. 목재 도마를 잘 관리하면 합성수지보다 더 위생적이며, 칼의 날이 빨리 마모되지 않아서 생산적이다.

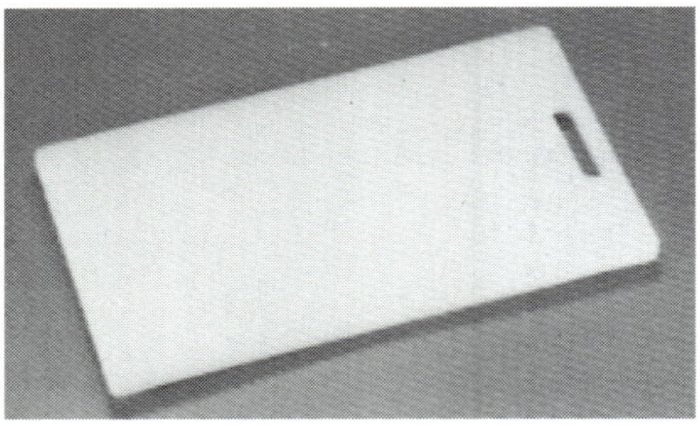

합성수지제 도마

목제 도마

(6) 운반차

연회행사 시 음식을 사전에 담아 Carter에 싣고 이동하거나 일시적으로 냉장고에 보관할 때 이용된다.

- Max Car, oling cabinet car(차가운 캐비닛 카)
- Hot cabinet car(뜨거운 캐비닛 카)
- 주방용 손수레(Kitchen Wagon) : 주방 내에서 사용하는 손수레

각종 손수레

CHAPTER 3

주방설비관리 실무

제1절 주방의 시설관리

주방 시설 · 설비관리의 궁극적 목적은 시설 · 설비를 효율적이며 과학적으로 설계 · 작업 · 배치하여 고객의 요구를 만족시킬 수 있는 양적, 질적으로 좋은 상품을 생산하고 공급하는 데 있다.

주방에서의 시설과 설비는 생산 작업이 이루어지는 조리장과 제공된 음식을 먹는 식당 및 그와 관련된 제반설비를 말한다. 식당이 원활이 운영되기 위해서는 위생적이면서 쾌적한 환경 및 적절한 시설 · 설비가 기본이다. 또한, 주방의 시설과 설비계획이 제대로 이루어져야 시설 · 설비의 관리 또한 위생적 · 효율적으로 원활히 이루어지게 된다.

시설 · 설비의 장 · 단점과 이의 효율적인 이용은 바로 식당운영 전반에 걸쳐 큰 영향을 미치게 되므로 관리자는 시설 · 설비 계획 및 관리의 중요성을 인지하여 식재료의 반입부터 조리 · 배식 · 제공에 이르는 일련의 작업이 능률적으로 이루어질 수 있도록 항상 연구하여 개선하려는 노력을 해야 할 것이다.

1. 주방의 바닥과 벽

주방의 바닥은 유지 관리가 편하고 내구성이 뛰어나며, 미끄러지지 않고 무공재인 것이 좋다. 주방의 바닥과 벽면은 항상 물기가 있고, 식재료를 주방바닥에 쌓아놓기도 하기 때문에 청소가 용이해야 하며, 기름과 수분을 직접 흡수하지 않아야 한다.

또한 균열이나 틈새가 생겨 세균과 해충이 서식할 우려가 있는 것은 제거되어야 하고 불규칙한 바닥 면이 없어서 물 빠짐이 좋아야 한다. 위생성과 안전성, 내구성, 내열성, 안락감, 품격성, 저비용 등을 만족 시킬 수 있는 재질을 선택하여 주방의 바닥이나 천정을 마감하여야 한다.

주방 바닥재로 많이 사용하는 재료로는 쿼리 타일(Quarry Tile)이 있는데, 탄화규소를 입혀서 미끄럼 방지에 효과적이며, 기름때에 강하다. 타일에 붙이는 시멘트 풀은 시공 후 처음에는 타일 사이에 구멍을 생기게 할 수 있으나 굳으면서 빠르게 봉해 준다.

세라믹 타일은 화장실 바닥과 같이 쉽게 더럽혀지는 구역에서 많이 사용하는 마감재이다. 미끄러지지 않는 성질 때문에 무광타일도 많이 사용하며, 또한 에폭시 바닥재도 유공성이 적고 관성이 좋으므로 많이 사용하고 있다.

주방의 바닥과 벽에는 배수관이나 수도 및 전기선 등을 묻어야 하므로 튼튼한 재질로 시공해야 한다. 주방의 바닥 재질이 튼튼하지 않으면 주방기구 등 무거운 장비의 하중을 견딜 수 없다.

주방바닥의 배수구는 1/100의 경사로 시공해야 물 고임이 없어진다. 또한 주방 바닥에 트랜치를 설치하거나 배수관을 묻어서 배수를 하는데 트랜치의 폭은 20cm가 적당하며, 배수관을 구부러지게 시공되면 막힐 우려가 있다.

미끄럼방지를 위하여 식재료의 반입구, 냉장 · 냉동고의 바닥과 주방의 바닥은 턱이 없이 일정하게 시설되어야 한다. 주방의 내벽은 바닥에서 1.3m까지 내수성이 있는 자재를 사용해야 하며, 벽 마감재는 구조용 유광타일 또는 세라믹 타일로 시공하면 좋다. 이들은 열과 기름, 잦은 세척에 매우 강하다.

2. 주방의 천장

주방의 천장은 전기기구와 배선이 있고 주방의 열기 등으로부터 많은 열과 수증기, 유증기 등이 올라오므로 기름과 수증기에 강한 재료를 사용해야 한다. 또한 화재의 위험성이 높은 관계로 내열성과 내습성이 강한 소재를 사용해야 한다.

천장 마감재는 매우 다양하며 방음타일, 페인트를 칠한 건조벽, 페인트를 칠한 플라스틱, 목재, 노출된 콘크리트, 유리섬유, 알루미늄 또는 기타 금속 등의 재료를 많이 사용한다.

주방의 천장은 소음 흡수성 · 기름기 저항성 · 수분 저항력 · 빛 반사력 등을 갖추었고, 화재위험에 안전하고 건강에 유해하지 않는 재료를 사용해야 하며, 천장의 높이는 바닥으로부터 2.5m 이상이 적당하다.

3. 주방의 환기시설

주방의 환기시설은 주방 내부에서 발생한 각종 불순공기를 주방 밖으로 내보내는 시설로 쾌적한 작업환경을 위하여 환기설비를 반드시 갖추어야 한다. 조리작업지역의 통풍장치는 연기 · 냄새 · 습기 · 기름 등이 포함된 공기를 제거하고 신선한 공기를 가져다 주기 위해 필요하다. 잘 계획된 통풍체계는 일반적으로 발생될 수 있는 냄새나 유증기 같은 둘질의 양을 줄일 수 있다.

자연환기는 창문을 이용하여 대류현상으로 환기시키는 것을 말하며, 창문은 가급적 높게 설치하는 것이 좋다. 송풍기를 이용한 강제환기는 식품 저장공간의 경우 체적 $1m^3$당 $5m^3$/hr, 조리 공간은 체적 $1m^3$당 $20m^3$/hr~$30m^3$/hr, 열을 많이 발생시키는 지역은 $0.25m^3$/hr~$0.5m^3$/hr의 흡인력을 가진 후드를 설치해야 한다.

음식시설을 위한 공기 조절체계의 설계는 조리작업 진행의 특별한 요구 때문에 매우 복잡해질 뿐만 아니라, 열 발생장치는 일반적인 작업지역에 원치 않는 열이 발생하여 조리작업에 사용한다.

반면에 공기 조절체계의 근본적인 설치목적은 조리작업에서 발생한 열을 식히기 위함이다. 이런 면에서 조리작업 공간은 동시에 열이 가해지고 식혀져 주방공간의 쾌적한 환경을 유지시킬 수 있다.

주방은 주방에서 발생하는 열기, 기름냄새, 음식냄새 등을 제거하기 위해 잘 설계된 후드배출 시스템이 필요하다. 후드는 주방의 뜨거운 음식을 만들 때 발생하는 공기 · 수증기 · 기름입자 · 식품냄새를 제거하는 역할을 하며, 식기 세척실의 공기와 수증기도 제거한다. 또한 가스기기를 설치하면서 후드가 같이 설치되지 않으면 현행법상 사용허가가 나지 않는다.

브로일러, 튀김기, 그릴 등에서는 다량의 기름입자가 발생하기 때문에 팬을 통과하는 공기가 건물외부로 배출되기 이전에 후드시스템을 통해 기름찌꺼기를 먼저 추출해야 한다.

주방환기 시스템의 기본적인 기능은 첫째, 조리과정에서 생성되는 뜨거운 공기를 포획하고, 둘째, 더운 공기로부터 가능한 많은 기름입자를 제거하며, 셋째, 뜨거운 공기를 외부로 배출하고, 넷째, 주방에서 배출된 공기를 재공급하는 것이다.

환기 시스템은 특정분량의 공기를 배출하고 신선한 공기를 공급해 주는 시스템이며, 배기량과 급기량은 분당 입방피트(cfm)로 측정된다.

(1) 후드의 크기

조리기기에 의해 생성되는 열의 양은 매우 다양하다. 오븐, 스티머, 국솥과 같이 조리기구 내부에 열원이 작용하는 기기에서 발생되는 열의 양은 비교적 적은 반면 가스레인지, 가스형 차브로일러 등은 개방형의 불꽃버너이므로 많은 열기를 생성한다.

또한 막힌 벽면을 끼고 기구를 감싸는 후드 형태는 기름을 함유한 뜨거운 공기를 대량으로 빨아들일 수 있다. 그러나 사면이 모두 개방된 형태인 아일랜드형 후드는 공기를 효과적으로 포획하기 위하여 배출용량보다 30%~50% 더 큰 환기 시스템을 필요로 한다.

(2) 기름입자 포획

기름입자가 후드 덮개를 통과할 때 기름입자를 포집하는 두 가지 방법은 필터와 추출자를 이용하는 것이다. 필터가 기름입자를 효과적으로 포집하려면 조리기기 위에 설치되어야 하나, 이런 경우에는 화재의 위험성이 높아지므로 근래에 나오는 필터는 기름을 함유한 공기가 급속하게 방향을 전환하면서 배플(Baffles)을 가로질러 배플 표면 위로 기름입자가 빠져나오도록 설계되었다.

배플은 포집된 기름입자를 쉽게 제거할 수 있도록 기름입자를 배출하는 물받이가 설치된다. 추출자(exfractor)는 배플 필터(Baffles filter)와 같은 원리로 작용하지만 공기가 배출 닥트로 들어가기 전에 공기 흐름을 좌우방향으로 여러 번 전환시킨다. 대부분의 배플은 50%~60%의 효율을 지니지만, 추출자는 추출자를 통해 빠져나가는 기름 입자의 90% 이상을 제거한다.

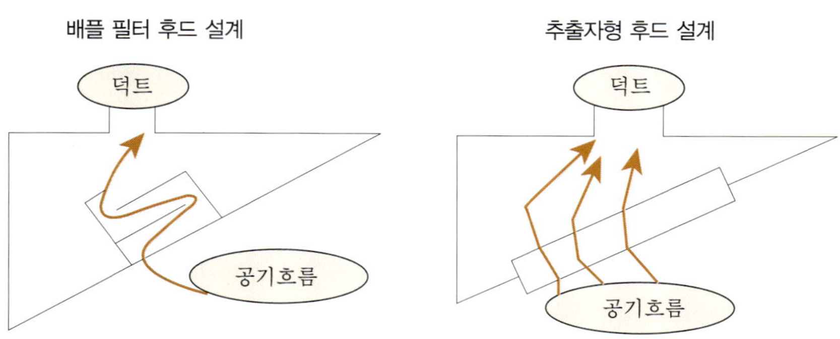

그림 3-1 배플필터와 추출자형의 기름제거 방식

(3) 급기 시스템

주방환기 시스템에서 빠져나간 공기를 보충시키는 방법은 기본적으로 세 가지 방법이 있다.

① **후드 내부로 공기방출** : 급기는 후드 덮개의 내부로 들어오는 방식으로 지붕에 있는 급기팬을 통해 후드 내부로 들어온다. 후드 내부로 직접 들어오는 공기량은 배출량의 40%~60% 정도로 제한적이며, 겨울에 보충되는 찬 공기와 기기에서 발생하는 습기가 많은 뜨거운 공기와 만나서 후드 아래에 많은 응축수를 만들 수 있다.

② **후드 전면을 따라 공기방출** : 후드의 앞면을 따라 닥트와 레지스터(register)를 위치하게 하는 방법으로 후드 앞면과 아래 방향으로 공기를 방출하기 때문에 급기는 작업자의 머리와 어깨 위로 불게 된다.

③ **분리된 레지스터에서 공기 방출** : 이 시스템은 후드 덮개 앞의 천장에 레지스터를 설치하는 방법으로 보충공기의 최소요건은 급기 시스템 자체 설계와 배출되는 공기의 배기량에 따라 달라진다. 일반적으로 급기시스템은 배출되는 공기의 50~90%의 공기를 대체해 준다.

4. 주방시설 재료

주방에서 사용하는 주방기기나 기물의 제작 재료에는 나무, 금속, 플라스틱, 유리, 도자기 등의 다양한 소재가 있다. 각 소재마다 특성이 있으며, 사용용도 또한 다르다. 그리고 사용되는 작업대 표면은 식품이 직접 접촉하는 표면, 물에 닿는 표면, 비식품 종류와 접촉하는 표면으로 보통 세 가지로 분류한다.

(1) 재료 소재

목재는 고급스러운 품격과 경제성을 위하여 보조 재료로 많이 사용한다. 목재는 습기에 대한 저항성이 약하기 때문에 주방에서 사용하기는 제한적일 수밖에 없으며, 사용 시 철저한 관리가 요구된다.

금속재료로는 스테인리스 스틸, 알루미늄, 놋쇠, 철 등을 많이 사용한다. 특히 가장 많이 사용되는 재료는 스테인리스 스틸이다. 강도가 높으며 부식되지 않고 외양이 깨끗해 보이기 때문에 장비의 외양이나 싱크, 작업 테이블, 선반 등 대부분의 주방장비가 스텐레스 스틸토 이루어져 있다. 그러나 가열하면 변색되며, 오븐크리너 등에 오래 노출되면 부식될 수도 있다.

그 다음으로 많이 사용되는 재료는 철(iron)이다. 철은 열전도율이 높으며, 흡수된 열을 오랫동안 유지시키므로 그릴이나 브로일러 등 열과 관련된 장비에 많이 사용한다. 하지만, 습기가 있으면 잘 부식되므로 사용 후 물기를 제거하고 기름칠을 하여서 공기와의 접촉을 차단하여야 한다.

알루미늄은 열전도율이 좋고 가벼우며 습기에 부식되지 않아 많이 사용되는 소재 중의 하나이다. 대부분 냄비나 포트의 재료로 많이 사용한다. 놋쇠도 열전도율이 좋아서 많이 사용하는 재료 중의 하나이나 최근에는 중금속이 검출되어 사용이 줄어들고 있다.

플라스틱은 가볍고 다양한 색상으로 주방에서 많이 사용되는데 주의 할 점은 뜨거운 상태가 되면 환경 호르몬이 검출될 수 있다는 것이다. 그렇기 때문에 적정한 용도에 따라 사용이 제한되어야 한다.

(2) 장비의 표면

① **식품 접촉 표면** : 음식물이 직접 접촉하는 기기의 표면은 오래 사용해도 부드럽고 부식되지 않으며, 독성이 없고 영구적이면서 흡수성이 없어야 한다. 또한 다른 식품의 냄새, 색, 맛 등이 섞이지 않으며, 위생적인 면과 기능적인 면을 동시에 만족시킬 수 있는 소재를 사용해야 한다.

② **물이 닿는 표면** : 물이 닿는 표면은 매끈하고 교체가 용이하며, 쉽게 부식되지 않아야 한다. 또 균열되거나 부서지지 않는 재료를 사용해야 한다.

③ **비식품 접촉 표면** : 필요한 용도에 따라 적정한 소재를 사용하며, 식품이 직접 닿지 않으므로 위생적인 면보다는 기능적인 면을 강조하도록 한다. 보통 부드럽고 쉽게 부식되지 않는 소재를 사용한다.

제2절 주방의 에너지 관리

1. 전기

(1) 전기의 특징

전기는 일정 지점을 지나가는 초장 전자의 수로써 측정할 수 있다.

① **전류(Amp or I)** : 6,242,800,000억 개의 전자가 1초 동안에 흐르는 것

② **전압(Volt)** : 주어진 지점에서 1Amp의 전류를 1초 동안 밀어내는 힘

③ **전력의 양**(Watt) : 전류와 전압을 곱한 것을 전력의 양(W)이라 한다.

④ **전류**(A), **전압**(V), **전력**(W)**의 관계**

전력 = 전류 × 전압, 전류 = 전력 ÷ 전압, 전압 = 전력 ÷ 전류

전기에너지의 기본단위는 전력의 양(Watt)으로서 시간당 소비된 양을 측정하여 Kw로 나타낸다. 전압(Volt)은 110V, 208V, 230V, 480V와 교류단상 또는 교류 3상으로 설치된다.

전기에너지의 특징은 열 효율성이 가장 높으며, 냄새나 그을음이 없고 취급이 간편하다는 것이다. 전기의 열효율은 65%~170%이며, 단위 열량당 단가가 높다.

(2) 전기 시스템

전기에너지는 주방에서 가스와 함께 가장 많이 사용하는 에너지원 중의 하나로 조명이나 환기, 주방기기류 등의 에너지원으로 사용된다. 주방기기류의 전기 시스템을 결정할 때는 먼저 건물의 전기 시스템 특징을 확인해야 한다.

전압(Volt)과 교류단상 혹은 교류3상인가를 확인한다. 그리고 원하는 기기를 선정 한 후 가능한 높은 전기 전압을 사용한다.

전기제품을 전원에 연결시키는 방법을 선정한다. 항상 전원에 연결되어 있는 기기는 직접 연결하고(230V이상 교류3상이면 직접 연결해야 한다.) 자주 전원에 꽂았다 뺐다하는 기기들은 어댑터를 사용한다. 기계도면, 기기발주서, 기기 사양서 등에서 전기적 특성과 접지형태를 확인한다.

소형기기들이나 이동식 기기들에 대한 적절한 전기연결 방법도 필요하다. 콘센트로 연결할 때는 하나의 회로에 여러 개의 기기를 사용하게 되면 과부하로 인한 화재의 위험도 있다. 그렇기 때문에 사용 시는 전기 용량에 알맞은 배선을 하여 누전의 위험성 등 예방해야 한다.

전기절약을 위한 에너지 관리 프로그램은 에너지 사용과 수요에도 초점을 맞출 필요가 있으며, 또한 모든 기기가 일시에 가동되는 일이 없도록 전기수요를 통제하는 것도 필요하다. 주방시설 설계자는 각 기기의 전력소비량을 알고 주방설계로 발생되는 전체 전기 수요량을 고려해야 한다.

2. 가스

주방의 에너지원으로 가스기기를 사용할 것인지 전기기기를 사용할 것인지에 대한 결정요인 중 중요한 요인 중의 하나가 비용이다. 에너지 비용을 기초로 전기기기와 가스기기를 비교하여 필요한 기기를 선택하였을 때 에너지 비용을 더 절약할 수 있다.

일반적으로 조리사들은 전기기기보다 가스기기를 더 많이 선택하는데, 그 이유는 조리사들의 음식을 만드는 습관 때문이다. 가스기기는 전기기기에 비해 열 조절이 쉬우며, 내구력과 비용면에서도 차이가 난다. 하지만, 가스기기는 연소과정에서 미연소 가스가 배출되므로 이를 배출할 수 있는 후드시스템을 갖추어야 한다.

주방관리자는 에너지 절약을 통해 비용을 절감해야 하는데, 에너지 손실을 줄일 수 있는 방법은 다음과 같다.

① 밀폐되고 단열된 기기는 에너지를 절감한다. 오븐, 뚜껑이 있는 솥 등은 에너지가 적게 소모된다.
② 가능한 한 많은 양의 음식을 조리하게 되면 소량씩 여러 번 조리할 때보다 에너지가 절감된다.
③ 낮은 온도에서 조리하면 에너지가 적게 든다.
④ 기기의 예열시간을 조정하면 에너지가 절약된다.

(1) 도시가스와 프로판가스

주방에서 사용하는 가스는 도시가스와 프로판가스로 나눈다. 도시가스는 LNG라고도 하며, 제조공장에서 도관을 통해 주방으로 보낸다. 가스의 배관은 건물의 벽 속에 들어갈 수 없고 보이는 곳에 노출되어야 한다. 노란색 페인트를 칠해서 눈에 잘 보이게 하여야 하며, 가스의 배관과 전선이 만나지 않아야 한다. 전선과 가스의 배관이 만나면 화재의 위험이 커지기 때문이다. 가스기기를 설치할 때나 철거할 때에는 가스안전공사의 허가를 받아야 사용할 수 있다.

도시가스는 가스공장에서 만들어지는 제조가스로서 원료는 석탄, 석유, 천연가스다. 최근에는 독성이 함유되지 않는 생가스 자체의 천연가스가 많이 쓰이고 있다. 석탄과 코크스를 고온에서 건류하여 제작하는 석탄가스와 발생로가스를 혼합한 것과 석유계의 기름을 열분해하여 제작하는 오일가스가 있는가 하면, 코크스와 수증기로 제작하는 수성가스 등을 혼합한 것이 있다.

가격은 비교적 싼 편이며 완전연소하면 물과 이산화탄소가 되나 불완전연소했을 경우는 일산화탄소가 발생하여 인체에 유해하다. 또한 공기보다 가벼워서 가스 감지기를 천장에 설치해야 하며, 발열량은 대략 프로판가스의 70% 정도이다.

프로판가스는 LPG라고도 하며, 정유의 부산물로 프로판과 부탄의 혼합물이다. 특수용기에 넣어서 판매하며 열량은 도시가스보다 높고 공기보다 무거워서 (1.5~2.0배) 가스감지기를 낮은 곳에 설치해야 한다. 기기와 연결할 때 고무관으로 연결하면 누출의 위험성이 증가하므로 가스기기를 움직이지 않도록 고정시킨 후 가스기기를 쇠로 된 관으로 연결하는 것이 좋다.

프로판가스는 사용하기는 간편하나 누출되었을 때 공기보다 무거운 관계로 흩어지지 않고 폭발할 위험이 있어 사용에 주의를 요한다. 또 가스 자체에는 불이 붙지 않으나 공기와 혼합되었을 때 연소한다.

실내에서 가스가 누출되었을 때 누출되는 가스기기를 잠그고 난 후 창문을 열고 잘 환기 시켜야 한다. 이때 만약 전기스위치를 켜거나 끄면 그 과정에서 일어나는 '스파크' 불꽃에 의해 가스는 폭발하게 된다. 밤에 실내에서 가스가 누출되었을 때 어두움 때문에 무의식적으로 전기스위치를 켜서 가스가 폭발하는 사례가 많이 보고되고 있다.

가스는 원래 무색무취이나 가스 누출 시 이를 알 수 있게 하기 위하여 독특한 냄새를 가스에 섞어 놓았으므로 이를 감지하면 사전에 큰 피해를 막을 수 있다.

프로판가스의 열효율은 55%~65%이며, 도시가스의 열효율은 60%~65%이다.

(2) 가스버너

가스레인지의 경우에 가스는 버너를 통하여 나오게 되며, 밸브 조절기는 레인지 앞면의 바로 뒤에 있는 가스 공급원에서 가스가 흘러나오는 것을 조절하여 준다. 버너는 가스를 안전하고 높은 효율로 연소시켜 열이나 높은 온도를 얻는 장비이다.

버너는 가스 흡입구와 공기 흡입구로 구성되어 있으며, 가스 흡입구로부터 들어온 가스는 혼합관 안의 구멍에서 공기와 혼합되어 분출구를 통해 혼합관을 거쳐 들어가서 버너의 중앙에 있는 파일롯드에 의해 불이 당겨진다.

완전연소되면 내부가 뾰족한 원추형으로 된 맑은 청색의 불꽃이 생긴다. 공기가 너무 많이 공급되면 불꽃이 불안정하고 흔들리며, 공기가 적으면 불꽃은 색이 노랗고 버너 위의 그릇에 그을음이 생긴다. 불꽃은 조절기를 조정해서 적당하게 가스와 공기의 양으로 조절한다. 가스의 양과 공기의 양을 조절하는 것은 중요하다. 공기의 양이 너무 많으면 혼합관 안에서 불이 붙게 되는데, 이때 가스의 양은 밸브로 조절한다.

가스버너 사용 시에는 가스버너와 냄비 사이에 약 3Cm 정도의 거리를 유지해주어야 좋다. 가스는 다른 연료에 비해 취급이 편리하고 청결하며, 연소효율이 높아 현대주방에서 아주 중요한 열원 중의 하나이다.

(3) 가스 사용시에 지켜야 할 수칙

가스를 사용하기 전에는 가스가 새는지를 확인하고, 연소기 주위에 인하물질을 모두 치워야 한다. 또한 평상시에는 연소기 불구멍이 막히지 않도록 자주 청소하며, 호스와 이음새 부분에서 혹시 가스가 새지 않은가를 점검해야 한다. 만약 가스가 누설되었을 경우, 전기스위치를 켜거나 끄면 그때 일어나는 불꽃에 의해 가스가 폭발하게 되므로 주의를 요한다.

① 영업시간 외에 모든 가스 사용기기는 점화봉만 남겨둔 채 불을 끈다.
② 조리작업 시에 불의 세기를 너무 과도하게 사용하지 않는다.
③ 조리작업 시에 용량이나 규격에 맞는 용기를 사용한다.
④ 정확한 조리방법을 지켜 조리과정에 따라 불의 강약을 조절한다.
⑤ 가스 사용 시에 절대 자리를 이탈하지 않는다.
⑥ 가스 사용수칙을 잘 지킨다.

3. 상수도 · 하수도

(1) 상수도

식당에서는 음식조리와 서비스를 위한 위생적인 냉수와 온수가 필요하다. 아직 지하수를 사용하는 식당들도 있지만 대부분의 식당들은 도시의 수도 시스템에 의해 공급되는 수돗물을 사용하고 있다.

먹는 물은 무색, 무취, 투명하여야 하며 유독한 병원균이 없어야 한다. 수도법에는 수질기관에서 수도에 의하여 음용을 목적으로 공급되는 물에 포함되지 않아야 하는 물질을 다음과 같이 정하고 있다.

- 병원 미생물에 오염되었거나 오염될 염려가 있는 물질
- 건강에 위해한 영향을 미칠 수 있는 무기물질과 유기물질
- 심미적 영향을 미칠 수 있는 물질
- 그밖에 건강에 유해한 영향을 미칠 수 있는 물질

급수시설은 주방의 조리업무에 적합한 물을 공급하기 위한 시설로 주방의 최대 조리업무 시간대의 급수량을 고려하여 설치해야 한다.

수도 직결 배관방식은 수도 배관의 수압을 이용하여 주방 내에 직접 급수하는 방식으로 2층 이하에서 사용된다. 고가수조 배관방식은 고층건물에 적합한 방식으로 물탱크에 저장하였다가 급수하는 방식이다.

압력 배관방식은 중 · 고층 주방건물에 사용할 수 있는 급수방식으로 송수펌프로 압력을 높여 물을 공급한다. 일반적인 수도의 수압은 0.3kg/m², 샤워, 수압세미기는 0.7kg/m², 기타 0.5kg/m² 이상이 필요하다.

급탕시설은 온수를 공급하기 위한 것으로 온수보일러를 이용하는 중앙공급식 급탕법과 순간온수기를 이용하는 개별 급탕법이 있다. 온수의 적당한 온도는 손으로 설거지를 하는 경우는 50℃ 이하가 적당하며, 식기세정기는 60℃~95℃ 정도가 적당하다.

배관자재는 강관(주철관), 구리배관, 플라스틱, 스테인리스 등을 많이 사용한다. 과거에는 강관(주철관)을 많이 사용하였으나 노후되면 녹이 생성되는 단점 때문에 현재는 구리배관이나 스테인리스를 많이 사용한다. 강관에 아연도금을 한 아연 도금 강관도 많이 사용하는 자재 중의 하나이다.

수도 배관은 주방시설이 완료된 후에 수도를 설치하는 비용보다 설계할 때 추가하는 것이 비용이 적게 들어가므로 사전에 물 사용량이나 배관 시스템 등을 결정하여야 한다.

온수가열 시스템은 식기세척, 음식조리 등에 필요한 물을 데워준다. 물을 데우기 위해 모든 형태의 에너지를 사용할 수 있으나 전기에너지가 효율적이기 때문에 보통 전기히터를 많이 이용하는 편이다.

비용절감을 위해서는 온수사용 시 온수의 사용량을 줄여야 한다. 특히 온수 사용 후 버려지는 물의 양을 줄이고, 온수사용에 적합한 최저온도로 물의 온도를 유지해야 한다.

수도 꼭지는 2밸브식과 싱글레버식으로 구분할 수 있다. 2밸브식은 온수와 냉수를 따로 조작해서 물의 온도를 조절하는 것이며, 싱글레버식은 손잡이 하나로 물의 양과 온도를 동시에 조절할 수 있는 방법이다.

(2) 하수도

배수시설은 주방에서 사용한 물을 하수구로 버리는 시설이다. 이때 하수도의 냄새 또는 하수 가스의 배수관 역류를 방지할 수 있어야 한다. 배수량은 수압에 의해서 움직이지 않고 중력에 의해서 흐르는데, 이물질이 많이 흐르는 곳에는 배수로의 경사를 적게 주어 어느 정도 미세한 이물질이 떠서 흘러내릴 수 있도록 해야 한다.

배수로는 U자형으로 해야 구석에 이물질이 쌓이지 않으며 깊이는 15cm, 넓이는 20cm 이상을 유지해야 한다. 배수설비에는 배수구 · 배수관 · 바닥배수 트랜치(Trench) · 그리스트랩(Grease Trap) 등이 있으며, 경사는 1/100~2/100이 좋다. 또한 트랜치는 바닥의 중앙에 설치하는 것이 좋으나 주방의 배치에 따라서 다양한 형태로 설치할 수 있다.

배수관을 시공할 때에는 수평배수관의 경사는 지름 75mm 이하의 관은 1/500cm에 2cm의 기울기로 설치하며, 보통 100mm 이상 외관을 사용하는 것이 좋다. 배수관은 굵은 것이 좋으며, 곡선을 피하고 수직을 유지하도록 한다. 구부러진 곳에는 트랩을 설치한다.

4. 스팀

스팀은 에너지를 음식에 빨리 전달할 수 있기 때문에 주방의 주요한 에너지원 중 하나이다. 스팀은 압력이 없을 때도 온도가 100℃에 머물고, 압력이 높아지면 120℃까지 온도가 올라간다. 또한 예열이 거의 필요하지 않으므로 예열에 의한 열 손실이 없고, 열 효율성이 높기 때문에 조리시간이 짧아진다.

직접 스팀 조리기기는 스팀이 음식과 직접적으로 닿는 조리기구로 조리기구의 내부에서 스팀이 발생하여 음식을 조리한다. 스티머나 콤비 오븐 등이 여기에 속한다. 간접 스팀조리기기는 회전식 솥처럼 금속으로 된 조리 용기를 스팀을 사용하여 가열한다.

제3절 조명

1. 조명의 의의

사물에 대한 인상은 거의가 시각적인 것에 좌우되며 얼마나 잘 보이느냐는 것은 주방에서 매우 중요하다. 이와 같이 적당한 주방 조명은 생산성에 큰 영향을 미친다.

조명은 직접(direct), 간접(indirect), 산광(diffused light)으로 구분한다. 직접광은 빛의 근원으로 부터 오는 직사광선이고, 간접광은 천장이나 벽에서 반사되는 것이며, 산광은 빛이 반투명 막에 의해 제거된 광선을 가지고 퍼지는 것이다.

적절한 조명은 부정적인 느낌이나 긴장을 푸는 데 도움을 주며, 음식을 조리하고 서비스 하는 데 없어서는 안 되는 것이다.

종사원의 품질검사 활동과 작업 공간의 위생 청결을 위해서도 충분한 밝기의 조명이 필요하다. 조리 작업장 내의 권장 조도는 작업과정이 얼마나 눈을 사용하느냐에 의해 결정되지만 일반적으로 조명의 밝기는 50Lux~100Lux가 가장 실용적이다.

조명설계의 목적은 종업원에게는 최고의 생산성을, 고객들에게는 최고의 식사를 경험하게 돕는 것에 있다. 일관되면서 긍정적인 체험을 창조하기 위해서는 조명이 비춰지는 방향, 실제색상, 고객이나 종사원에게 미치는 영향, 시설의 인테리어 디자인 요소들의 외관에 미치는 영향 등에 대한 통제가 필요하다.

조명은 생산성에 영향을 미치는 여러 요인들 중의 하나이다. 조명으로 인해 생산성이 많은 영향을 받지만 조명의 영향력을 측정하기는 쉽지 않다. 조명은 빛의 강도, 빛의 분산, 반사광, 불빛의 원천의 특성 등에 따라 영향력의 차이를 보이게 된다.

그러나 밝게 조명을 설치한다고 생산성이 좋아지는 것은 아니다. 밝은 조명과 생산성 향상의 관계는 과학적인 연구 결과이다. 단순히 밝기를 조정한 결과는 아니지만 적절한 조명은 편안한 작업환경을 만들어 주고 이러한 환경 속에서 종사원 들은 보다 일관되고 긍정적인 태도로 근무하게 된다.

사람들은 작업 환경의 밝기 정도에 따라 스스로를 적응시키는 경향이 있다. 이러한 시각적 · 심미적 직감은 조도에 따라 어떤 활동이 적절하다고 생각하는지에 영향을 미친다.

전반적으로 세정실, 검수구역, 창고, 냉장고 등 물리적인 활동이 일어나는 공간의 밝기는 적절해야 한다.

중앙조명은 물체를 확실하게 식별하게 해주고 피로를 덜어주며 인간의 심리적 · 감각적 분위기에 맞게 유지해 준다.

2. 조명의 특성

(1) 빛의 분산

작업장의 조명배열은 빛이 전체공간에 골고루 퍼지도록 하는 것이다. 작업을 하는 일정한 공간에 더 강한 빛을 주면, 작업하는 중에 주위를 볼 때 주변 빛과의 차이 때문에 동공의 수축과 팽창이 자주 일어나 눈에 무리가 오게 되어 일정시간이 지난 후에 시력에 많은 영향을 준다.

(2) 반사광

강하게 반사되어 나오는 불빛은 눈을 긴장시킬 뿐만 아니라 시력을 약하게 만든다. 따라서 주방에서는 빛의 반사를 막아 빛이 눈에 바로 들어오지 않게 해야 한다. 반사광을 줄이기 위해서는 다음과 같은 방법을 이용한다.

① 광원의 반사광을 줄이고 수를 늘린다.
② 반사광의 주위를 밝게 하여 광속 발산비를 줄인다.
③ 차양판을 사용하여 눈에 빛이 직접 들어오지 못하게 한다.
④ 간접조명을 사용하여 조리장의 조명을 통일한다.
⑤ 무광택 페인트를 사용한다.

(3) 빛의 색(Color)

작업장에서 빛의 색은 생산을 증대시키고 사고와 실수를 감소시키며 사기를 북돋우는 데 관계가 있다고 주장되고 있으며, 눈의 긴장을 막는 데도 영향을 주고 있다. 우리가 느끼는 색채의 심리는 다음과 같다.

① 적색 : 공포, 열정, 따뜻함, 용기, 활기
② 황색 : 주의, 희망, 향상, 광명
③ 녹색 : 안전, 안식, 차가움, 이상, 평화
④ 청색 : 진정, 서늘함, 소극, 소원, 냉담
⑤ 자색 : 우미, 고취, 불안, 영원

따라서 이러한 색의 특성과 성질은 주방기구나 벽, 바닥, 천장에 적절히 사용됨으로써 안전과 생산성 향상에 기여를 한다. 색채조절은 작업의 종류에 따라 적절히 사용하여 긴장감과 실내분위기를 바꿀 수 있기 때문에 널리 이용되고 있다.

3. 조명도구

인공적인 빛은 표준 백열등 · 형광등 · 수은등 · 나트륨등 · 네온사인 등을 많이 사용한다. 이들은 각각 비용과 밝기, 색깔에 따라 장점과 단점을 가지고 있다.

(1) 백열등

전구는 오래 사용하면 밝기가 차차 어두워진다. 밝기가 처음의 80%가 되는 데까지의 시간을 전구의 수명이라고 하는데, 보통 1000~1200시간 정도이다. 전구의 필라멘트는 진동에 특히 약하므로 전기를 켤 때나 끌 때 주의해야 한다.

전구에 주어진 에너지의 4%~5%가 가시광선이며, 나머지는 열에너지로 발산된다. 요즘은 효율보다는 분위기를 위해서 주로 전구를 사용한다.

(2) 형광등

형광등은 발열하지 않고 조명효율이 좋아서 실내조명에 많이 사용되고 있다. 형광등은 스타터 방식에 따라 예열 형광등과 래프드 스타트 형광등으로 구별한다. 또한 모양에 일직선과 원형 형광등으로 나누는데, 양쪽 끝에는 필라멘트가 있다. 그리고 관 속에는 아르곤가스와 수은증기가 약간 들어 있으며, 관의 내부에는 텅스텐산할륨 · 텅스텐산마그네슘 · 형광산아연 등을 혼합한 형광도료가 칠해져 있다.

이들의 배합 정도에 따라서 주광색, 천연주광색 등의 여러 가지 색을 낼 수 있는 것이다. 형광등은 백열등보다 전력이 1/3 정도로 세며, 경제적이고 수명도 길다. 또 백열등보다 5배 밝은 빛이 나오며, 에너지 절감이나 빌딩 · 공장조명에 가장 경제적이고 높은 조도를 얻을 수 있다.

그러나 형광등의 밝기는 20℃ 전후가 가장 좋으며, −5℃ 이하에서 사용할 때는 저온형광등을 사용하거나 예열원을 내장해야 한다.

(3) 고압수은등

수은등은 고압으로 수은을 방전시켜 방출되는 복사선을 이용한 것이다. 수은증기는 고압으로 넣어 방전시키면 전류가 흐르며, 강한 가시광선이 나오게 된다. 빛은 자연의 빛보다 푸른색이 좀 더 강하게 방출되나 외식업소의 정원이나 옥외 조명용으로 적합하다.

수은등은 전구보다 크지만 집광이 가능하고 수명이 길다. 또한 점등 시간이 다소 걸리고, 휘도가 높으며, 자외선을 다량 발산하므로 효율이 높다. 천정이 높은 실내에 적합하다.

(4) 나트륨등

나트륨등은 고압과 저압으로 구분하지만 일반적으로 나트륨등은 저압나트륨등을 말한다. 발광효율이 아주 높고 수명이 길며, 황동색의 단색광이다. 연색성은 나쁘지만 색 수치가 없다.

(5) 네온사인

유리관 양쪽 끝에 전극을 넣고 유리관 속에 네온가스를 넣은 것으로써 이 양단에 적당한 고전압을 걸어주면 가스를 통하여 방전이 일어나면서 아름다운 붉은색을 낸다.

조리를 하는 일정구역이 다른구역과 비교하여 위험성이나 위생 혹은 다른 이유로 더 많은 관심이 필요할 때 집중된 조명으로 확인할 곳을 강조함으로써 주방 종사자들의 눈길을 끌 수 있다. 조명으로 인한 눈의 자극을 최소화하기 위하여 어두운 곳과 밝은 곳의 차이를 줄이고, 부드러운 조명이 되도록 해야 한다.

제4절 온도와 습도

온도 · 습도 · 환기의 관계는 설계 시에는 기술자가 책임져야 하는 기술적인 부분이다. 온도와 습도는 그 건물을 이용하는 대부분의 사람들이 편안함을 느낄 수 있는 수준으로 유지되어야 한다.

겨울철에는 실내온도가 높고 습도는 매우 낮게 유지되기 쉽다. 겨울철의 바깥 공기는 온도가 낮기 때문에 적은 수분을 포함하고 있으며, 이 공기가 건물로 유입되고 온도가 올라가면 습도는 급격히 떨어지게 된다.

여름철에는 이와 반대현상이 일어난다. 수분이 많은 바깥 공기가 건물로 들어와서 차가워지면 습도가 급격히 높아진다.

결국 겨울철 공기조절 장치는 습도를 높여주고, 여름철 공기 조절장치는 공기의 수분량을 줄여주어 알맞은 온도와 습도가 쾌적한 실내공간을 제공해야 한다.

사람의 몸이 뜨거운 기구 등에 계속 노출되면 몸과 피부의 온도 증가로 작업과정에 불편을 느끼게 된다. 또한 차가운 표면에 지속적으로 노출될 경우 몸의 열을 빼앗겨 신체가 위축되어 추우와 함께 심한 긴장감을 느끼게 된다.

사람은 온도와 습도에 민감하기 때문에 작은 온도변화에도 많은 영향을 받는다. 그러므로 온도와 습도는 생활의 물리적 요건이나 생산성에 많은 영향을 미친다.

사람에게 가장 쾌적한 온도는 22.8℃~25℃이다. 그러나 일반적으로 작업장의 권장온도는 겨울철이 18.3℃~21.1℃사이이며, 여름철에는 20.6℃~22.8℃사이이다.

조리작업장 내의 상대습드는 40%~60% 정도가 적당하다. 높은 습도는 사람에게 불쾌감을 주어 생산성을 떨어뜨리며, 낮은 습도는 피부와 코의 건조를 일으켜 불편하게 한다.

세정실과 가열구역은 쾌적한 환경을 유지하기가 가장 어려운 곳이다. 세정실은 자동세척기에서 나오는 수증기로 인해 작업자들이 불쾌감을 느끼고 또한 세척된 그릇 등이 잘 마르지 않는다.

설계자는 기술자와 협조하여 공기의 이동이 충분히 이루어지도록 하고 식기세척기의 앞 · 뒷면에 환기장치를 설치하도록 해야 한다. 주방장비나 조리기구에서 발생한 열과 습도는 주방전체 내부에 직접적으로 영향을 줄 수 있는 요소이기 때문에 적절하게 배출될 수 있고 환풍될 수 있는 장치와 설비가 필요하다.

제5절 소음 조절

시끄러운 소리는 주방 종사원들에게 불쾌감을 주며 생산성을 떨어뜨린다. 주방의 소음표준은 50dB 이하이다. 직접적인 소음수준은 피로, 사고, 낮은 생산성과 깊은 관련성이 있다고 많은 연구결과에서 밝혀졌다.

다소 높은 dB로 소음이 올라갈수록 짧은 시간 동안은 참을 수 있으나 높은 소음수준에서 계속적으로 노출될 경우는 작업에 어려움을 겪게 된다.

주방 공간 중에서 가장 소음이 많이 나는 곳은 세척장이다. 세정실과 주방 사이에 방음벽을 시공하여 소음이 전달되는 것을 제한해야 하며, 주방 내부나 천장에 기름이나 습기에 저항성이 있는 방음 장치를 할 필요성이 있다.

설계 시에 중요한 고려사항 중 하나는 소음이 없는 조용한 환경을 설계하는 것이다. 주방시설의 소음조절과 관련한 한 가지 문제점은 주방 자체의 특성에 있다. 작업자의 활동과 이동, 기기소음, 테이블에서 고객의 대화, 주문 받는 소리, 그리고 주방과의 대화 유리잔과 접시소리, 배경음악 등은 모두 소음수준을 높여준다.

소리는 dB(decibel)로 측정하는데, 보통 속삭이는 말소리가 20dB 정도이며 정상적인 말소리는 60dB 정도 된다. 소음측정에서 40dB 정도 되면 일상생활에서 장애요소가 된다. 소음관리는 반향음을 줄이고 소음원을 제거시키는 것이 바람직하다. 주방의 위치선정, 동력장비, 기기의 사용소음 등은 주방과 연결된 서비스 출입문의 위치 선정이나 형태에 주의한다.

식당환경에서는 소음 데시벨 수준은 낮게 유지하는 것이 바람직하고 배경음악으로 저진동 음악을 선택하는 것이 좋다. 고진동 음악이나 소리는 사람의 귀에 매우 불쾌하게 들리며 특히 고객들 간에 대화를 방해하게 된다.

주방의 타일바닥이나 다른 딱딱한 표면의 벽과 천장은 소리반사 환경을 만든다. 주방에서 사용하는 각종 기기류의 작동 중 발생하는 소음은 주방에 상당한 소음을 만들어낸다.

[주방설계 시에 소음을 줄일 수 있는 방법]

① 방음천정 설치
② 스테인리스 작업대 표면 하단에 소리흡수제 코팅 처리
③ 냉장 · 냉동고 콤프레서 원거리 설치
④ 조리구역에 전자식 주문기기 설치로 소음과 시간 단축
⑤ 작업장에 낮은 볼륨의 배경음악을 틀어 줌
⑥ 주방에서 세정실을 분리하고 방음벽 설치

제6절 색채

색은 어떤 물체를 인식하는 데 가장 중요한 판단의 기준으로 '빛깔' 이라고도 하며 일반적으로 색상 · 명도 · 채도로 나타낼 수 있는 모든 사물로 정의되며, 인간의 환경을 이루고 있는 요인 중에서 색채는 매우 감각적인 요인으로서 예술 · 과학 · 생활의 매우 다양한 영역에서 폭넓게 작용한다.

주방내부의 색은 주방 종사자의 긴장도나 심리적 안정 등과 밀접한 관계가 있으므로 주방 종사자들의 작업 효율성에 직접적으로 영향을 미친다.

색은 단독으로 혹은 복합적으로 혼합해서 사용하여 작업자의 피로를 줄이고 사기를 향상시키며, 생산성을 증가시킬 수 있기 때문에 주방 내부의 색깔과 장비들의 색을 합리적으로 선택할 필요가 있다. 또한 색과 조명의 결합은 작업장의 사물을 쉽게 볼 수 있게 함으로써 눈의 피로를 줄여 준다. 주방의 색채 조절은 긴장도를 낮추기 위하여 대부분 흰색 계열로 만들었으나 능률과 분위기 개선을 위하여 알맞은 색의 선택이 필요하다.

원색은 광범위하게 사용하지 않고 위험물 표시로 적색 · 청색 · 황색 · 흑색을 구분 사용하면 종사원의 사고 방지에 도움이 된다. 빨간색과 노란색은 장비의 움직이는 부분과 위험성을 내포하고 있는 공간에서 활용할 수 있다. 그리고 녹색은 주방장비 및 기물과 기기에 사용될 수 있다.

[사람이 느끼는 색체감정]

① 빨간색은 따뜻함 · 관능 · 정열을 상징하는 반면, 반항과 잔인함을 상징하기도 한다. 시선을 집중시켜 주는 역할을 하며 활기를 주어 빠른 리듬을 준다.
② 자주색은 엄격하고 전통적이며, 사치스럽고 우아한 느낌을 준다. 주로 달콤함 · 따뜻함 · 진한 맛을 느끼게 한다.
③ 주황색은 따뜻함 · 불 · 햇살 · 빛 · 가을을 연상시키고, 심리학적으로 열정 · 젊음과 관련이 있으며 빨간색과 노란색의 속성을 가지고 있다.
④ 노란색은 생생함, 명랑함, 힘찬 느낌을 주는 친근한 색이다. 기쁨을 표현하고 강력하고 밝으며 주황색과 같이 따뜻함과 빛을 연상시킨다. 특히 노란색은 검은색과 배치될 때 시선 집중의 효과가 있다.

⑤ 초록색은 매우 자연스러운 색이며 사람의 눈이 가장 인식하기 쉽다. 시원하고 신선한 느낌을 주며, 건강 · 신선함 · 자연의 상징으로 사용된다.
⑥ 파란색은 하늘 · 물 · 바다의 색으로 차가운 색이며, 환상과 자유 및 꿈과 젊음의 느낌을 준다. 특히 파란색은 얼음을 연상시키기 때문에 흰색과 같이 사용하면 효과적이다.
⑦ 검은색은 죽음 · 애도 · 슬픔 · 고독 등과 연결되어 희망이나 미래가 없는 색의 느낌이 나지만 고귀함 · 기품 · 우아한 느낌도 내재되어 있다. 특히 검은색은 대비의 느낌이나 옆의 색상을 강조하는 데 효과적이다.

PART 4

주방시설의 설계와 배치

CHAPTER 1

인체공학과 공간설계

인체공학은 어떤 작업 환경이 종사원의 만족 · 안전 · 생산성에 영향을 미치는가에 대해 연구하는 학문으로 산업 전반에서 활용되고 있으며, 외식산업에서도 주방이나 식당의 시설기준을 설정하는 데 중요한 척도가 된다.

주방시설 계획의 본질적인 목표는 인간공학적인 활용의 효율성이다. 주어진 작업의 내외적 환경에서 종사원들의 활동범위를 최대한으로 확장하는 데 있다. 종업원들로 하여금 적절한 기기와 도구들을 가지고 적절한 작업 장소에서 업무에 종사하게 하면 작업능률이 증진된다. 이때 인체계측은 광범위하게 사용되고 있다. 사람이 사용하는 거의 모든 것에 인체계측이 활용되고 있다.

제1절 인체측정

사람들은 오래 전부터 인체규격에 대하여 많은 관심을 가지고 있었다. 개인이나 집단에 있어 인체측정에 관한 차이점에 대하여 연구하는 과학을 인체 측정학이라고 부른다. 1940년대에 와서야 인체측정 자료가 여러 산업분야에서 쓰이기 시작하였으며, 특히 항공기산업에서 큰 발전을 거듭하였다. 그러나 가장 필요한 사람은 건축가나 실내디자이너이며, 이 자료의 내용들을 보다 많이 이해하고 실제로 실내의 생활공간에 적용하여야 할 것이다.

사람의 인체치수는 연령과 성별 또는 인종, 나아가서 특정 직업에 따라 달라진다. 1919년에 미국에서는 약 10만 명의 미군 제대 장병에 관한 조사가 이루어졌는데, 단순하게 신장과 몸무게간을 실시한 것이 아니고 처음으로 전반적인 인체 측정을 한 것이다. 이 자료는 미국 성인남성의 인체측정의 표준자료로 요긴하게 쓰여졌다.

실내공간을 디자인하는 데 중요한 신체치수는 구조적인 것과 기능적 유형인 것으로 나누어진다. 구조적인 치수(때로는 정적인 치수)는 표준자세에서의 머리 · 가슴 · 다리 등의 치수를 말한다.

① 기능적 치수는 움직이는 상태의 역동적 치수로, 말 자체에서 나타나듯이 일하는 자세나 어떤 특정한 일과 관계된 동작의 치수를 지칭한다. 전자는 쉽고 간단하게 자료가 얻어지나 후자의 경우는 보다 복잡한 양상을 보인다.

② 인체치수는 상황에 따라서 변하게 된다. 크게는 나이에 따라 변하며 적게는 상황에 따라 변한다. 예를 들어 장시간 누운 상태, 즉 수면의 상태 후와 그전의 신장은 다른 측정 결과를 나타낸다. 인간의 신체는 본질적으로 역동적인 유기체이기 때문이며, 제시된 인체측정의 데이터를 디자인에 적용하는 데는 인체의 정적 상태 자료와 인체의 역동적 상태자료를 조화시키는 것이 필요하다.

팔이 어느 물체에 도달하는 거리를 측정해 보면 허리의 구부림이나 관절의 각도에 따라 그 값이 다르나 선반을 사용할 때 사용자 대부분을 수용할 수 있는 최대거리 및 조정 가능거리 안에 있다는 것은 분명하다.

인체의 관절을 움직이거나 회전하기 위한 동작의 정도는 개인의 신체와 환경에 큰 영향을 준다. 몸을 앞으로 기울이면 기능적인 도달이 증가하는데, 이것은 무릎을 꿇거나 발끝으로 서는 행위에서도 마찬가지이다. 디자이너는 이러한 관절운동에 대하여 어느 정도의 지식을 갖추어야 한다.

주어진 시간에 두 개의 동작으로 이루어진 각도나, 한 동작과 수평 또는 수직으로 얻어지는 각도를 관절운동의 범위라고 한다. 최대범위는 정상상태에서 뼈와 근육의 압축으로 가능한 두 개의 최대동작에 의해 나온 각도이다.

시간의 흐름에 따라 신체의 규격은 변한다. 제2차 세계대전 때 군인들의 신체규격은 제1차 세계 대전 당시의 신체규격보다 더 크며, 1971년~1974년 사이에 미국 보건 · 교육 · 후생부처에서 행한 연구조사는 1960~1962년 "국민건강에 관한 조사"의 내용보다 남녀의 신장이 월등히 크다.

남성을 대상으로 한 최근조사는 남성의 51%는 신장이 175.3㎝인데, 이것은 1960~1962년 조사의 38%에 해당되는 수치이다. 인체측정 자료는 시간이 지남에 따라 변하기 때문에 계속해서 연속적으로 측정할 필요가 있다.

제2절 능률적인 작업 공간

식당 경영에 필요한 구성요인들 중에서 가장 중요한 것이 위치적인 것이다. 식당은 영업을 할 수 있는 위치선정에 많은 투자를 하고 공간을 확보한다. 그 공간을 효율적으로 사용한다는 것은 그만큼 식당경영의 성공확률이 높아진다는 것을 의미한다.

식당경영자는 음식을 판매하는 식당을 더 많이 확보하고 주방은 좁으면서도 효율적으로 사용하는 것이 더 효과적이라고 생각한다. 주방이란 한정된 공간에서 능률적인 업무를 수행하기 위해서는 적절한 작업공간의 확보가 필수적이다.

주방설계시 주방에서 작업자가 작업 능률을 최대로 높이기 위한 필요 공간 확보는 그 작업자의 인체계측학적인 근거에 의해서 결정되었을 때 더 효과적이다. 인체계측의 시작은 인체치수를 측정하는 것이다. 인체치수를 측정하는 방법은 보통 구조적인 인체치수 측정과 기능적인 인체치수 측정이 있다.

구조적인 인체치수 측정방법은 측정하고자 하는 사람의 구조적인 신체 각 부위의 활동범위를 인체 측정기로 측정하는 것을 말한다.

한편, 기능적인 인체치수 측정방법은 움직이는 몸의 자세로부터 인체치수를 측정하는 것으로 사람이 신체적 기능을 수행할 때에 각 신체부위는 독립적으로 움직이는 것이 아니라 조화를 이루어 움직이기 때문에 인체의 한 부위와 연결된 부위까지의 치수를 측정하게 되는 것이다.
예를 들어 손을 뻗어 잡을 수 있는 한계는 팔의 길이와 어깨의 움직임, 몸의 회전 등 구부려서 손으로 행하는 모든 기능에 영향을 받는다.

사람의 움직임에는 여러 가지 변수들이 작용하기 때문에 구조적인 인체치수와 기능적인 인체치수가 광범우하게 사용되고 있다. 주방기구나 주방기기에 측정된 인체지수가 적용되면 사용하기가 더 편리해지며 사용자의 건강이나 능률이 더 좋아진다. 또한 주방의 기기배치나 동선확보, 작업 공간 확보 등에도 인체계측 적용은 꼭 필요한 부분이다.

작업자가 주방에서 작업에 필요한 공간 확보를 위해서 필요한 작업영역 중 정상작업영역은 구조적인 인체치수와 관련이 있고, 최대 작업영역은 기능적인 인체치수와 관련이 있다.

1. 정상 작업영역

작업자가 정상적으로 작업을 할 수 있는 영역으로 한쪽 팔을 자연스럽게 수직으로 늘어뜨리고 한쪽 팔만 가지고 편하게 뻗어 작업업무를 수행할 수 있는구역을 정상 작업영역이라고 하는데, 작업자가 가장 신속하게 작업할 수 있고 작업에 방해를 받지 않고 작업할 수 있는 최소한의 공간이며 자기만의 공간이라고 할 수 있다.

2. 최대 작업영역

작업자가 한 위치에 서서 작업할 수 있는 영역으로 양팔을 곧게 펴서 작업업무를 수행할 수 있는 영역을 최대 작업영역이라고 하는데, 기능적인 인체치수와 관련이 있으며 주방에서 작업할 때 한 사람에게 필요한 공간이라 하겠다.

한 사람의 작업공간 기준이며 최대 작업영역 공간이 확보돼야 작업자끼리 서로 방해받지 않고 작업할 수 있는 공간이다.

3. 작업대의 높이

작업에 필요한 작업대의 높이는 작업자가 서서 작업할 때 작업대 위에 팔을 올려놓고 자연스러운 자세로 팔꿈치보다 5㎝~10㎝ 정도 낮은 것은 기준으로 하는 것을 기본원칙으로 한다.

섬세한 작업일수록 기준보다 작업대가 조금 높아야 하며 거친 작업이나 중작업 시에 기준보다 조금 낮은 작업대가 적합하다.

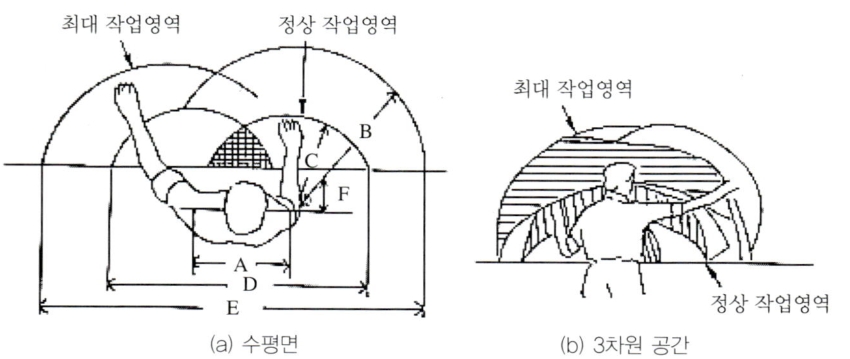

그림 4-1 정상 작업영역과 최대 작업영역

주방에서 작업 과정 중 여러 사람의 조리사들이 작업하며 이러한 조리사들은 신체적으로 다양한 특성을 가지고 있다. 모든 사람에게 똑같은 시설기준을 적용시킬 수는 없으므로 높이를 조절할 수 있도록 작업대를 제작할 필요가 있다. 작업대의 밑받침의 높이 조절장치를 달아주고 조절범위를 10㎝ 정도로 설정하여 주면 좋다.

한국인과 미국인에 적합한 작업대 치수 (단위 : ㎝)

치수	미국인		한국인	
	남	여	남	여
A	40.64	35.56	37.78	34.92
B	67.31	59.69	62.10	57.91
C	39.37	35.56	34.73	32.14
D = 2C + A, E = 2B + A, F = 19㎝				

자료 : 김기영, 호텔 주방관리론, 백산출판사, 1999, p76

제3절 작업 중심점

주방에서 이루어지는 모든 작업은 작업 중심점을 기준으로 일어나고 있다. 한 주방에서 작업이 세분화되는 경우에는 여러 개의 작업 중심점이 필요하다.

작업 중심점은 작업자가 직접 행하는 작업영역으로 편안한 접근이 가능하고 몸을 이동시키지 않고 도달되는 영역이다. 이는 최대 작업영역에 속하는 구역으로 커다란 움직임 없이 관련된 모든 업무를 원활히 처리할 수 있는 영역이다.

작업 중심점의 공간 규모를 설정하기 위해서는 작업자의 작업 활동공간과 작업 과정에 필요한 구성요소를 먼저 고려하여야 한다. 인간 공학적 측면에서 인간의 신체와 인체구조의 변화를 충분히 고려하여야 하며 작업의 특성을 다양하게 적용시켜 작업장의 적정규모를 설정해야 할 것이다.

주방시설 설계 시 각기 다른 여러 종류의 작업공간을 고려해야 한다. 작업 공간에 영향을 미치는 요인들은 공간 내 작업자 수, 기기의 종류와 수량, 기기작동 시에 필요한 여유공간, 음식의 종류, 저장 공간의 크기 등이다. 개별적인 종사원들은 작업이 요구하는 독특성에 따라 각기 다른 크기의 공간을 필요로 한다.

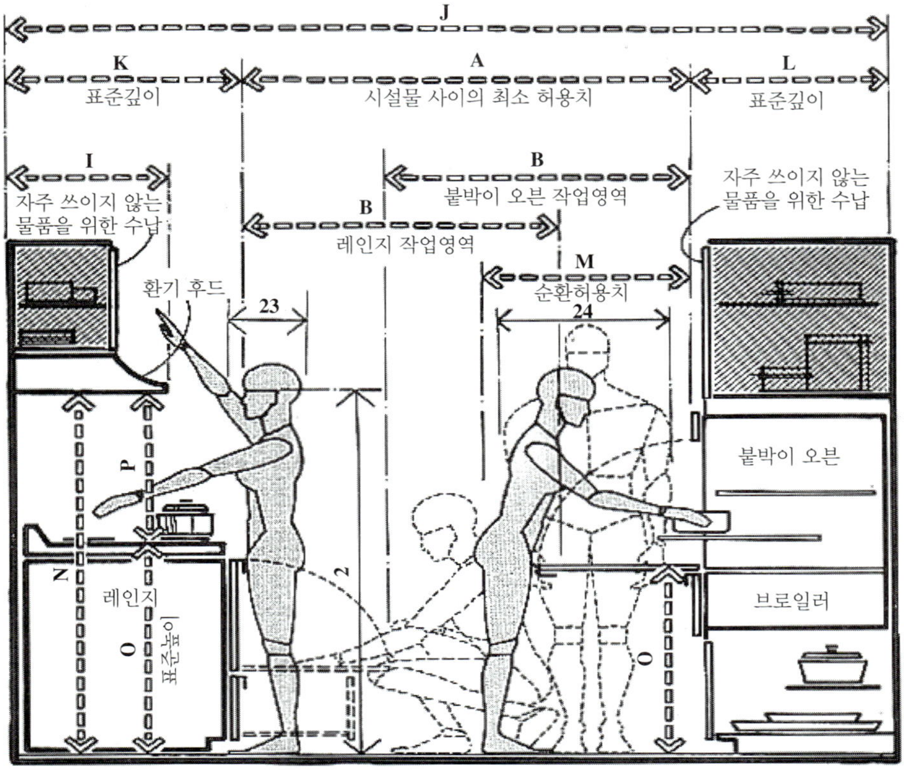

자료 : 이춘섭 옮김(J.파네로 & M.젤니크 지음), 인체공학과 실내공간, 미진사, 1996, p148

그림 4-2 작업공간

[그림 4-2]와 [그림 4-3]은 전형적인 작업공간과 작업영역을 각각 보여주고 있다. 여기서 작업영역은 사용자가 바로 앞에서 직접 행하는 것으로 다리를 움직이지 않고 팔만 뻗어서 접근이 가능한 지역이다.

일반 주방작업대 높이는 약 30세 전후 조리사의 평균 신장이 172㎝라고 규정하였을 때 작업대의 길이는 187㎝, 높이는 78.1㎝, 평균 작업 공간 확보율 약 1.48㎡의 작업공간이 필요하며, 정상 작업영역 범위가 36.4㎝, 최대 작업영역 범위가 67.6㎝인 작업센터 공간이 필요하다.

주방 작업대의 높이, 순환을 위한 캐비닛과 조리장비 및 기물과의 적절한 허용치, 벽에 설치된 선반까지의 용이한 접근, 그리고 적절한 시야공간 확보는 주방을 디자인할 때 고려해야 할 사항이다. 조리사와 주방의 각 장비 및 기물들과 상호관

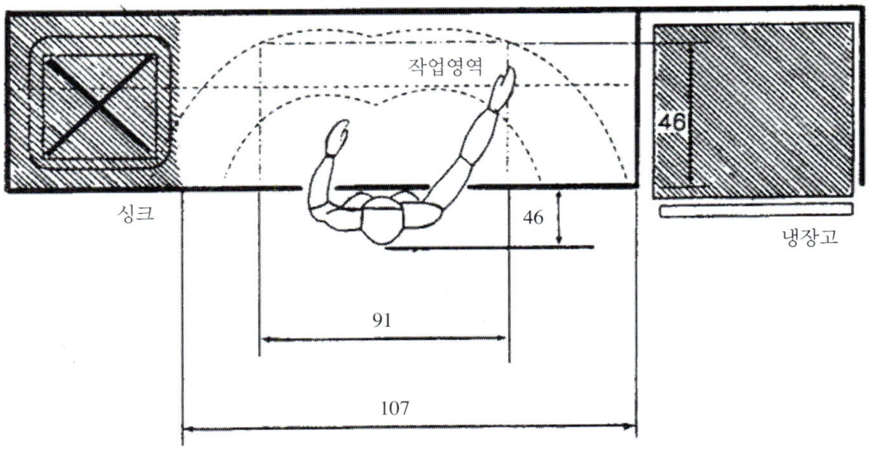

허리를 구부리지 않고 도달할 수 있는 영역이다.

자료 : 이춘섭 옮김(J.파네로 & M.젤니크 지음), 인체공학과 실내공간, 미진사, 1996, p145.

그림 4-3 작업영역

계가 원만하게 이루어지려면 모든 요소가 신체 체구와 규격에 적합하여야 한다.

작업대 사이의 허용치를 정하기 위해서는 신체의 폭과 평균 신장 등의 수치를 적용시켜서 결정해야 한다. 그래서 평균치수를 사용하면 구성원들의 치수가 각기 다르므로 각 구성원들에게는 오차가 생길 수 있다. 이동식이거나 높낮이 조절이 가능한 것은 최대한 이용해서 높이나 거리를 사용자에게 적정하게 조정을 하고 그 나머지는 평균치의 치수를 사용한다.

주방디자인에서 중요한 사항 중의 하나는 눈높이이다. 레인지 위에서 배기후드 밑까지의 공간은 사용자의 가시한계 안에 있어야 하며, 조리사의 위생모 등을 감안 하면 후드의 높이는 1.96m 정도가 적당하다. 또한 배기후드의 폭도 발열기기보다 조금 더 앞으로 돌출되어야 원활하게 열기를 흡입할 수 있다.

적합한 작업공간이란, 움직임을 덜어주고 시간과 에너지를 절감해주어야 한다. 한 주방에서 작업 중심지가 여러 부분으로 분산되어 있는 경우에는 시설물의 중복사용이 발생하므로 배치계획에 세심한 배려가 필요하며 사용하지 않는 기기는 다른 설비를 위한 공간을 주기 위해 한쪽으로 옮겨질 수 있어야 공간이 잘 활용될 수 있다. 각 주방은 업무의 성격에 따라서 특색 있게 개발되어야 한다.

제4절 적절한 공간설계

주방설계자는 많은 경험을 토대로 기본계획의 개념을 정립하기 위해 세부적인 장비나 기기들의 상호 연계성을 숙지하여야 한다. 기본설계계획의 입안은 장래 식당의 성공 여부를 결정짓는 중요한 작업이다.

주방에서 식재료의 흐름을 바탕으로 식재료의 입고, 보관, 식재료의 손질 및 준비, 생산, 서비스, 기물세척, 폐기물처리 등에 대한 일련의 과정을 분석함으로써 설계에 대한 대책으로 합리적인 기본설계 계획을 수립하여야 한다.

1. 주방동선의 흐름

통로는 식음시설의 전체적인 크기와 작업 효율성에 많은 영향을 미치므로 적당한 넓이로 설계해야 한다. 만약 통로가 좁으면 종사원들이 작업하기가 힘들 것이고 통로가 넓으면 종사원들이 일하는 동안 더 많이 이동하여야 할 것이다.

작업통로가 협소하다거나 장비배치가 비합리적인 경우에는 조리작업 활동이 빈번하게 방해받는다. 이는 주방종사원들을 더 피곤하게 해서 생산성을 떨어뜨릴 수도 있다.

조리작업 통로는 가능한 한 작업자가 최소의 방해를 받도록 보장되는 원활한 통로를 유지하여 작업자로 하여금 만족감을 느낄 수 있도록 해주어야 한다. 주방에서 조리작업 과정 중에 이루어지는 이동은 작업을 위해 필요한 것이다. 조리사들이 작업 활동을 수행하기 위하여 한 장소에서 다른 장소로 움직이거나 장비와 식재료를 이동하기 위한 통로공간이 필요하다. 주방공간에서 조리사 한 사람의 작업통로에 필요한 공간의 넓이는 보통 61㎝~92㎝를 확보해야 한다.

소규모 주방에서는 공간 기능의 시스템을 구분하지 않아도 된다. 소규모 공간에서는 사람이나 물건이 동선이 아닌 점으로 취급된다. 대규모 주방에서는 작업 중심점 혹은 작업센터가 여러 곳에 있으므로 이 작업센터에 따라 사람이나 장비, 식재료가 이동하여야 한다.

모든 작업은 각 작업 중심점 상호간에 방해받지 않으며 높은 연관성을 위하여 논리적이고 과학적인 배치가 필요하다. 재료를 처리하거나 기본적인 기능을 수행함에 있어서 작업의 순서흐름을 용이하게 하기 위하여 작업센터 간의 배치와 이동거리 및 통로설계 등이 효율적으로 설계되어야 한다.

주방의 공간은 대체적으로 검수 공간 · 저장 공간 · 전처리 공간 · 조리 공간 · 서비스 공간 · 세척 공간으로 구분되며, 각 공간별로 작업대 · 냉장고 · 싱크 · 각종 주방 기기류 등이 유기적으로 연결되어야 작업의 효율성을 높일 수 있다.

각 공간의 기능과 작업량이 서로 다르다는 것을 명확히 구분하여 구분된 작업량에 따라서 작업 동선의 이동과 흐름의 기초를 결정하는 것은 중요한 것이다.

작업 흐름의 결정은 각 작업의 필요시간과 공간을 정하는 중요한 요소가 된다.

[합리적인 주방동선을 결정할 때 고려하여야 할 사항]

① 동선을 다른 동선과 교차시키거나 역행해서는 안 된다. 만약에 동선의 교차나 역행이 필요하다면 최소화해야 한다.
② 동선은 가능한 한 일직선 라인을 통과해야 한다.
③ 옆으로 통과하는 동선도 최소화해야 한다.
④ 식재료가 체류되거나 흐름과 역행하는 일이 없어야 한다.
⑤ 작업자나 식재료의 이동거리는 최소화해야 한다.
⑥ 공간이나 설비는 최대한 활용되어야 한다.
⑦ 오염구역에서 비오염구역으로 들어오는 동선은 없어야 한다.

주방종사원의 동선은 메뉴의 종류에 따라 달라질 수 있지만 각 업무의 기능별로 고려하면 된다. 특히 공동으르 사용하는 싱크대는 작업동선이 겹쳐지지 않도록 세심한 주의가 필요하다.

접객 서비스 요원의 동선은 주방과 객석을 중심으로 가장 빨리 고객에게 도달할 수 있게 하여야 한다.

세척담당자의 동선은 비교적 넓은 공간을 확보하여 보조 작업대를 설치하는 것이 좋다. 동선을 주방 방향과 식당 방향으로 연계시킨다.

주방 보조원의 동선은 식재료 창고와 주방의 준비 공간과 연계시켜 관리자의 지시에 신속하게 움직일 수 있도록 동선을 만들어야 한다.

2. 조리공간의 설계

조리공간은 가장 바쁜 시간과 짧은 시간에 제공할 수 있는 음식의 수를 근거로 하여 적절하게 할당한다. 조리공간은 여러 가지 장비와 기기들의 기능이 복잡하게 얽혀 있으므로 인체측정 수치를 활용하여 설계할 필요가 있다.

부엌 작업대의 높이, 순환을 위한 캐비닛과 부엌장비 및 도구와 적절한 허용치, 머리 위와 카운터 및 수납의 적절한 접근 그리고 적절한 시계는 조리공간을 디자인할 때 먼저 결정해야 할 사항이다.

사용자와 주방의 각 장비 및 기기들과 상호관계가 원만하게 이루어지려면 모든 요소가 신체치수와 규격에 적합하여야 한다.

냉장고의 문이나 오븐 등의 문은 열면 바깥으로 돌출하게 되므로 그 거리만큼 고려해야 하며, 통로나 카운터 사이의 공간은 신체의 최대 폭과 신체의 깊이를 고려해야 한다.

(1) 작업대와 선반

조리작업대 공간의 필요확보량은 기기를 사용하고 각종 조리장비의 작동 및 작업에 필요한 손과 팔의 길이에 좌우된다. 조리 작업자의 손과 팔의 움직임은 가능한 한 표준 그리고 최대한의 작업면적에 결정된다.

작업표면의 표준 작업면적은 팔꿈치의 평면 수준에서 팔뚝 중심에 의해서 경계로 접혀지는 공간으로써 정의된다.

조리 작업자의 전형적인 작업범위를 설정할 때, 작업하는 작업대 표면에서 대부분 사람들은 정상작업 영역인 35㎝에서 40㎝의 반지름을 가질 것이다. 두 손에 의해서 경계되는 이 면적은 각 손의 표준 작업면적으로 묘사된다.

몸 앞에 겹치는 곳의 두 손 직무를 위한 표준 작업이다. 자르고, 저미고, 갈고, 혼합하는 것 같은 직무를 위한 손의 활동은 표준 작업면적 이내에 최상으로 수행된다. 최대한의 작업량 면적은 어깨에서 중심이 된 것을 제외하면 유사한 형태로 작업이 진행된다.

주방에서는 일반적으로 캐비닛이 부착된 작업대를 많이 사용한다. 또한 공간 활용을 위하여 작업대 위에는 선반을 많이 설치한다. 합리적인 작업대 높이는 약 90cm 정도이며 10cm 정도 높이를 조절할 수 있는 조절장치가 부착되어 있다. 이 작업대를 사용하는 조리사는 자기의 키와 작업의 성격에 따라서 작업대의 높이를 조절하여 사용하면 된다. 작업대 높이는 조리작업자의 작업방법과 능률에 지대한 영향을 미치기 때문에 매우 중요하다.

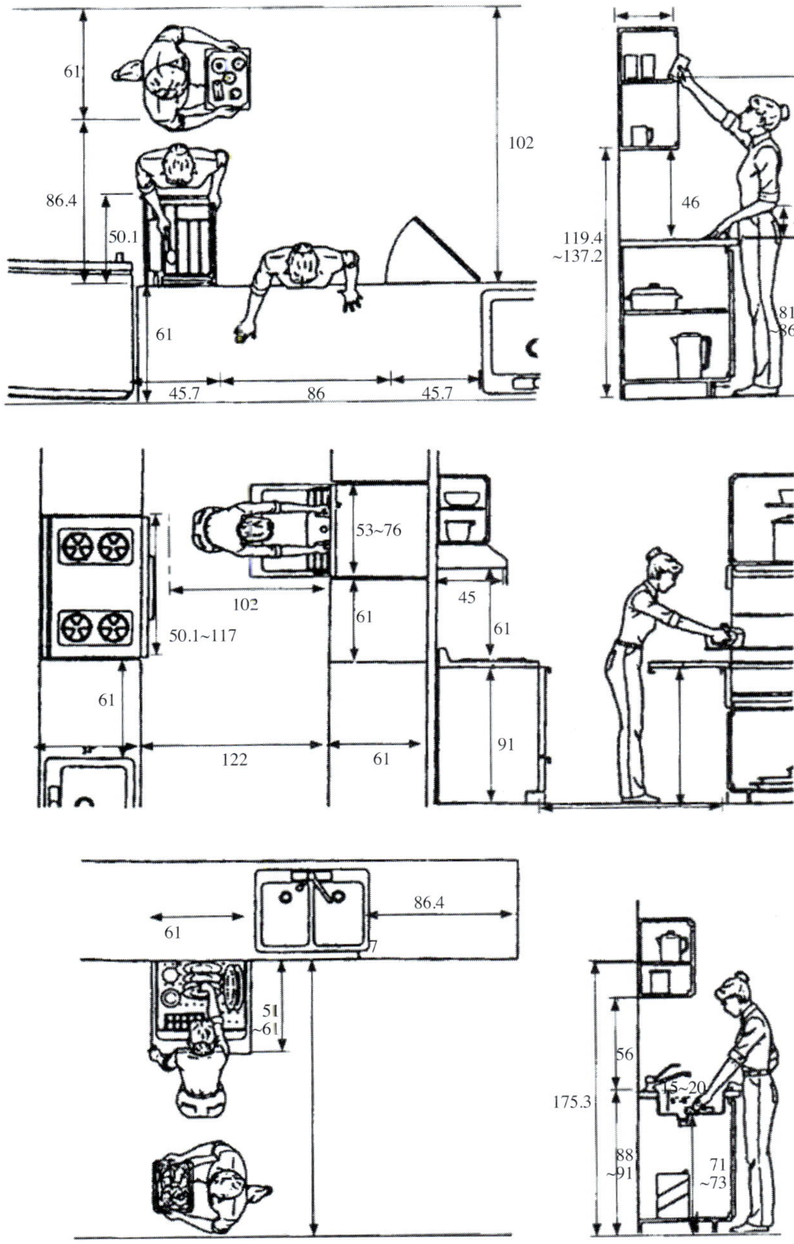

* 위의 숫자는 최소한의 영역을 기준으로 한 것임(단위 : cm).

자료 : 박병렬 · 임봉영, 외식사업주방관리론, 대왕사, 1999, p.287

그림 4-4 조리공간계획도

조리작업 과정에서 무게가 가벼운 물질을 다룰 때에는 조리 작업자의 팔은 팔꿈치 수평선 약 5㎝ 아래의 높이에서 쉽게 작업할 수 있어야 한다.

식재료가 조리작업과정에서 부피와 무게가 있을 때 작업 표면의 높이는 더 낮게 할 수 있다. 작업할 수 있는 가장 낮은 표면은 작업자의 측면에서 팔을 뻗을 때 손목에 위치한다.

이 높이 아래에서 작업자는 어깨와 등을 이용해 무거운 재료를 든다. 일반적인 가벼운 일을 할 때의 권장 작업 표면 높이는 여자의 경우는 94㎝에서 99㎝, 남자의 경우는 99㎝에서 104㎝이다.

무거운 업무량에 따른 작업을 할 때에는 작업표면은 통상 86㎝에서 91㎝의 높이를 설정하는 것이 작업자와 업무 양쪽에 적합하다.

선반의 높이는 평균 신장 172cm의 사람을 기준으로 어깨 높이에 팔 길이를 더한 높이가 선반의 상한선이며 작업대 위에서 작업을 하는 데 불편하지 않는 높이가 선반 높이의 하한선이 된다.

(2) 세척공간의 작업

세척공간은 싱크대의 작업자와 다른 작업자의 동선을 고려한다. 싱크대에서 작업하고 있을 때 최소한 1명의 작업자가 작업에 방해되지 않고 지나가기 위해서는 77cm 정도가 필요하다.

싱크대는 조리작업장에서 없어서는 안 될 매우 중요한 장비이다. 그러기 때문에 작업자가 작업하기에 편리한 높이로 조정되어야 한다. 싱크대가 너무 낮은 곳에 있으면 조리 작업자가 허리를 직접 구부려서 일해야 하는 불편함이 있고, 너무 높은 곳에 있으면 사용하기가 어렵다.

싱크대의 높이는 싱크대 바닥으로부터 작업자의 팔꿈치 아래로 25~30㎝ 이내로 디자인되어야 한다. 싱크대에서 세척 작업을 하는 그릇이나 통 및 용기 등의 크기가 클 경우는 중 작업의 기준에 맞추면 된다.

(3) 수납장의 높이와 작업영역

수납장은 영업시간에 자주 사용하는 영역으로 표준 높이와 영역은 작업을 편리하게 해준다. 가장 편리하게 사용할 수 있는 영역은 보통 작업자의 눈높이에서 작업대 표면까지의 높이이다. 최대로 도달할 수 있는 높이는 최대 작업영역에 속해 있는 높이이다. 최대 작업영역보다 더 높으면 받침대를 사용해야 하므로 이용하기 불편하며 또한 작업대 높이보다 더 낮으면 무릎을 구부려서 사용해야 하므로 불편하다.

조리작업시에 빈번하게 쓰이는 재료, 도구, 기구는 작업자가 이용하기에 편리한 장소에 저장 공간을 배치해야 한다. 기물류의 저장 공간을 용이하게 하는 현명한 위치는 허리와 어깨 높이의 사이가 가장 적당하다.

허리 밑으로 저장해야만 하는 품목은 수평자세로 얹거나 혹은 흔들리지 않는 선반에 얹을 수 있어야 한다. 허리 밑의 고정된 선반이나 캐비닛은 조리 작업자가 직접 사용하기에 쉽지 않다.

같은 이유로 선반이나 캐비닛은 바닥 위 1.8m를 넘지 않는 것이 바람직하다. 이럴 경우 선반이나 자동 캐비닛에 있어서 문과 창문은 반자동이거나 완전자동이 바람직하다. 움직이는 상자 혹은 짐수레, 보관창고나 위치를 조리 작업자가 손쉽고 편리하게 이용할 수 있는 주방의 인접한 곳에 배치해야 한다.

(4) 조리작업 공간

조리공간의 설정은 조리사들의 개인작업 공간을 우선적으로 설정해주어야 한다. 주방공간에서 주어진 작업 활동공간은 조리사 한 사람이 작업공간에 구성된 시설을 최대한 활용하여 특정한 메뉴 품목을 만들어내는 공간이다.

작업자 상호간에 작업할 때에는 서로 방해를 받지 않으면서 작업의 효율성을 높일 수 있는 작업공간을 설정해야 한다.

조리공간에서 사용하는 주방기기는 제작을 하거나 기존제품을 사거나 해도 무방하지만 공간 활용 문제 때문에 심사숙고할 필요가 있다. 특히 기기류에 돌출부분이 있다면 동선과 반대방향으로 처리하거나 그만큼 더 공간을 확보하여야 한다. 예를 들어 오븐을 사용할 때 작업영역은 오븐 문의 높이와 작업자의 앉은 자세의 폭을 더한 공간이 적절하다.

낮은 레인지 위에 올려놓은 솥의 높이는 가급적 낮은 것이 조리의 과정을 잘 볼 수 있고, 또한 안전에도 도움이 된다.

후드의 높이는 조리사의 평균 신장에 모자의 높이를 고려해야 한다.

제5절 작업장 규모

작업장의 규모는 조리사들이 작업할 때 손이 쉽게 닿는 범위 안에 있어야 한다. 평균적으로 작업자들의 최대 작업 영역은 약 760㎜ 정도의 너비가 된다. 작업대의 높이는 조리사들이 칼을 사용할 수 있는 정도이거나 허리를 구부리지 않고 일을 할 수 있는 정도이면 되고, 보통 바로 서서 팔을 늘어뜨렸을 때 팔꿈치에서 5cm~10cm 정도의 아래가 적당하다.

조리사의 키와 작업대에 놓인 재료의 종류에 따라 변할 수도 있다. 예를 들어 두꺼운 도마는 작업대의 표면 높이를 높여주는 역할을 한다. 또한 작업자들의 키가 각기 다르기 때문에 작업대의 하단부에 높이를 조절해 주는 장치가 필요하다.

만약 작업대에 무겁고 부피가 큰 물건들을 올려놓아야 한다면 작업대는 조금 낮아야 하며, 가벼운 작업이나 정밀한 작업을 한다면 작업대의 높이는 기준보다 조금 높아야 한다.

작업대의 공간 크기는 사용하는 식재료의 크기와 작업구역 배치에 따라 달라져야 한다. 좋은 작업장 배치도를 만들기 위한 가장 중요한 지침은 작업을 해나가는 과정에서 일어나는 움직임을 생각해 보고 이 과정을 수행하기 위해 필요한 음식과 기기들이 차지하는 공간을 결정해야 한다.

주방시설장비의 예비적인 배치계획은 공간할당을 용이하게 만들어 장비 및 공간 소요를 위한 평면계획을 세우고 장비의 할당공간과 작업통로 및 하나의 작업영역과 또 다른 작업영역 간의 관계 등을 효율적으로 활용할 수 있는 방안을 디자인할 수 있도록 해준다.

주방작업의 전체과정이 한 흐름이 되도록 주방설비를 배치하면 조리과정의 총거리 및 시간을 크게 단축할 수 있다. 예를 들어 하루 1,500식을 판매하는 식당에서 한 가지 공정에서 흐름이 단축되어 10초가 절약된다면 약 4시간 정도가 절약되어 시간과 인력을 크게 절약할 수 있다.

CHAPTER 2

식음료 서비스 시설의 개발

제1절 식음료 개념과 컨셉

외식 사업은 경영자의 전체적인 운영에 대한 개념(concept)과 독특한 아이디어(idea)로 시작한다. 식음료 서비스 시설을 결정지을 주방개념과 식당에 대한 구체적인 아이디어가 결정되면 관리자는 주방 및 식당시설의 다양한 유형과 판매 가능한 메뉴의 유형, 그리고 계획하고자 하는 위치의 특징에 관하여 결정을 해야 한다.

식음료 서비스 시설의 컨셉(concept)이란 업체가 목표로 하는 시장의 요구와 기대 수준을 어떻게 맞추어 나갈 것인가에 대한 전반적인 계획을 말한다. 컨셉 개발은 시설 설계에 앞서서 표적 시장에서 성공적인 점포 운영을 위한 계획안을 개발하는 것이라고 말할 수 있다.

외식사업을 계획하는 사업가는 식당을 운영하기 위해 투자자금, 입지, 식당의 테마 및 외식사업에 대한 열정은 가지고 있지만 전반적인 운영 컨셉에 대해서 구체적으로 계획하지 않은 상태에서 외식사업에 뛰어들 수는 없다. 컨셉 개발은 식음료 서비스 시설의 설계보다 더 중요하다.

식음료 서비스 시설 설계틈은 어떤 메뉴가 제공될 것인지, 수요 정도나 운영시간 및 서비스 방식 등에 대해 정확히 알아야 한다. 식당을 운영하고자 하는 사업가들은 하고자 하는 식당의 컨십을 먼저 개발하여야 한다. 식당 사업의 성공과 실패는 컨셉이 얼마나 잘 계획되었고 그 계획이 얼마나 잘 실행되었는지에 달려 있다.

식음료 서비스 컨셉 분류들은 각각 메뉴와 분위기, 서비스 수준, 가격 등에서 차이점을 가지고 있다. 그러나 이러한 요인들이 모든 식당에 똑같이 중요하게 작용하는 것은 아니다. 가격은 퀵서비스와 패밀리 및 캐주얼, 디너 레스토랑 등과 같이 가격에 민감한 고객들이 많이 찾는 레스토랑의 성공요소로 매우 중요하다.

그러나 최고의 음식과 서비스를 기대하는 고객들이 많이 찾는 고급 음식점에서 가격은 별로 중요하지 않을 수도 있다. 마찬가지로 식당의 위치는 비교적 거리가 가까운 고객층을 가진 퀵서비스 레스토랑에는 결정적인 요소이지만, 고급 음식점 및 테마 레스토랑에는 별로 중요하지 않다.

식음료 서비스 시설을 성공적으로 운영하기 위해 시장조사, 메뉴 개발, 자금계획, 경영관리 그리고 실행방법 등은 아주 중요한 것이다.

1. 시장조사

외식사업은 시장조사로부터 시작한다. 시장을 잘 파악하고 그 시장에 적합한 음식 상품을 내어 놓았을 때 성공할 수 있다. 고객에 대한 정확한 정보는 식음료 사업을 시작하는 데 가장 중요한 자료 중의 하나이다. 그러므로 식음료 사업 경영을 시작하기 앞서 실시하는 시장조사는 아주 중요하다.

[식음료 사업경영을 위한 시장조사]

① 표적시장은 어디인가?
② 시장규모는 수익을 충분히 창출할 수 있는가?
③ 시장을 어떻게 파악할 것인가?
④ 어떤 방법으로 커뮤니케이션을 할 것인가?
⑤ 잠재고객과 상품과의 관계는 어떠한가?
⑥ 반복적인 구매를 위한 품질관리를 어떻게 할 것인가?
⑦ 고객에게 추가적인 상품 판매를 위한 내부 마케팅은 어떻게 실시할 것인가?

2. 메뉴 결정

메뉴 개발은 시장조사를 바탕으로 차별화된 아이디어와 경영방침을 결합해 만들며 식당경영은 메뉴에서 시작한다. 메뉴에 따라 식당경영의 많은 부분이 결정이 되며, 메뉴는 식음료 시설 설계의 방향 · 인력 구조 · 서비스 형태 등을 지시해 주고, 식음시설 설계와 성공에 지대한 영향을 미친다.

기본적인 메뉴 개발의 내용은 주력 메뉴와 메뉴 품목의 수와 일인분의 양, 다양한 조리기법, 특별 메뉴 등이 포함되어야 한다. 메뉴 개발은 아주 중요하다. 주방시설의 계획 중 대다수의 의사결정이 메뉴 개발에 의해 영향을 받는다.

[메뉴에 의한 식음료 시설 설계와 배치 시의 결정요소]

① 메뉴의 복잡함이나 단순함에 따라 조리하는 데 필요한 공간의 크기가 달라진다.
② 메뉴의 수가 많을수록 서비스에 필요한 공간은 넓어진다.
③ 복잡한 메뉴들은 접시와 그릇 및 집기가 많이 필요하기 때문에 창고나 세척 공간이 더 커져야 한다.
④ 복잡한 메뉴는 더 큰 조리공간을 필요로 한다.
⑤ 복잡한 메뉴는 기기용량, 냉장고 크기, 종사원 수, 투자금액에 영향을 준다.

제2절 자금

식당개업을 위하여 가장 중요한 것은 자금일 것이다. 투자를 위한 모든 의사결정은 자금의 통제를 받을 수밖에 없다. 자금에 대한 접근 방법은 두 가지가 있는데, 그 하나는 먼저 결정된 자금 안에서 최선의 방법을 찾는 것이고, 나머지는 최선의 방법을 찾아서 필요한 자금을 산출하는 것이다.

자금의 필요성을 예상하고 투자자금을 확보하는 것은 중요한 일이다. 채권자나 투자자는 컨셉 개발 · 초기설계 · 시공계획이 만들어지고, 시장조사가 완료된 후 최종 투자 관련 의사결정을 하게 된다.

[식음료 시설의 자본 계획]

① 계획비용
② 토지나 건물의 구입 및 임대비용
③ 건물시공 및 주방시설
④ 주방장비 및 기기구입
⑤ 그릇, 컵, 집기류
⑥ 가구 및 비품들
⑦ 데코(인테리어)
⑧ 운영비용

제3절 경영관리

경영자의 역할은 기업의 성패를 결정지을 수 있는 중요한 요인 중의 하나이다. 성공적인 레스토랑은 흔히 독특한 개성을 지닌 한 개인에 의해 소유되거나 운영되는 경우가 많으며, 이로 인해 고객은 기억에 남는 외식체험을 하게 된다.

특히 외식사업에서는 전문적인 소양을 갖춘 경영자의 역할은 절대적이며, 식음료 시설의 업무규정과 절차는 경영정책의 일관된 실행을 위해 운영 매뉴얼을 잘 적용해야 한다.

대체로 식음료 시설 경영관리는 전통적인 경영원칙인 원활한 의사소통과 강력한 통제, 건전한 인간관계 등이 뒤따라야 한다. 식음료 시설 경영관리의 품질은 식음료 시설 성공을 위한 중요한 요소이며, 다음과 같은 질문에 답변이 있어야 한다.

① 누가 식음료 시설을 운영할 것인가?
② 운영자는 외식과 관련된 어떤 경력과 교육배경을 가지고 있어야 하는가?
③ 누가 운영자를 도와서 장시간 근무할 것인가?
④ 급여 수준은 어느 정도인가?
⑤ 매출 실적과 경영성과를 이루었을 때 어떤 방법으로 보상할 것인가?
⑥ 식음료 시설 운영규정을 어떻게 마련할 것이며, 직원들에게 어떻게 전달할 것인가?

제4절 실행방법

컨셉 개발 마지막 단계는 운영과 관련된다. 생산방법, 통제 시스템, 인력운영 등에 대한 전반적인 식음료 시설 운영방법에 대한 결정은 컨셉 개발 단계에서 확정되어야 한다.

1. 생산방법

여러 가지의 생산방법을 선택할 수 있을 것이다. 단일 주방인가, 중심지원 주방인가, 편의형 주방인가에 따라서 많은 부분이 달라져야 될 것이다. 중심지원 주방을 이용한 분리형 주방을 선택하면 그렇지 않을 때와 면적이나 기기류, 인력구조 등이 달라질 것이며, 사용하는 재료도 사용될 정도에 따라 필요한 냉장 공간이나 건조창고의 크기 및 주방의 크기가 달라질 것이다. 또한 생산방법은 주방에서 필요로 하는 종사원 수 및 종사원 조리 기술 수준을 결정하게 된다.

2. 통제 시스템

식음료 통제는 서로 다른 여러 부서가 관여되며 이러한 통제에 대한 계획은 프로젝트가 시공에 들어가기 전에 이루어져야 하는데, 다음과 같은 분야의 통제 시스템을 신중하게 고려해야 한다.

① 현금관리와 고객 전표관리
② 매출분석과 수요예측
③ 안전관리와 창고 및 냉장고 관리
④ 구매와 검수관리 및 품질관리
⑤ 인력관리

3. 인력운영

종사원들의 근무 스케줄과 근무시간, 인력배치 방법, 복리 후생, 기술수준, 종사원 감독수준 등은 식음료 시설 개발의 본격적인 작업이 시작되기 전에 반드시 결정해야 한다.

임금수준은 기술수준과 관련이 많으며, 시간제 비숙련 노동인력은 인건비는 낮추지만 서비스 수준도 같이 낮아진다. 주방 종사원의 수는 메뉴의 수나 장비의 수량과도 관련이 있다. 인력운영의 방법에 따라 기술수준이나 필요장비가 바뀌거나 장비의 수량에 따라 바뀔 수도 있다.

최근에는 인건비의 상승으로 노동집약적인 외식산업에서 인건비 부분이 경영의 중요한 핵심부분으로 대두됨에 따라 시간제 종사원의 활용은 많은 비용을 절감해 주기 때문에 어느 정도 활용할 것인가에 대한 결정은 컨셉 개발의 중요한 부분이다.

제5절 설계절차

식음료 서비스 시설의 전반적인 개발은 일련의 단계를 따라 진행된다. 전반적인 식음료 서비스 시설 개발과정은 [그림 4-5]에 그려진 것처럼 10단계로 진행된다.

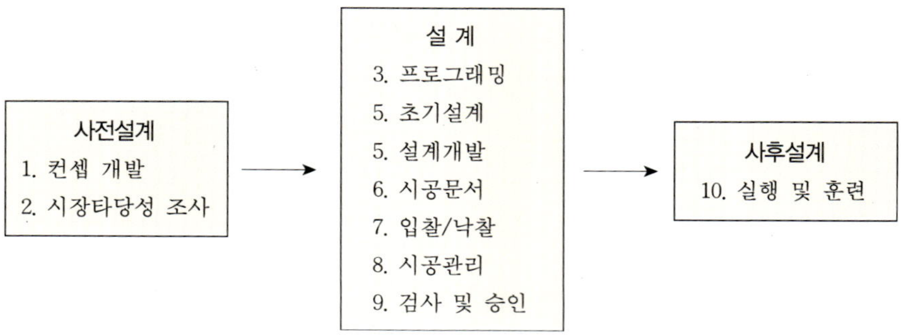

그림 4-5 식음료 서비스 시설 설계절차

1. 공간 분석과 프로그래밍

공간분석의 목적은 각 기능적구역 크기와 경영자의 운영 목적에 따른 기능적구역 간의 관계를 결정하는 것이다. 각 기능적구역에 요구되는 공간분석은 경영자의 특정한 요구 및 일반적 기준에 따라 실행된다.

공간분석은 각 기능적구역 간의 물리적 관계를 수립하여야 한다. 물리적 관계를 결정하는 방법 중의 하나는 근접요구도 매트릭스를 활용하는 것이다. 매트릭스 칸들은 서로 가까이 위치해야 하는 2개구역의 인접성 중요도를 0점에서 3점까지 점수를 매긴다. [그림 4-6]을 보면 '냉장 창고'와 '전처리구역'은 3점으로 서로 근접해야 하며 '고객 출입구'와 '쓰레기 보관고'는 0점으로 서로 근접하지 않도록 배치해야 한다.

2. 초기설계

초기설계의 주 목적은 건물모양, 입구와 흐름패턴, 식당공간, 주방 및 식음료 시설의 주요 구성 요소들의 위치를 보여 주는 데 있다. 건물의 외형 높이, 건물 대지를 위한 부지 사용계획, 도로와 보도 및 주차장의 위치 등과 내부 공간들의 형태와 크기, 배치, 식음료 서비스와 관련된 모든 구역들에 필요한 주요 기기 종목들을 보여준다.

초기설계 단계에서는 경영자가 설계와 예상 프로젝트 비용에 만족할 때까지 수정과 변경이 계속된다. 경영자의 수락으로 초기설계가 끝났다고 하여도 앞으로 시설 설계에 대한 변경이 있을 수 있다는 것을 의미한다.

	검수구역	건 창고	냉장 창고	전처리 구역	최종 조리 구역	서비스 구역	세정실	쓰레기 보관고	사무실	고객 출입구
검수구역										
건 창고	1									
냉장 창고	0	1								
전처리구역	0	2	3							
최종조리구역	0	0	2	3						
서비스구역	0	0	0	1	3					
세정실	0	0	0	1	1	3				
쓰레기 보관고	3	0	0	0	0	0	0			
사무실	1	0	0	2	2	1	0	0		
고객 출입구	0	0	0	0	0	0	0	0	0	

이 도형에서 숫자의 의미는 식음료 서비스 시설 내에 두 공간끼리 서로 근접하는 것이 얼마나 중요한지를 나타낸다. 중요도의 범위는 "0점"(전혀 중요하지 않음)에서 "3점"(매우 중요함)까지로 표시된다.

자료 : Birchfield · Sparrowe (김태희 등 옮김), 식음 서비스 시설개론. 2004, p44

그림 4-6 단순근접도

3. 설계개발

설계개발은 건축가, 기술자, 식음료 전문가, 디자이너들이 아주 세부적인 도면을 통해 프로젝트 설계에 살을 붙여 나가는 단계이다. 프로젝트 팀은 경영자의 기능적 요구에 부합할 수 있는 색다른 접근방법과 대체 시스템에 대해 연구하며, 또한 기대수명 기간 동안의 주요 기기 시스템의 예상 운영비용을 평가한다.

[설계개발 단계에서 일반적인 서류]

① 각 기기의 위치를 보여주는 세부 평면도
② 각 설비의 연결 위치와 기기마다 부과되는 용량을 보여주는 설비계획
③ 생산자로부터 구입해야 할 기기종류를 정리한 기기설명서
④ 맞춤형 주문제작 기기의 입면도와 단면도, 그리고 세부도면

⑤ 식음료 서비스 기기에 필요한 특별시공 세부도면
⑥ 일반 계약조건, 품질기준, 재료 제품 및 설치방법 등이 설명된 초기사양서

4. 입찰과 낙찰

아이디어에서 시작된 계획이 완료되면 경영자는 투자에 대한 최종결정을 한다. 경영자는 그 아이디어를 실행시킬 수 있는 계약서류가 완성되었을 때 관심있는 입찰자에게 모든 자료를 공개한 후 입찰 신청을 받는다.

시공 관리자나 경영자가 입찰을 주도한다. 관심 있는 입찰자들에게 입찰 패키지를 발송하고 정해진 시점이 되면 입찰은 공개되고 입찰평가는 가장 낮은 가격을 제시한 입찰자를 선정하여 낙찰한다.

5. 시공조정

[시공 단계에서 시공 관리자가해야 할 일]

① **제출서류의 검토** : 제출된 서류들이 계약문서에 의해 작성되었는지를 확인하고 중대한 실수나 빠진 부분이 없는지를 확인한다.
② **조정** : 기기 계약자, 총괄 공급업자, 배관, 전기, 공조 시스템 계약자들에게 설치에 대한 질문을 받는다.
③ **작업변경에 대한 검토** : 프로젝트 조건이나 다른 요인들에 의해 기존에 명시했던 사항 중에서 변경할 것이 없는지를 검토한다.
④ **현장회의 참석** : 현장회의 참석은 설치 실행에 있어서 발생할 수 있는 문제점들을 미리 예방하는 데 효과적이다.

6. 검사 및 승인

시공과정에서 시설은 총괄 공급업자의 통제 아래 설치되고, 총괄 공급업자는 작업의 진척뿐만 아니라 건물과 내용물의 보전을 책임진다. 완성된 시설과 설비를 소유주에게 넘기기 전에 건축가, 기술자, 식음료 전문가, 디자이너들은 작업이 계약대로 시행되었는지를 판단하기 위해 프로젝트 내에서 각자가 책임진 부분을 검사한다.

프로젝트를 성공적으로 끝마치기 위해 계획과 사양서에 따라 수행되어야 하는 모든 작업을 정리하여 경영자(소유주)에게 제출한다. 완성된 시설은 프로젝트팀이 작업이 완결되었다고 판단될 때 경영자에게 인계된다.

7. 실행 및 훈련

기기사용 시연과 훈련교육은 주방 종사원들에게 꼭 필요하며, 새 기기의 적절한 사용법을 가르쳐 주고 작업장의 설계와 배치가 어떠한 의도로 만들어졌는지에 대해서도 설명해야 한다.

식음료 조리 책임자는 신규 시설의 음식 컨셉들에 대해 자세한 설명서를 작성한 다음, 메뉴팀을 구성하여 각 코너에서 제공할 메뉴를 개발하도록 한다. 또한 종사원들이 표준 조리법을 연구하고 실습하며, 메뉴를 효과적으로 판매할 수 있는 아이디어를 제안하도록 한다.

8. 개업

성공적인 개업의 열쇠는 철저한 계획에 있다. 신규 시설에 대해 손님들이 갖는 첫인상은 비판적인 경우가 많다. 많은 레스토랑 체인점들과 호텔들도 전문가를 고용하여 새로운 시설을 개정하는 날을 위해 몇 주 혹은 몇 달에 걸쳐서 준비할 만큼 사전 개업준비는 매우 중요하다.

CHAPTER

3 주방의 설계

다양한 시설이나 방법에 따라 배치도와 메뉴 및 서비스 방법에 큰 차이가 있을지라도 주방 설계에는 기본적인 설계 원칙이 있다. 이러한 원칙의 준수는 작업의 효율성을 높이고, 종사원과 고객에게 쾌적한 환경을 제공해 준다.

공간을 할당하고 기기류를 배치하는 데 있어서 같은 시설에 적용할 수 있는 설계 방법은 다양하지만 일반적으로 효율적인 설계는 다음 조건을 갖추어야 한다.

① 유연성(flexibility)

② 단순성(Simplicity)

③ 재료의 흐름과 이동통로

④ 위생관리의 용이성

⑤ 공간 효율성

제1절 유연성

주방설비나 장비들의 내구연한은 보통 10년에서 15년 정도이다. 그렇지만 메뉴의 수명주기는 대부분 그렇게 길지 못하다. 메뉴와 설비나 장비 간에는 서로 밀접한 관련이 있으므로 메뉴에 적합한 설비나 장비가 필요하다.

이러한 주방의 설비나 장비의 사용기간과 메뉴의 수명주기가 다르므로 주방의 설비나 장비를 유연하게 설계하여야 상황의 변화에 대처할 수 있고 변경비용을 최소화할 수 있다.

모든 메뉴는 수명주기를 가지고 있으며 고객의 선호도와 시대의 흐름에 따라서 메뉴는 변화한다. 고객들의 선호도 변화에 대응하기 위해서 식당들은 새로운 메뉴와 새로운 조리기술 및 새로운 주방기기류가 필요할 수 있다.

이러한 조리과정 및 기기의 변화가 필요할 때마다 주방을 재설계하거나 주방시설의 많은 부분을 변경한다면 많은 경비가 발생하여 계획을 포기해야 할 때가 있을 것이다.

유연성의 기본원리는 서로운 경영, 새로운 서비스 방법, 새로운 메뉴 혹은 새로운 조리방법이 변화하는 환경에 맞추어 나가기 위해서 재배치가 가능하도록 해야 한다. 변화에 맞추어 설계하는 작업은 유연성 달성의 궁극적 수단이다.

주방설계 시에는 전기 · 가스 · 수도의 용량을 결정할 때나 여유 공간의 배정, 주방 동선, 주방장비의 용량을 결정할 때는 장래에 일어날 수 있는 예측 가능한 변수들을 포함해서 설계해야 한다.

제2절 단순성

주방의 구조나 동선, 장비 배치 등이 복잡하면 효율성이 떨어진다. 반대로 주방 설계에서 단순성을 잘 확보하면 효율성이 높아진다.

시설들이 어지럽게 흩어져 있으면 작업장은 비위생적이고 복잡해지며 비능률적일 수 있다. 단순성의 원리는 다양한 방법으로 식음료 서비스 구성요소들과 시스템의 설계에 적용할 수 있다

제3절 재료의 흐름과 이동통로

식음료 서비스 시설 내에 식품은 식재료를 구매하여 검수하는 것부터 시작하여 저장 · 전처리 과정을 거쳐서 상품으로 조리되어 고객에게 제공되었다가 마지막으로 쓰레기 처리로 끝나는 순서로 이동한다.

식재료가 생산 순서대로 흐르지 않는다면 종사원의 흐름이 역행하게 되어 생산성이 낮아지고 노동력이 손실되는 결과를 초래한다.

식음료 서비스 시설의 효율적인 설계를 위해서 '흐름' 은 매우 중요한 고려 사항이다. 조리사들이 작업하기 위한 장소가 필요하고, 그들이 한 장소에서 다른 장소로 이동하거나 장비나 식재료를 이동하기 위한 공간을 확보해야 한다.

[주방공간의 수요]

① **작업활동 공간** : 조리사에 의해 조리작업이 실제로 수행되는 장소로서 실질적 작업활동을 하는 공간이다. 장비의 공간과 작업을 위한 식재료의 보관을 위한 공간도 포함되어야 한다.

② **작업활동 통로** : 작업하기 위해 조리사들이 서 있거나 접근하는 장소로서 작업공간으로부터 가장 직접적으로 접근하기 용이하도록 해주는 공간이다.

③ **이동통로** : 운반 장비나 손수레 및 조리사가 신속하고 안전하게 통과할 수 있도록 설계해야 한다. 이동통로는 가능하면 직선으로 만들어서 거리를 단축하도록 한다. 그리고 식재료 이동 혹은 완성된 상품의 이동을 위해 필요하며 장비나 쓰레기 등의 이동에도 필요하다. 특히 쓰레기 등의 오염물질 이동 통로는 별도로 만들어야 한다.

제4절 위생관리의 용이성

위생관리와 조리작업의 효율성을 동시에 만족시킬 수 있는 설계가 필요하다. 쓰레기 취합구역은 대개 조리준비구역이나 세척구역과 가까이 배치하며, 세척구역은 전처리구역이나 조리과정구역 및 서비스 공간인 식당 등 쓰레기나 세척물이 많이 발생하는 지역과 근접하게 배치한다.

이러한 상호작용은 중요하며 조리활동에 있어서 조리작업 흐름이나 주방위생에 영향을 미치므로 계획과정에서 신중히 검토해야 한다.

모든 종류의 식음료 시설을 깨끗하고 위생적으로 청소하는 데는 많은 노동력이 소비된다. 위생의 중요성을 인식하여 설계한 시설들은 신속하고 쉽게 세척할 수 있다. 오염구역과 비오염구역의 장비 배치와 주방 동선에 따른 장비 배치 등 주방 장비의 배치는 위생관리가 용이하도록 배치하며, 장비구입 시는 위생적으로 잘 설계된 장비를 구입해야 할 것이다.

견고하고 세척하기 용이한 건물 마감재를 사용하면 공간의 일반적인 외관이 개선되고 더 깨끗해 보이며, 벽에 고정된 기기는 바닥에 세워놓았을 때 보다 세척이 쉽다. 복잡하지 않은 구조의 기기류는 약간 경사진 바닥에서 세척하기 쉽다.

제5절 공간 효율성

주방의 조리업무 활동공간은 다양한 조리작업시설 간의 기능적 상호연계성을 적절히 고려한 공간으로 수립될 때, 비로소 효율성을 높일 수 있다. 각 구역의 다양한 공간적 기능은 주방의 설계 단계부터 완성에 이르기까지 주방시설에 대한 효율성 재고를 위한 전제라고 할 수 있다.

바람직한 배치를 위한 주방 설계는 원재료 접근의 용이성과 원재료의 이동 및 흐름, 다른 시설과의 관계, 기구와 장비에 대한 접근의 용이성 등을 고려하여야 한다.

식재료 서비스 시설에 대한 설계와 공간 배치는 식재료 서비스 시설 설계자의 풍부한 지식과 경험을 바탕으로 설계하여야 주방시설의 효율적 배치를 통해 생산성을 향상시킬 수 있다. 드 주방시설 관리 시스템의 설계는 배치의 원칙을 전제 하여 설계한다. 장비배치는 공간설계 또는 공간할당에 기초하여 부분화 계획에 의해 실현되므로, 장비배치의 형태 및 방법, 조리시설구역의 기능적 배치 등을 고려한다.

기능적 지역의 범위는 저장공간, 준비 조리공간과 마무리 조리공간, 서비스와 식사공간, 식기세척 및 식기세척장, 그리고 린넨실, 종사원들의 락카룸, 서비스 주방과 같은 지원공간구역 등의 기능적 관계를 접목시켜 활용해야만 생산성과 주방 운영의 효율성을 증가시킬 수 있다.

주방 시스템은 활동공간의 구조와 기능을 동시에 고려해 설계하여야 한다. 설계에 있어 공간구조와 종사원, 조리 서비스 장비 등과 조화를 이루기 위해서 작업공간의 최적화, 장비의 물리적 속성, 배치의 형태, 최적장비 선택방법 등 각 시설에 있어 장비 및 종사원의 기능을 연결할 수 있는 최적수단들을 고려한다.

주방의 각 구역에 작업대, 싱크대, 칼, 도마, 소도구 보관고, 팬 보관고, 식재료 보관고, 음식 보관고, 적절한 통로 공간 등의 요소가 포함된다면 조리사들이 일을 능률적으로 하는 데 필요한 공간이 확보된 것이다. 그리고 작업구역이 효율적으로 배열되어 있어서 사용에 불편함이 없다면 주방 시설은 공간 효율적이라고 할 수 있다.

주방배치는 생산능력을 고려하여야 한다. 특히 생산량이 많은 주방의 공간설계를 위해서는 효율적 자재 이동과 진행이 필요하므로 주방시설의 배치는 이러한 관점에서 이루어져야 하며, 작업 전문가에 대한 공간 제공 · 작업팀의 요구에 부응 · 주방장이 필요로 하는 사무실과의 조화 등을 고려하여 이루어져야 한다.

CHAPTER 4

주방 공간의 분석

주방 설계 프로젝트 초기 단계에 주방의 크기와 식당의 크기가 결정되어야 하며, 또한 주방의 공간을 각 구역별로 배분하여야 한다. 실제 설계가 시작되기 전에 각 공간별 필요면적을 결정하기 위하여 식당의 크기, 좌석 수, 좌석회전율, 예상 매출액, 연회실 운영 여부, 메뉴, 주당 식재료 구매횟수, 식재료 반제품 사용 여부, 서비스 형태, 메뉴 조리방법 등의 자료를 수집하여 분석한 후 공간별 필요면적을 결정한다.

조리시설의 규모를 설정하기 위해서는 먼저 주방과 식당 간의 공간적 점유비율과 주방 내의 각 구역별 필요 면적을 산정한다. 실제로 주방시설을 위한 공간 설계 전에 주방 등 서비스 공간과 음식시설의 공간 계획에 따라 행하는 공간 분석이 선행된 후 주방의 각 구역별 공간의 면적을 산정해야 한다.

주방공간은 먼저 검수 후 저장할 수 있는 구역이 필요하고, 그 다음에 야채와 육류의 전처리구역을 확보한다. 세척구역과 준비 주방과 완성 주방의 공간을 결정한 후 식당과 연계성을 고려하여 서비스구역을 설정하고 사무실, 탈의실, 화장실의 공간을 확보한다.

표 4-1 기능별 소요면적 배분

기능별 분야	할당면적	기능별 분야	할당면적
검수구역	5%	온음식 요리구역	10%
저장구역	20%	통로	16%
다듬기 및 씻기	5%	잡품저장(창고)	5%
준비구역	14%	종업원 시설	15%
냉음식 조리구역	8%	기타	2%
계			100%

주방계획의 목표는 주어진 작업의 내외적 환경에서 종사원들의 활동센터 범위를 최대로 이용하는 것이다. 이를 위해서는 가능한 한 효율성을 높일 수 있도록 작업센터 간의 이동을 용이하게 해야 한다. 물론 모두를 충족시킬 수 있는 배치는 어렵지만 이동거리 간의 동선을 효율적으로 설계하는 것은 기본이다.

그래서 주방의 운영형태와 각 업장 간의 작업센터 공간할당의 배치는 매우 제한적 요소가 될 수 있다. 주방 설계자는 작업센터 간의 공간적 상호작용을 분석하여 적용하여야 한다.

주방 종업원들은 작업을 수행하면서 편리성을 추구하기 쉽기 때문에 주방과 관련된 모든 기능을 합리적으로 설계하여야 한다. 작업 동선을 고려하여 조리작업이 순서적으로 행해질 수 있도록 하며, 주방의 작업 공간을 설정하기 위한 계획단계에서 각 기능별 공간 배분이 주방의 특성과 종류에 따라 세분되어야 한다.

조리사들이 주방장비를 이용하거나 식재료를 이동하고, 저장하기 위한 편리성을 확보하는 것, 또는 조리사들이 주방활동 공간 내에서 편리하게 움직일 수 있도록 동선 공간을 설계하여 배치하는 것이 중요하다.

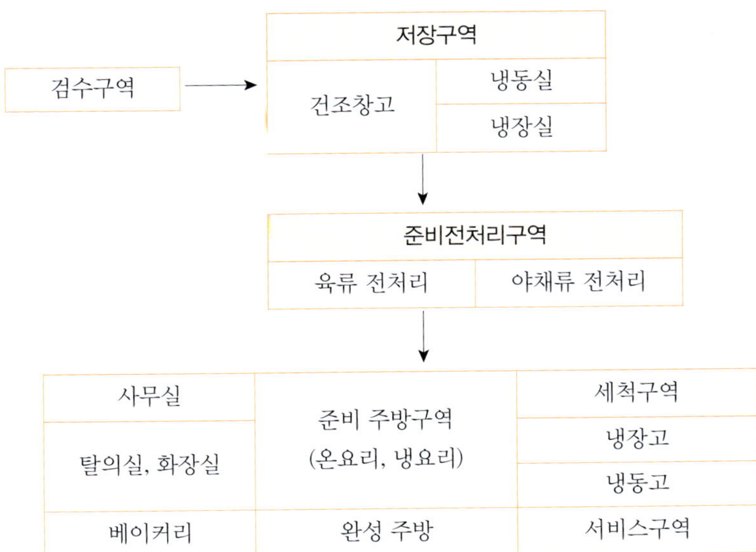

그림 4-7 기능적 주방체계도

주방공간은 가장 바쁜 시간과 짧은 시간에 제공할 수 있는 음식의 수를 근거로 하여 적절하게 할당해야 하기 때문에 주방공간의 할당은 대게 운영형태에 따라 매우 다양하게 변할 수 있다.

공간수요에 영향을 미치는 또 다른 요인에는 원자재의 형태, 조리장비, 판매 가능한 메뉴의 다양성 등이 포함된다. 완제품이나 반제품을 사용해서 음식을 완성하는 주방은 그렇지 않은 주방보다 주방면적이 좁아도 된다.

대다수의 사전조리와 준비활동에 필요한 조리시설과 장비 및 종사원이 필요로 하는 활동 공간은 가능한 한 넓어야 한다. 다양한 메뉴는 여러 가지 보온 및 저장 관리 시설공간을 필요로 한다.

제1절 검수구역

검수구역은 반입되는 모든 식재료의 인수를 확인하는 장소로 식재료의 접근성이 좋은 곳에 위치해야 한다. 일반적으로 배달트럭 및 기타 차량의 출입이 자유로울 수 있는 충분한 공간이 확보되어야 한다.

검수구역은 저장구역과 가까운 곳에 위치해야 하며 만약 저장구역이 여러 곳으로 분산되어 있다면 검수구역에서 각 저장구역으로 식자재가 접근하기 용이한 곳이어야 한다. 또한 검수구역과 주방은 가까운 곳에 있어야 한다.

대부분의 식재료는 검수구역에서 직접 주방 생산구역으로 이동된다. 일반적으로 중·소규모의 식당에서는 조리사들이 식품 검수를 책임지고 있으므로 주방과 검수구역은 가까울수록 바람직하다.

검수구역의 필요면적은 검수해야 할 식자재 양, 배달 빈도, 검수구역과 저장구역 사이의 거리 등에 따라 달라지며 검수 사무실은 창문을 통하여 검수구역을 볼 수 있어 육안으로 통제할 수 있도록 설계하는 것이 바람직하다. 또한 종사원의 출입구와 검수구역은 별개로 설치하는 것이 좋다.

검수구역은 양질의 식품을 판별할 수 있는 충분한 밝기의 조도가 유지되어야 하며 검수구역에 필요한 기기류는 검수대와 간단한 저장시설, 자재를 이동시킬 수 있는 기기류 혹은 소형차량, 계량할 수 있는 저울 등이다.

일반적으로 제품에 표기된 무게가 정확할 것으로 생각하지만, 실제는 그렇지 않은 경우가 많다. 검수구역에는 저울이 반드시 구비되어 배달된 식재료의 무게를 확인할 수 있도록 해야 한다.

제2절 저장구역

저장구역의 크기는 주로 일평균 급식수, 판매하고 있는 음식의 수, 식자재 배달빈도 및 관리상의 운영 방침에 의해 결정된다. 일반적으로 식자재의 저장과 식자재의 신선도는 반비례적 관계가 있기 때문에 저장구역을 축소하고 있는 추세이다.

[식품을 저장하기 위한 4가지 기능공간]

① 건조 또는 통조림 식품 저장 공간
② 냉장, 냉동 저장 공간
③ 일회용품 및 세척용품 저장 공간
④ 집기와 세척기기 보관 공간

저장구역은 '냉암소'로 환기가 잘 되고 건조하며, 서늘하고, 햇빛이 들어오지 않은 곳으로 그 바닥은 세척이 용이한 재질로 만들어져야 한다. 저장구역은 도난 등으로부터 안전할 수 있게 출입의 통제가 가능한 지역으로 검수구역과 조리구역으로의 접근이 용이해야 한다.

출입구는 조리실과 연결되어 조리구역에서 일하는 조리사들이 냉장 · 냉동저장과 건조식품 저장구역으로 최대한 짧은 거리를 이동하도록 주방을 설계하는 것이 중요하다.

건조창고의 필요면적 산출은 저장되는 식품량에 변동을 초래하는 여러 가지 변수를 고려하거나 경험에 준해 추정하여 결정한다. 일회용품의 저장은 일회용품을 대량으로 사용하는 식당에서는 중요하며, 대량 구매시에 가격할인 혜택이 크기 때문에 저장창고의 크기가 고려되어야 한다.

세척용품은 식자재와 구분하여 저장해 세척용품과 식자재가 혼용되는 것이나, 식자재가 세척용품에 오염되는 것을 방지하여야 한다.

냉장 · 냉동고의 크기는 메뉴와 구매 빈도를 기초로 하여 결정한다. 메뉴에 다양한 종류의 냉동식품이 다량 포함되거나 구매 빈도가 자주 일어날 수 없는 재료를 많이 사용한다면 냉동 공간의 필요성은 커질 것이다.

보통 소규모의 패스트푸드 업소나 식당은 창고형 냉장고 한 대면 충분하며, 중소규모의 업소에서는 육류 · 육가공류 · 생선류 · 야채 · 유제품 등을 구별하여 보관하는 것이 위생관리상 필요할 것이다.

채소와 과일은 습도나 저장온도의 차이에 의하여 품질에 많은 영향을 받는다. 저장공간을 깨끗이 관리할 수 있어야 2차 오염을 막을 수 있으며, 채소와 과일 부피의 감소나 감량, 부패방지를 위해서 냉장창고 시설을 첨단화하여 적정한 온도와 습도를 유지하고 온도의 편차를 줄여야 한다.

자주 사용하지 않는 집기 및 세척기구의 보관에 필요한 공간도 확보되어야 한다. 서빙용 기구, 청소 기구, 크리스마스 장식, 이벤트용 장식, 파티 기구 등을 적절히 보관하여야 재사용할 수 있다.

제3절 조리구역

[주방의 조리구역]

① 전처리구역
② 온음식 조리구역
③ 냉요리 조리구역
④ 최종 조리구역

1. 전처리구역

주방의 전처리구역은 식재료를 처리 · 혼합 · 보관 · 세척 등 식사준비를 위해 사전에 필요한 작업이 이루어지는 곳이다. 전처리구역의 위치는 저장구역과 조리구역이 가까운 곳이어야 하며 작업대 옆에 쓰레기 처리장치와 배수장치가 필요하다.

2차 오염을 방지하기 위하여 채소 처리공간과 어 · 육류 처리공간을 구별해야 한다.

싱크대, 대형작업대 및 전처리 작업에 필요한 모든 기기들이 이구역에 설치된다. 전처리구역에 설치되는 기기의 용량, 작업대 수, 종류 등은 메뉴에 따라 결정한다.

보통 전처리 작업과정은 3단계로 이루어진다. 제1단계는 세척이며, 제2단계는 다듬거나 껍질 벗기기이며, 제3단계는 자르거나 모양을 내는 단계이다. 전처리구역은 능률적인 작업을 위해 작업자가 이동하기 편리한 구조로 되어 있어야 한다.

또한 작업의 편의를 위해 사용이 끝난 조리기기는 이동에 방해되지 않도록 안전한 장소로 밀어 놓을 수 있어야 한다. 작업동선의 교차로 인해 충돌하지 않도록 동선이 설계되어야 한다.

2. 육류 작업구역

육류는 나쁜 냄새를 흡수하고 산패 및 변질이 쉽다. 육류의 위생적인 관리와 능률적인 작업을 위하여 적절한 장비와 철저한 위생 그리고 효과적인 작업을 위한 설비를 갖추어야 한다.

육류는 정확한 작업명세서에 따라 작업이 이루어져야 한다. 도체에서 지육 · 정육 · 부분육 등으로 구분할 수 있고 메뉴에 적합하게 크기 · 중량 · 모양을 결정해야 한다.

육류는 생산지역 · 품종 · 나이에 따라 다르게 분류해야 하며 도축 및 가공일자, 냉장과 냉동의 구분, 숙성 여부, 등급에 의한 분류, 국내산 및 한우 혹은 수입육의 구분, 색상, 포장 상태, 사용용도, 가격, 유통기간 등 종합적으로 분류할 수 있다.

육류의 위생적인 보관과 품질의 보존을 위해서는 냉동 · 냉장시설을 잘 갖추어야 한다. 보랭력이 떨어진다거나 온도의 차이가 크면 보관 중에 손실이 일어난다.

육류 작업구역은 냉동 · 냉장시설을 기본적으로 설치하며 육류 냉각 저장고 설치에 특별한 주의를 기울여야 한다.

신선한 육류는 어는 온도 가까운 정도에서 저장하여 향미성분의 변화가 적도록 보관한다. 냉장 · 냉동고의 문을 자주 열면 내부의 온도가 높아짐으로써 육류가 건조된다. 생선은 불쾌한 향미가 섞이는 것을 막기 위해 육류와 분리된 구획에 보관하여야 한다.

육류 작업구역은 작업자가 편리하게 작업할 수 있도록 주위의 장비를 잘 정돈하여야 한다. 육류 작업은 위험한 장비를 많이 사용하므로 주위가 산만하거나 작업환경이 적절하지 않으면 안전사고가 일어날 위험이 증가한다.

3. 온음식 조리구역

온음식 조리구역은 일반적으로 주방에서 가장 복잡하고 업무가 가장 많으며 가장 중요한 곳이다. 메뉴 중에서 주요리가 생산되는 곳이 온음식 조리구역이다. 전체 주방동선에서 가운데 위치하는 것이 좋으며, 전처리구역과 서비스구역에 가까이 위치하는 것이 좋다.

주방에서 식재료를 가열하여 조리하는 지역으로 고열과 기름 등에 의해 지저분해지기 때문에 열과 기름에 잘 견디는 재질로 만들어야 하며, 조리기기 위에 후드 시스템을 설치해 환기를 잘 시킨다.

기기 선택은 메뉴 수요에 따라 선택하며 다용도식 조리기기 선택보다 특정 요리에 적합한 기기를 선택할 필요가 있다.

비오염구역으로 간편한 냉장고와 냉동고를 설치해야 하며, 가스나 전기를 열원으로 하는 기기들과 음식의 보온이 가능한 기기들을 설치해야 한다. 서비스구역이나 고객의 식사장소와 가까운 곳에 배치한다.

4. 냉음식 조리구역

중소규모 식당의 냉요리 조리구역은 샐러드, 디저트, 전채요리를 준비하는 공간이지만 대형식당에서는 냉 전체요리 · 주요리 및 예쁘게 장식된 음식들을 준비한다. 냉음식 조리구역은 섬세한 작업이 많아 다른 구역보다 작업대의 배열이나 작업대 높이, 조명 등에 더 많은 주의를 기울여야 하며, 음식을 생산한 후 바로 고객에게 제공되지 않은 경우가 많으므로 일정기간 신선하게 음식이 유지할 수 있는 냉장시설이 필요하며 특히 더 위생적으로 관리해야 한다.

5. 최종 조리구역

이구역에는 조리시간을 단축시키기 위한, 최종 조리작업에 꼭 필요한 기기만을 설치할 필요가 있다. 전체구역 중에서 가장 엄격하게 관리하고 통제하는 곳이다.

조리가 완성된 음식이 고객에게 전달되는 데 소요되는 시간은 아주 중요한 요소이므로 최종 조리구역과 서비스구역 간의 거리는 짧아야 한다.

편의형 주방에서 많이 볼 수 있는 형태로 최종 조리구역과 온음식 조리구역은 겹칠 수도 있다. 최종 조리구역은 계속적으로 열을 취급하고 기름이나 흘러내린 음식물들이 떨어져서 지저분해지기 쉽기 때문에 세척이 용이하고 쉽게 손상되지 않는 재료로 마감처리하여야 한다.

조리기기 위에 설치되는 환기 시설은 매우 중요한 부분이며, 주방은 연기나 증기를 배출하는 후드 시스템에 완전히 의존하지 않아도 어느 정도 공기가 환기될 수 있어야 한다.

6. 제과 · 제빵구역

장기적인 관점으로 볼 때 제과 · 제빵구역은 신중하게 계획해야 한다. 중소규모 식당에서 디저트를 만들 경우는 소형 작업대와 재료 보관통 · 믹서기 · 오븐만 있으면 되지만, 대량의 전문제품을 생산하거나 제과 · 제빵 제품을 판매하고자 한다면 처음부터 설계가 달라야 한다.

제과 · 제빵구역은 식음료 서비스 시설에서 조리구역과 분리될 수 있다. 그러나 공간이 충분하다면 제과 · 제빵구역은 조리구역에 배치하여 관리 · 감독을 용이하게 하고 기기 및 일반저장 공간을 공유할 수 있게 한다.

크기에 따라 다르겠지만 제과 · 제빵 전용 건조창고와 창고형 냉장고 및 냉동고가 필요할 수도 있다. 제과 · 제빵의 위치를 정할 때는 작업흐름과 장비이용에 대한 다른 부서와의 관계를 고려해야 한다. 주방시설을 다른 주방과 함께 사용할 수도 있고 원료의 유통을 위해 규모에 적합한 건조 저장고, 냉장고, 냉동고 등도 필요하다.

큰 규모의 베이커리는 단독으로 주방을 만들어야 하지만 소규모라면 메인 주방(main kitchen)과 함께 사용할 수도 있다.

베이커리 주방을 설계하기 위해서는 계획된 생산량과 생산품의 표준량 목표를 설정해야 한다. 만드는 방법과 생산량에 적합한 기기들과 작업에 필요한 동선을 확보해야 한다. 장비의 이동을 위한 공간이 확보되면 필요에 적합한 이동식 장비를 사용하므로 효율성과 유연성을 높일 수 있다.

제4절 그밖의 구역

1. 서비스구역

서비스구역과 서비스 형태에 관한 계획안은 설계 과정의 컨셉 개발 단계에서 첫 번째로 수행하는 의사결정 사항 중 하나이다. 테이블 서비스 식당의 경우 서비스 구역은 조리사들이 서비스 직원에게 음식을 전달하는 공간인 반면에 셀프서비스 급식시설에서 서비스구역은 음식을 판매하는 공간이며, 카페테리아식 식당에서는 고객에게 음식을 배식하는 공간이다.

서비스구역은 최종 조리구역과 고객이 식사하는 공간에 인접하게 위치하여야 한다.
고객에게 음식이 전달되는 데 소요되는 시간은 중요하며, 그 시간은 가능한 한 짧아야 음식을 신속히 제공할 수 있어서 음식의 적정온도를 유지할 수 있다.

서비스구역과 음식생산구역 사이에 거리가 짧으면 인건비가 절감되고 음식의 품질이 유지된다. 반대로 두 구역 간의 거리가 멀면 인건비와 기기비용이 증가하고 음식을 적정온도로 제공하기가 어려워진다.

서비스구역은 효율적인 배식 시스템 구축이 중요하며 음식을 몇 분 동안 보관할 수 있는 기기의 설치가 필요하다.

2 세척구역

온음식 조리구역을 제외하고 식기세척 기기와 그 주변구역은 다른구역보다 더 빠르게 훼손된다. 바닥에 떨어진 물과 음식 찌꺼기 및 증기와 높은 습도 그리고 벽과 기기에 부딪히는 운반차 등은 식기 세정실의 일반적인 환경이다.

세척구역의 바닥, 벽, 천장은 습기에 견딜 수 있도록 시공함과 동시에 물기를 쉽게 제거할 수 있도록 설계되어야 한다.
세척공간과 밀접한 관계가 있는 공간은 식당공간이다. 반납되는 식기가 식당에서 세척구역 내로 원활하게 전달될 수 있도록 설계되어야 한다. 식기를 자율 반납하는 식당에서는 세척구역이 식당의 출구 근처에 위치하면 좋다.

세척구역에서는 많은 소음이 난다. 식당과 가까이 위치할 경우에는 소음을 줄이는 방법을 강구해야 한다. 방음벽 컨베이어 벨트나 이중문 등의 설치를 퇴식구역에 설치하는 방법도 있다. 특히 큰 그릇이나 냄비 같이 큰 용기를 식기세척구역에서 세척한다면 세척구역은 조리구역과 인접한 곳에 위치하는 것이 좋다.

세척구역을 디자인할 때 중요한 것은 단순성의 원리이다. 단순한 형태의 설계가 비용도 적게 들며 효율적이다.

식기 세척실에는 퇴식식기를 일시적으로 모아 둘 수 있는 공간과 식기운반차를 두는 공간이 마련되어야 한다.

3. 사무실

사무실은 매니저, 주방장, 사무직원에게 필요한 공간이다. 고객이 주방을 통하지 않고 바로 방문할 수 있도록 배치되어야 한다. 소규모 식음료 서비스 업소는 사무실을 검수구역이 보이는 곳에 두는 것이 좋다.

저장구역과 건물로 출입하는 종업원을 파악하고 입 · 출고되는 식품의 움직임을 관찰할 수 있기 때문이다. 주방의 조리구역 쪽으로도 창문이 있으면 간접적인 작업 통제가 가능하다.

4. 탈의실 · 샤워실 · 화장실

종업원 탈의실과 화장실은 위생과 안전 및 종사원 태도에 영향을 미치므로 설계 시에 주의를 기해서 설치해야 한다. 화장실은 작업장과 가까운 곳에 위치하며 이중 입구로 하여 식품이 있는 지역과 분리한다.

화장실의 크기는 0.91m × 1.37m(1.52m)로 하고 종업원 12명~15명당 1개의 화장실과 8명~10명당 1개의 수세기를 설치하여 소독제나 수세솔을 준비해 둔다.

공간을 효율적으로 사용하고 유니폼을 관리할 수 있도록 탈의실과 화장실은 한 장소에 설치한다. 출입구의 위치는 종사원이 주방이나 식당을 통과하지 않고 출입할 수 있는 곳에 배치하며, 작업공간에서 탈의실로 이동하는 것을 관찰할 수 있도록 배치해야 한다.

CHAPTER 5

주방기기류 배치

배치(layout)는 효율성과 안전성을 높이고 작업 공간을 인체공학적으로 교정하는 기기의 배열을 의미한다. 기본 설계원리에 따라 작업 공간을 논리적으로 배열하고 특정 운영기준을 충족할 수 있도록 기기를 선정, 배치할 때 작업 공간의 효율성과 종사원의 생산성은 향상될 것이다.

주방에서 배치는 조리작업을 위해 여러 종류의 조리장비를 사용하기 좋고 작업 능률을 높일 수 있도록 차려놓은 것이다.

조리작업의 순서에 따라 작업이 진행될 수 있도록 배열하므로 식재료 운반거리와 작업자의 이동거리 등과 자재의 취급이 최적조건이 되도록 해야 한다. 주방의 시설배치는 조리사와 조리장비, 식재료, 조리방법에 따라서 생산성이 향상될 수 있도록 배치되어야 하는 유동적인 의미를 가지고 있다.

주방시설은 식품조리 과정의 다양한 작업을 합리적으로 수행할 수 있어야 한다. 조건에 따라서 고도로 특수화된 기기로 음식을 조리하기 때문에 그에 따른 시설과 기기는 종류가 매우 복잡하고 다양하다. 또한 주방의 시설이나 설비는 인간을 대상으로 하는 공학이며, 고객에게는 안락한 분위기와 제공되는 요리를 최상의 상태로 생산·보존하는 것을 목적으로 음식을 최대한 즐길 수 있도록 해야 한다.

주방은 능률·위생·효율성에 중점을 두고 설계를 진행해야 한다. 그리고 급·배수, 설비계획, 환기 등 모든 부대설비에도 특별히 유의해야 한다.

제1절 배치기준

1. 식재료 접근의 용이성

컨베이어 시스템을 이용하여 재료가 종사원의 작업구역 앞을 지나가게 조립 라인을 만들었다면 이는 종업원의 움직임을 줄이면서 생산 속도를 조정할 수 있기 때문에 이상적이다.

제조공장의 배치에 근거한 기본원리는 식음료 시설의 설계에도 적용된다. 주방의 각 작업구역은 식재료를 쉽게 사용할 수 있도록 설계되어야 한다. 그래야 작업자가 재료를 가지고 와서 가공한 후 다른 작업구역이나 저장 공간으로 운반하는데 필요한 단계 수를 최소화할 수 있다.

식재료의 흐름에 따라 기기류를 배치하며, 식재료에 접근이 용이하도록 배치하면 시간과 인건비가 절약된다. 냉장고를 조리사가 작업하는 공간 가까이 배치하는 것은 식중독 예방 차원에서도 중요하다. 작업공간과 냉장시설 간에 거리가 멀면 조리사는 육류나 해산물들을 레인지 가까운 곳에 방치하여 놓고 사용하게 되어 레인지에서 나오는 열기에 노출되어 쉽게 상할 수가 있다.

식재료와 조리된 음식물이 사용될 순서에 따라 배열된다면 운영은 더욱 효율적일 것이다. 작업공간에서 움직임의 흐름이 직선형이거나 L자형일 때 가장 효율적이다. 작업자가 통로를 가로질러 재료를 운반하거나 다른 작업자 주변에서 작업해야 하는 경우가 발생하면 능률은 떨어진다.

2. 다른 구역과의 관계와 주의사항

식당의 각 부분은 다른 부분과 밀접한 관련성이 있다. 설계에서 시스템이란 전체를 이루는 각 구성요소들이 규칙적으로 상호작용하고 있는 것으로 정의되며 식당 시설의 기능적구역을 설명하는 데 사용된다.

한구역의 배치는 다른 구역과 연계될 수 있도록 설계해야 한다. 각 구역별로 활동이 서로 연계되는 관계에서 차이가 많이 나므로 서로의 관련성을 고려하여 배치하여야 한다. 또한 식당의 시설은 싱크대 등과 같이 구역별로 따로 구비해야 하는 기기들이 있으며 가끔 사용되거나 이중으로 설치하기에 비용이 너무 많이 드는 기기들도 있다. 이런 기기는 다른 구역으로 이동시켜서 사용할 수 있도록 해야 한다.

작업공간의 우수한 배치와 평범한 배치 간의 차이점은 배치 시에 얼마나 많은 주의를 기울이는가에 있다.

① 스테인리스와 같이 세척이 용이한 재질을 선택한다.

② 식품과 접촉하는 부분이 마감처리가 잘 되어서 음식물의 찌꺼기나 조각이 기기의 내부에 떨어지는 것을 방지할 수 있는 기기류를 선택한다.

③ 갈라진 틈이나 이음새와 고무바킹 등과 같은 기타 공간이 없도록 시공하여 음식물 조각이 끼거나 세균이 증식되는 공간이 최소화되도록 시공한다.

④ 세척과 소득을 위해 간단히 분쇄되고 재조립할 수 있는 기기를 선택한다.

⑤ 그리들이나 튀김기 같은 경우는 기름과 음식물 조각, 찌꺼기 등을 쉽게 걸러 낼 수 있는 장치를 설치한다.

⑥ 쉽게 세척할 수 있도록 분리가 가능한 부속품을 사용한다.

⑦ 기기의 아랫부분을 청소할 수 있도록 바닥에서 15㎝~20㎝ 정도 높이의 다리 또는 바퀴를 설치한다.

⑧ 세척과 소독 과정에서 물을 사용할 수 있는 기기를 사용한다.

3. 주방의 면적

(1) 면적

주방의 모든 업무가 효과적으로 진행되기 위해서는 설계 단계부터 주방의 위치와 규모에 대한 고려가 이루어져야 한다. 주방의 면적은 너무 넓거나 좁아서는 안 된다. 일반적으로 노동시간의 10%~20%는 주방 동선에 의해 소비되는데, 주방 면적의 범위가 넓어지면 효율성이 저하되므로 적정한 소요면적의 배분 결정이 중요하다.

주방면적을 결정하는 기준은 메뉴와 서비스 형태와 수준 및 인원 등에 따라서 다르다. 일반적으로 주방의 적절한 크기는 메뉴에 합당한 조리업무와 그와 관련된 업무가 효율적으로 이루어질 수 있는 적절한 규모이다.

주방의 면적은 주방의 특성, 기능, 영업형태에 따라 차이가 있지만 조리사의 수와 조리사 한 사람이 일할 수 있는 공간, 즉 '최대 작업영역' 에 기준을 두어야 한다.

보통 한 사람의 최대 작업영역은 1.39m이며, 주방의 면적은 영업장의 15%~45%가 적당하다. [표 4-2]는 업종별 주방과 식당 면적 비율표이다.

표 4-2 업종별 주방과 식당 면적비율

업 종	인/m^2	좌석회전율	식당면적(%)	주방면적(%)	비 고
고급 레스토랑	0.50	5~6	55~65	35~45	
중국 음식점	0.53	5~6	65~75	25~35	
일본 음식점	0.50	4~5	65~75	25~35	
스테이크 하우스	0.55	2~5	70~80	20~30	
호 프 집	0.58	1.5~3	80~85	15~20	
이탈리아 식당	0.53	2~3	70~75	25~30	
일반 주점	0.80	2~3	80~85	15~20	

(2) 배치 활용방안

주방의 면적을 결정하기 위해서는 각 작업장 및 작업장 간의 이동통로에 대한 공간 소요량을 산정해야 한다. 그리고 배치될 설비의 생산율과 소요장비의 대수 및 소요 작업자들의 수를 조사·결정한 후에 각 장비들이 필요한 면적과 작업자에게 필요한 면적을 합해서 주방의 필요 면적을 계산한다. 이러한 방법은 생산 센터법으로 대부분의 기업체에서 제조공정구역을 설정하는 데 많이 사용하고 있다.

또 다른 방법인 전환법은 설치하려는 주방과 비슷한 모델주방을 설정하고 그 모델 주방의 실질적인 주방면적을 조사하여 현실적으로 작업공간이 넓은지 또는 협소한지 등을 판단하여 적정 면적을 산정한 후 설치하려는 주방의 생산량과 비교하고 증가비율을 고려하여 주방면적을 산정하는 방법으로 주방공간을 쉽게 산정할 수 있는 장점이 있다.

소규모 주방설치 시에 많이 사용하는 방법 중 하나는 전문 주방설치 업체를 이용하는 방법으로 이미 설치된 여러 주방의 도면을 검토하여 최적의 주방을 찾아내고, 생산량의 증가비율을 고려하여 주방면적을 산정하는 방법으로 전환법과 비슷한 방법이다. 가상적인 형판이나 모형들을 이용하여 배치안을 만들어 놓고 그것을 이용하여 주방의 면적을 추정하기도 한다.

과거의 성공적인 적용사례를 근거로 표준주방을 설정하여 사용하는 방법은 프랜차이즈 업체에서 신규 주방을 설치할 때 많이 사용하는 방법으로 최소의 비용으로 주방설치가 가능하다.

제2절 배치 계획

주방의 작업 활동에 따른 시설이나 장비에 대한 최적의 배열은 다양한 작업장 사이의 작업흐름을 최소화할 때 이루어진다. 그러나 작업흐름이 너무 작은 공간으로 축소될 때는 상대적으로 작업 활동이 어려워진다. 따라서 작업장 사이의 흐름은 최소화하되, 서로가 작업에 영향을 주지 않도록 적당한 공간에 배열해야 한다.

주방의 조리사가 사용할 수 있는 다양한 시설 배치 평가로 개인의 작업영역과 작업장의 장비와 장비 사이의 이동 평가를 고려해야 한다. 그리고 조리작업 과정에서 발생할 수 있는 물질적인 흐름과 작업장 사이를 고려한다. 이는 개인의 조리작업 활동과 과정상 물질적인 흐름의 관계 사이에는 직·간접적으로 영향이 미치기 때문이다.

1. 식재료 흐름의 분석

주방의 구역배치는 합리적인 흐름을 준수하는 것이 좋다. 식재료가 사용될 순서에 따라 장비를 배열한다면 효율성은 증대될 것이다.

생산 시스템에서 형성되는 모든 요소인 식재료, 조리사, 시설장비 등을 생산활동 과정에서 발생하는 이동의 양을 측정하여 흐름의 크기를 분석한다. 조리작업활동 간에 소비되는 식재료를 일정기간 동안 총 이동량과 총 이동횟수를 기록하여 표기하면 식재료의 흐름과 그 양을 파악할 수 있다.

2. 활동 간 관련분석

한구역의 배치는 다른 구역과 연계가 되어야 한다. 생산 활동요인에 의한 활동 간의 관련성을 분석하면 작업의 집중도를 분석해 낼 수 있다. 활동 간 관련성의 하나는 식재료 및 물자의 이동으로 파악되며, 다른 하나는 고객서비스의 편의성으로 파악된다.

식재료와 물자의 이동이 많으면 관련성이 높아서 서로 근접에 위치해야 하며 고객의 편의성 증진에 관련성이 많아도 서로 근접한 위치에 있어야 한다. 작업흐름에 따른 활동 관련성을 공간 구조에 맞게 배열할 수 있는 토대를 마련하는 것이다.

3. 필요면적 산정

식재료의 사용량과 이동량 작업공간 사이의 활동 관련 등을 기준으로 필요한 공간의 크기와 형태를 사용 가능한 면적과 건물현상 및 자본 등의 제한요인을 고려하여 결정한다.

각 작업 중심점의 면적은 생산설비, 운반설비, 저장설비, 식재료의 이동과 조리사의 이동을 위한 공간 등을 합하여 필요한 주방 면적을 결정하게 된다.

4. 배치대안 개발

이상적인 배열의 공간할당을 기본으로 하여 필요한 장비들의 배치도를 개발하는 것이다.

제3절 배치의 물리적 특성

1. 배치의 배열 형태

주방의 배치는 상품 · 생산량 · 경로 · 하위 시스템 · 시간을 고려하여 고객을 위한 주방시설의 목적에 맞게 인력이나 장비나 재료 등을 배치하여야 한다. 작업자의 행동을 방해하지 않고 효율을 가장 높일 수 있는 제품의 작업 센터와 장비의 배치에는 직선형 · L자형 U자형 · 병렬형 · 사각형 등이 있다.

각 형태마다 장점과 단점이 있지만 직선형이 가장 효율적인 배치 형태이다. 주방기기류 배열의 기본은 직선형 배열이다. 구조와 형태에 따라서 L자형과 U자형 배치가 필요하지만 이것 또한 직선형 배치가 조합한 형태이다.

예를 들어 식기세척기에서 직선형의 배치가 가장 효율적이지만 식기세척기를 직선형으로 배치하면 퇴식구 공간을 확보하기 어려울 수 있으나, L자형 배치를 하면 공간이 작아도 되므로 간단히 해결될 수 있다. L자 배열은 통로가 막힌 작업 구역을 만들어 내므로 기기를 작업 공간 내에 보관해야 하는 경우에 막힌 공간을 활용할 수 있다.

U자형의 배치는 상당한 크기의 작업대를 제공하나 종사원들의 작업 동선이 길다는 단점이 있다.

(1) 직선형 배치(일자형)

직선형 배치는 가장 간단한 디자인으로 기자재의 숫자나 작업장이 한정되어 있는 경우에 효과적이다. 조리작업대가 주방의 벽면을 바라보고 한 장소에 일렬로 배치되면 그 위에 각종 조리 장비를 배치하는 형태로 비교적 규모가 작은 주방에서 이루어지는 형태이다.

이 배치는 가장 단순한 동선을 유지하는 형태이므로 작업의 능률을 높일 수 있으며 다른 공간과의 의사소통이 편리하다.

(2) L자형 배치

L자형 배치는 직선형 배치를 변형시킨 것으로 구부러지는 코너를 이용하여 벽면을 보고 주방기기를 배치하는 것이다. L자형의 외형은 두 개의 그룹으로 나누어

작업하는 경우에 효과적인 방법이다. 동선의 최소화가 가능하며 주방 전체를 관리할 수 있어서 효과적이다. 공간상 직선형 배치나 배면형 배치가 적합하지 않을 때 사용한다.

(3) U자형 배치

U자형 배치는 직선형과 L자형의 배치를 겸하는 방법이다. 한정된 주방공간을 합리적으로 이용할 수 있고 조리사들의 작업동선도 줄일 수 있다. U자형의 작업장 배치법은 한 명이나 두 명 정도의 작업자가 작업하는 공간에서 유용하게 사용할 수 있는 형태이다.

다른 작업동선의 방해를 받지 않고 넓은 공간을 확보할 수 있는 것이 장점이다. U자형 주방은 조리대의 총면적이 가장 크고 조리작업을 하기에 편리한 중형 주방의 형태이다.

(4) 병렬형 배치

마주보는 병렬형은 두 개의 일자형 라인으로 배치된 것으로 중간에 복도가 있는 모습이다. 홀 접객원이 주방에 들어와야 되는 경우와 주방에 통행로가 필요한 경우에 편리하다.

이와 같은 배치는 조리된 음식을 각각의 작업센터로부터 가져갈 수 있도록 할 때 필요하다. 서비스 장소에 직각으로 놓은 병렬형 작업대는 조리작업을 하는 데 효과적이다.

2. 이동식 기기류 배치

주방기기 설치 때 기기류에 바퀴를 달아서 신속하게 필요한 공간으로 이동을 할 수 있게 배치하는 형태가 있다. 이는 기기를 쉽게 옮길 수 있어 청소가 용이하고 필요한 장소에 기기를 이동하여 사용할 수 있다는 장점이 있다. 그러나 단점은, 기기류의 안정성이 조금 부족하다는 것과 기기류 이동시에 작업자는 전기선 · 가스공급선 · 수도공급관 등을 점검해야 한다는 것이지만, 대부분의 모든 기기에 사용할 수 있다.

가스나 불을 사용하는 기기류는 대부분이 고정시키는 방법을 사용하지만, 신속한 분리장치나 유연성이 있는 이음장치를 사용하고 기기류에 바퀴를 달면 이동식으로 사용할 수 있다.

3. 벽 고정식 기기

기기류를 벽에 고정시키는 방법이 있다. 기기를 바닥에 세우지 않고 벽에 고정하므로 기기의 아랫부분에 빈 공간이 형성되어 위생적으로 관리하기가 쉽다. 보통 벽은 기기의 무게를 견딜 수 있는 구조물이 없으므로 벽 내부에 지지대를 설치한 후 기기를 그 지지대에 고정시킨다.

제4절 유형별 배치형태

1. 기능별 배치

기능별 배치는 여러 종류의 음식 상품을 생산하는 기능을 중심으로 장비를 배치하는 방법이다. 조리상품 생산을 위하여 특정한 기능을 한 장소에 모아서 상품을 생산하는 방식으로, 대량의 상품을 효율적으로 생산할 수 있다.

특정한 기능이 있는 장소로 필요한 주방장비를 이동하면, 주방동선을 효율적으로 활용할 수 있어 작업 이동거리가 최소화된다.

2. 상품별 배치

상품별 장비배치 형태는 단체급식이나 연회주방, 외식업체의 중심지원 주방 등 대량생산이나 연속생산업장에서 많이 사용한다. 상품별 배치는 주방시설의 장비들을 상품 중심으로 배열하기 때문에 특정상품의 대량생산에 효율적이며 일직선상에 주방장비를 배치하여 식재료의 흐름이 빠르므로 몇 종류의 메뉴를 대량생산할 때 적합하다.

상품별 배치는 주방장비들을 특정 메뉴의 공정순서에 따라 배열하여 작업의 흐름이 좋다. 작업장 간의 식재료 및 상품의 이동은 자동운반 장치를 이용하는 경우도 많다. 상품별 배치에서는 각 조리과정이 갖고 있는 능력을 최대한 발휘할 뿐만 아니라 전체 조리과정이 원활하게 이루어지도록 균형을 유지하는 것이 중요하다.

3. 과정별 배치

과정별 배치는 다품종 소량생산에 적합한 배열 형태이다. 조리작업 순서에 따라 생산 과정별로 주방장비를 배치하는 방법으로 각 조리 작업과정 간의 운반거리를 최소화할 수 있다. 조리작업 과정에 따라 식재료의 운반량과 운반거리 및 작업자의 이동거리를 적절하게 고려해 배치하여야 한다.

제5절 주방공간구역 기기 배치방법

시설배치는 조리상품 생산의 최적 흐름을 위해 외식업소 건물의 구조형태 각 부대 영업장, 주방설비, 식재료 운반 장비, 작업통로, 저장창고, 주방 사무실, 보조시설물들과 같은 물적 구성요소의 위치를 공간적으로 적절히 배열해야 한다.

1. 검수공간과 저장공간의 배치

검수구역은 물품하역에 필요한 공간과 차량이동 공간의 확보가 필요하며, 식품을 검수하는 공간의 확보도 필요하다. 검수작업대 저울, 간단한 저장시설, 산도계, 염도계, 당도계 등이 있어야 효과적으로 검수 업무를 수행할 수 있다.

저장구역의 최적배치는 사용 가능한 저장공간을 최대화하고 불필요한 통로 공간을 최소화하는 것이다.
저장공간의 설계는 이용하기에 편리하고, 업장별 주방과는 근접하게 배치해야 한다. 무겁고 부피가 큰 재료들은 가능하면 쉽게 이동할 수 있는 배열이 적합하다.

저장창고의 근접성과 식재료 이동의 용이성 등을 갖춘 상태에서 각 기능들을 혼합하여 사용하면 저장 창고를 편리하게 이용할 수 있다.
저장구역의 배치 결정은 경영주의 생각에 따라 달라지는데, 메뉴의 종류 · 반제품 사용비율 · 손수레 사용유무 등에 따라서 배열과 저장 공간의 크기 등이 영향을 받는다.
저장용 공간의 크기와 반대로 선반 사이의 폭은 가능하면 좁게 한다. 건조 상품 저장구역의 배치에서 식품과 세척용품을 분리하여 저장해야 혼용될 가능성을 줄일 수 있다.

창고형 냉장고와 냉동고의 배치에서 선반 공간을 최대화하고 통로 공간을 최소화하는 것 또한 효율성 증대를 위해 필요한 조치들이다.

2. 전처리구역 배치

전처리구역에는 일반적으로 싱크대 · 작업대 · 기구저장고 · 믹서 · 푸드프로세서 · 차퍼 · 선반이 설치된다. 때에 따라서는 싱크대와 작업대만 갖춘 단순한 형태도 있다. 저장공간과 최종 조리구역의 사이에 위치하므로 저장창고 · 냉장고와 가까이 있어야 된다.

전처리구역은 작업 기능별로 배열한다. 야채 준비시에 다듬기와 씻기가 순서대로 이어지므로 작업대와 세척용 싱크대를 순서대로 직선배열하면 된다. 야채의 흐름에 따라 입고에서부터 저장냉장고까지 작업대는 장비들 간에 근접한 상태로 위치되어야 한다.

음식은 준비 작업에서 시작하여 다양한 작업장의 시설을 거침으로써, 요구되는 단계의 순서에 따라 서비스 지역을 향해 연속적으로 흐르게 한다. 같거나 비슷한 작업이 많으므로 재료 준비 활동은 통합된 개념에서 개발되어야 한다.

3. 냉음식 조리지역 배치

샐러드 · 샌드위치 · 디저트 · 냉전채 요리와 같은 음식을 조리하는 곳으로 싱크대가 있는 작업대, 조리된 음식과 원재료를 보관하는 냉장고, 냉음식, 배식구역 및 서비스 요원이 음식을 가져가는 구역이다.

배치 방법은, 첫째로 서비스 요원이 편리하게 주방의 앞쪽에 배치하는 방법이 있고, 둘째로 서비스구역에서 바로 서비스 요원이 가져갈 수 있도록 배치하는 방법이 있으며, 셋째로 찬 요리구역과 최종 조리구역을 구분하지 않고 같이 사용하는 형태가 있다. 작업내용에 따라서 소형 믹서, 푸드프로세서, 슬라이서가 필요할 수도 있다.

4. 최종 조리구역 배치

최종 조리구역이 잘못 배치되면 서비스가 지연되고 음식이 지나치게 조리되거나 덜 조리될 수도 있다. 최종 조리구역은 음식을 조리하는 전체 공정에서 가장 큰 영향을 미치는 단계이기 때문에 대형 체인 업체들은 최종 조리구역의 배치와 기기설계에서 아주 작은 변경이 가져오는 효과까지도 면밀하게 조사한다.

최종 조리구역의 설계는 음식의 효율적인 생산과 신속함이 중요하다. 특히 공간과 업장흐름의 유형에 영향을 주는 지역은 창고나 준비 장소로부터 식재료의 흐름과 식기류를 세척하는 곳까지 모든 것이 포함된 공간 확보이다.

고급레스토랑의 경우는 조리사가 음식을 준비하는 데 필요한 모든 재료와 기기를 곧바로 이용할 수 있도록 모두 준비되어야 한다. 패스트푸드점에서도 고객의 주문을 받으면 즉석에서 음식을 제공해야 하기 때문에 최종 조리구역의 배치는 업소의 성공에 중요한 영향을 미친다. 최종 조리구역의 기기는 메뉴에서 요구하는 조리기법에 따라 선정되며 기기의 용량은 메뉴의 예상 수요에 따라 결정된다.

가스테이블 · 오븐 · 스티머 등과 같이 주방 내에서 생성되는 열과 증가된 각각의 공동장비 및 기물과 기기는 환기시설에 근접하게 배치해야 하고, 주요 조리장비를 둘러싼 공간은 신선도나 통풍이 필요하다. 또한 보일러 등의 설비에서 타고 있는 연기는 직접 밖을 향하도록 만들어야 한다. 주요 통풍과 공기조절의 설비 위치는 요리기구의 냉각 없이 적절한 공냉의 효과를 주기 위해 중요하다. 주요리를 조리하는 구역에 있어서 냉장 · 냉동 공간에 대한 배려도 있어야 한다.

5. 서비스구역

서비스구역의 배치는 식당 컨셉에 따라 달라진다. 레스토랑은 종사원이 최종 조리구역과 서비스구역 사이를 이동하는 거리를 최소화해야 한다. 신속하고 효율적인 서비스를 수행하기 위해서 이동하는 동선의 거리나 횟수를 줄인다면 서비스 속도가 향상되고, 인건비가 절감되며, 주방의 혼잡이 감소하고, 직원이 고객에게 더 많은 관심을 기울일 수가 있을 것이다.

패스트푸드점에서는 고객이 서비스 과정에 참여를 하는 셀프서비스 형태가 많다. 보통 카운터에 여러 개의 서비스 접점이 있는 형태와 하나의 서비스 접점이 있는 형태가 있다. 이 두 형태는 서로 장단점이 있으며 서비스 속도도 근소한 차이가 있다.

카페테리아 서비스 설계는 전통적인 직선 형태에서 스크램블형(Scramble), 분산형 시스템(Scatter system), 푸드 코트(Food court)와 같은 형태로 바뀌었다.

스크램블형이나 분산형 시스템의 주요 특징은 고객이 자유롭게 음식을 선택할 수 있도록 다양한 코너를 제공하는 것이다. 주요 장점은 서비스 속도가 빠르고 음식 코너를 다양화하여 메뉴의 다양성이 증가되며, 판매가 촉진된다는 것이다.

스크램블형의 단점은 한 코너에서 다른 코너로 고객이 자유롭게 이동할 수 있는 넓은 공간이 필요하다는 것이다.

6. 식기세척구역의 배치

식당 시설의 주요 컨셉은 식기의 수와 식기 형태에 영향을 주며 고객의 수는 식기세척구역의 배치에 영향을 준다. 일반적으로 소규모의 시설은 1조 탱크식 도어형 식기세척기를 설치한다. 규모가 조금 더 커지면 2조 탱크형 식기세척기, 플라이트형 식기세척기, 순환형 식기세척기, 식판 적재장치를 구비한 코너형 식기세척기를 설치한다.

식기세척구역의 설계는 세척 기능과 그 부속 기능들을 연결하여 설계해야 한다. 필요하다면 주방용 용기 · 조리용 냄비 · 유리제품 · 은기물 등 제품별로 분리하거나 다른 방법으로 세척해야 한다면 기능별로 분리해 설계하여야 하고 만약 보관창고가 필요하다면 준비해야 한다.

세척기능이나 사용형태에 관계없는 배치는 배제되어야 한다.

세척장소에서 식기의 흐름은 가능한 한 짧은 시간 내에 계속적으로 진행될 수 있는 공간을 확보해야 하며, 모든 세척된 과정들이 만족스럽게 실행되었을 때 공정하고 효율적인 배치가 이루어졌다고 볼 수 있다.

레스토랑 주방

1. 주방 면적 : 약 8평
2. 레인지 특징 : 낮은 레인지/5구 레인지/튀김기/전기오븐
3. 설계 특징
   ① 도아타입 세척기를 설치하였다/인건비 절약
   ② 레인지 기구를 벽으로 설치하여 후드 설치가 쉽다.
4. 설계보완점
   ① 벽에 양념류 선반이 부족하다.

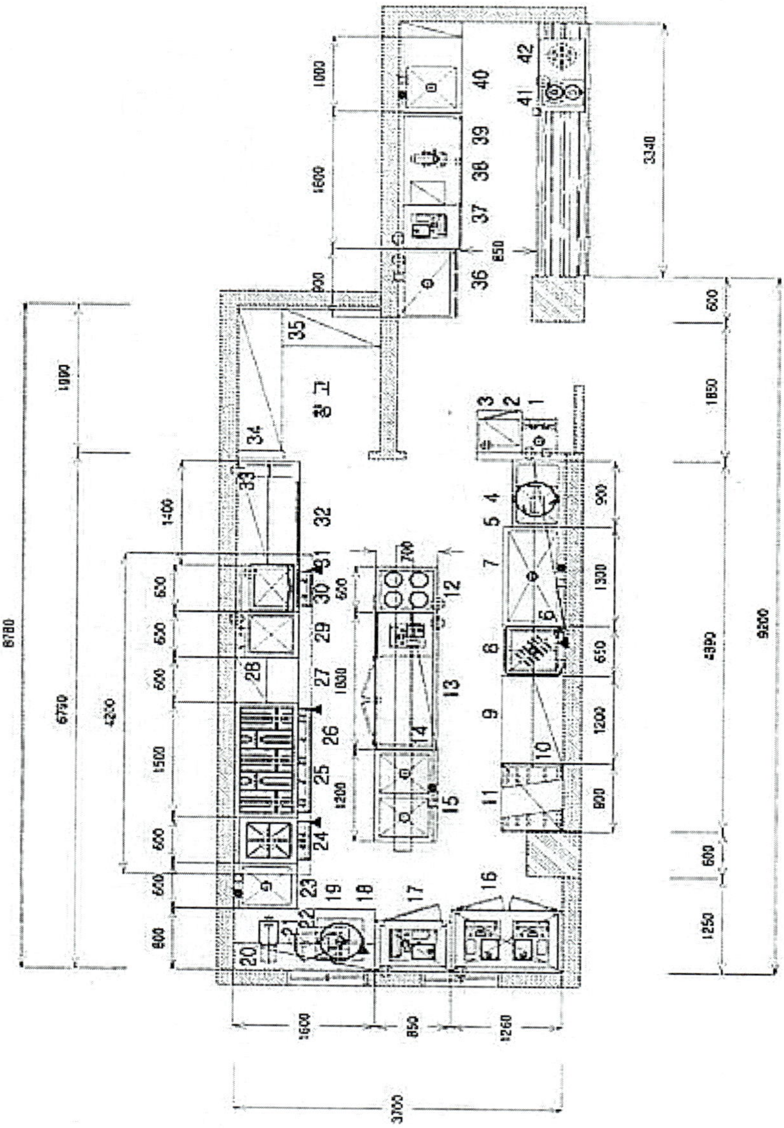

그림 4-8 레스토랑 주방 배치도

번호	품명	규 격			배 관			가 스		전 기		
		가로	세로	높이	냉수	온수	배수	구경	소비량	공급방식	전압	전력량
01	냉온 정수기	340	340	1,200								
02	소독기 받침대	500	550	650								
03	자외선소독기											
04	잔반처리대/날개	900	600	850								
05	잔반통	480		550								
06	2단벽선반	2,200	350	550								
07	담금세정대	1,300	700	850								
08	식기세척기	650	700	1,350								
09	세척기건조대	1200	700	850								
10	2단벽선반	1,200	350	550								
11	다단식선반	900	700	1,800								
12	소스워머	700	600	850								
13	냉장작업대	1,800	700	850								
14	상선반	1,800	350	700								
15	2조세정대	1,200	700	850								
16	냉장고	1,260	800	1,900								
17	냉동고	850	800	1,900								
18	가스밥솥			55용								
19	작업대하부로라	1,600	800	850								
20	2단벽선반	1,600	350	550								
21	민찌기			12호								
22	햄슬라이서											
23	1조세정대	600	700	850								
24	낮은레인지	600	700	450								
25	가스5구레인지	1,500	700	850								
26	배기 후드/휠타	4,200	850	600								
27	보조작업대	600	700	850								
28	2단벽선반	600	350	550								
29	전기튀김기	600	700	850								
30	가스그리들	600	700	850								
31	전기오븐	600	520	550								
32	접시보온고	1,400	700	850								
33	2단벽선반	1,400	350	550								
34	창고선반	1,900	500	1,600								
35	창고선반	1,300	500	1,600								
36	제빙기	890	800	1,850								
37	냉장작업대	1,800	700	850								
38	빙삭기									1	220	0.5
39	바딕서									1	220	0.5
40	1조세정대/날개	1,000	700	850		15	15	50				
41	커피머신	370	525	440		15		50		1	220	1
42	컵보온고									1	220	0.5

패밀리레스토랑 주방

1. 주방 면적 : 약 28평
2. 레인지 특징 : 6구레인지/그릴러/튀김기/그리들/어소기/테크오븐
3. 설계 특징
   ① 렉컨베이어 타입 세척기를 설치한다/깨끗하게 세척됨
   ② 중앙을 2열배치로 하였다/레인지부와 레인지 보조 냉장 테이블부
4. 설계보완점
   ① 배식 및 퇴식카운터를 넓게 하여 파티션을 설치하여 숨긴다.
   ② 세척기에 전처리 샤워기를 설치한다.

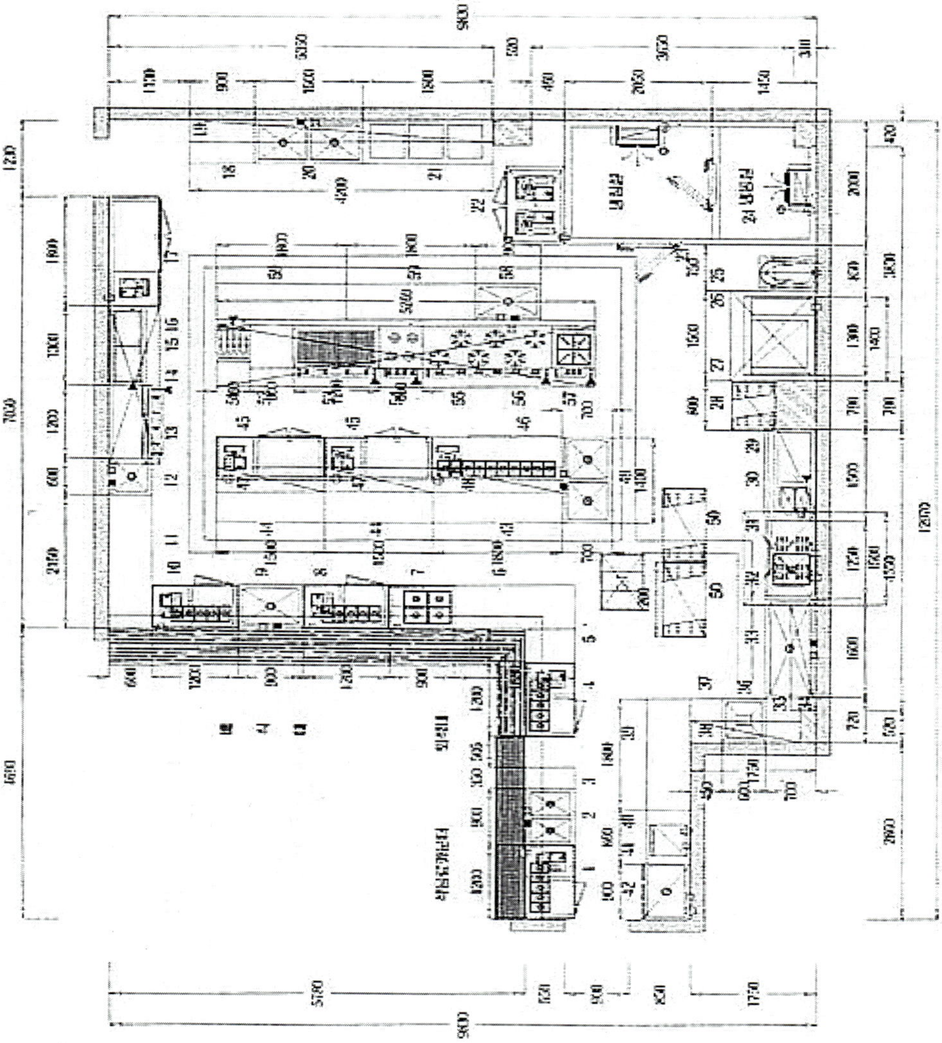

그림 4-9 패밀리레스토랑 주방 배치도

번호	품 명	규 격			배 관			가 스		전 기		
		가로	세로	높이	냉수	온수	배수	구경	소비량	공급방식	전압	전력량
01	토핑냉장테이블	1,200	700	850						220	0.5	
02	2조세정대/컵	900	700	850	15	15	50					
03	보조대	350	700	850								
04	토핑냉동케이블	1,200	700	850						220	0.5	
05	보조대	500	700	850								
06	작업대	1,600	700	850								
07	워버	900	700	850						220	3	
08	토핑냉장케이블	1,00	700	850						220	0.5	
09	1조세정대	900	700	850	15	15	50					
10	토핑냉동테이블	1,200	700	850						220	0.5	
11	작업대	2,100	600	850								
12	1조세정대	600	600	850	15	15	50					
13	가스그리들/스테이크	1,200	600	850				25	16,000			
14	배기후드	2,600	800	600						220	0.5	
15	가스어소기			926				9	12,000			
16	가스대	1,300	600	850								
17	냉장테이블	1800	700	850						220	0.5	
18	작업대	900	700	850								
19	벽선반	2,100	350	550								
20	2조세정대	1,500	700	850	15	15	50					
21	밀가루반죽작업대	1,800	700	850								
22	냉동냉장고	1,260	800	1,900						220	0.54	
23	냉장실	2,00	2,050	2,200			50			220	2	
24	냉동실	2,000	1,450	2,200			50			220	2	
25	버티컬믹서			16"						220	1	
26	베이커리오븐/발효기	1,300	1,000	1,850	15		50			380	15	
27	배기후드	1,400	1,200	600						220	0.5	
28	다단식 선반	800	600	1,850								
29	랙건조대	1,500	700	850								
30	랙선반	1,500		520								
31	식기자동세척기	1,250	665	1,350	20		50	20	36,000	380	10	
32	배기후드	1,500	1,000	600						220	0.5	
33	1조세정대	1,600	700	850	15	15	50					
34	벽선반	1,500	350	550								
35	보조대	720	700	850								
36	잔반처리대	600	700	850								
37	보조대	450	700	850								
38	벽선반	1,700	350	550								
39	퇴식대	1,800	600	850								
40	작업대	850	600	850								
41	콜라디스펜셔				15		50			1	220	1
42	제빙기		200kg		15		50			1	220	2.5
43	작업대	1,800	600	850								
44	작업대	1,500	600	850								
45	냉장테이블	1,500	700	850						1	220	0.5*2
46	토핑테이블	1,800	700	850						1	220	0.5
47	상부선반	1,500	400	750								
48	상부선반	1,500	400	750								
49	2조세정대	1,400	700	850	15	15	50					
50	다단식선반	1,200	600	1,850								
51	가스자동튀김기	460	600	850				20	12,700	1	220	0.1
52	보조대	600	600	850								
53	가스그릴러	1,200	700	850				25	16,000			
54	4구레인지	600	700	850				25	16,000			
55	6구레인지	1,800	700	850	15			25	70,000			
56	배기후드	5,250	900	600						1	220	1
57	낮은레인지	600	700	450	15			25	17,000			
58	1조세정대	900	600	850	15	15	50					
59	작업대	1,800	600	850								

중화요리 주방

1. 주방 면적 : 약 29평
2. 레인지 특징 : 블로아 중화 레인지/딤섬 오븐/면 레인지/다열 레인지/가스밥솥
3. 설계 특징 :
   ① 중화 레인지 배기후드에 블로아몰을 설치하여 연기를 완전하게 배출한다.
   ② 세척기 싱크대 전처리 샤워기를 부착하였다.
4. 설계보완점 :
   ① 부식창고를 출입하는 문의 주방 쪽으로 설치를 요한다.
   ② 고기 칼질을 위해 전용 도마대가 필요하다.

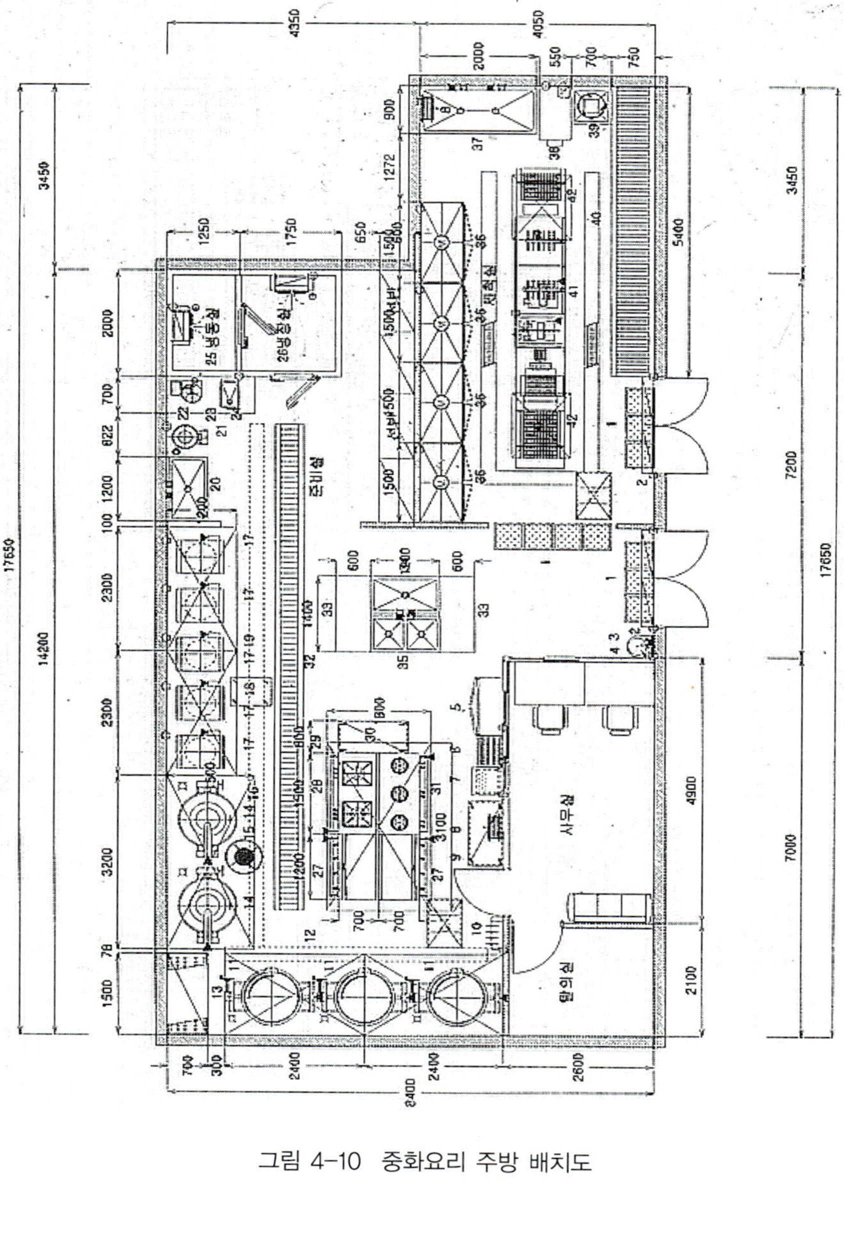

그림 4-10 중화요리 주방 배치도

번호	품명	규격			배관			가스		전기		
		가로	세로	높이	냉수	온수	배수	구경	소비량	공급방식	전압	전력량
01	냉장테이블	1,200	700	850								
02	해물토핑냉장고	1,800	700	850								
03	식기찬장	3,000	350	550								
04	랙건조대	1,500	700	850								
05	랙선반	1,300	520	350								
06		1,340	700	1,350								
07	배기후드	1,300	1,000	600								
08	1조세정대	1,500	700	850								
09	잔반처리대/이중걸름망	1,400	700	850								
10	식기선반	2,700	350	550								
11	COMB/CONVECTION RANGE											
12	받침대	1,000	1,000	450								
13	중화 레인지/에어믹싱오버플러우	1,800	1,100	850								
14	배기후드/2중에어커튼타입	3,300	1,400	600								
15	양념대	600	1,100	850								
16	후라이어/솔로레이드타입	900	750	850								
17	배기후드/2중에어커튼타입	2,000	1,000	600								
18	로우 레인지	700	700	450								
19	딤섬찜기/개별스팀타입	800	700	1,700								
20	생선찜기/스팀타입	800	700	1,700								
21	배기후드/이중에어커튼타입	2,800	1,200	600								
22	콜테이블/서랍식	1,500	700	850								
23	느들머신											
24	면세정대	1,500	700	850								
25	캐비닛 찬장	1,500	800	850								
26	콜테이블	1,500	800	850								
27	디시워머/건식타입	1,800	800	850								
28	워머	1,200	800	850								
29	캐비닛 찬장	1,500	700	850								
30	캐비닛 찬장	1,500	700	850								
31	콜테이블	1,500	700	850								
32	콜테이블/서랍식	1,500	700	850								
33	3구레인지/솔로레이드타입	1,500	700	300								
34	배기후드	1,700	1,000	600								
35	오버랙	1,500	500	750								
36	비러리지냉장고											
37	콜테이블/베져터블닫드형	1,500	700	850								
38	2조세정대	1,200	600	850								
39	식기찬장	2,700	350	550								
40	식기소독고											
41	전처리샤워부스											
42	티워머머신											
43	받침대	1,000	600	500								
44	냉온정수기/직결형											
45	캐비닛 찬장	1,500	600	850								
46	아이스메이커		100kg									
47	창고선반	1,500	600	,600								

한식당주방

1. 주방 면적 : 약 15평
2. 레인지 특징 : 다열 레인지/3구 레인지/부침기 레인지/낮은 레인지/밥솥/어소기
3. 설계 특징 :
   ① 도아타입 세척기를 설치하였다/인건비 절약
   ② 레인지 조리부와 열 많은 낮은 레인지부를 분리하였다.
4. 설계보완점 :
   ① 레인지 사이에 보조대를 설치한다.
   ② 세척기 부분에 퇴식대를 가능한 한 배치한다.

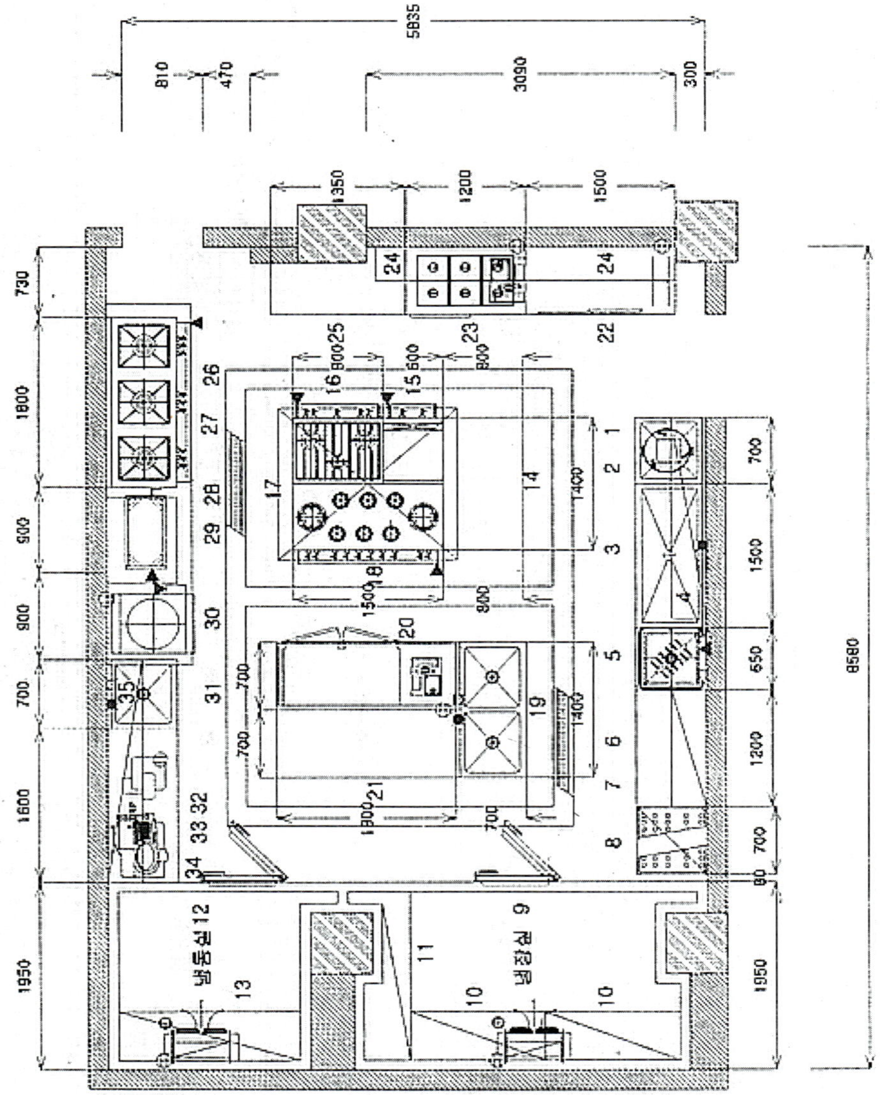

그림 4-11 한식당 주방 배치도

번호	품 명	규 격			배 관			가 스		전 기		
		가로	세로	높이	냉수	온수	배수	구경	소비량	공급방식	전압	전력량
01	잔반처리대	700	700	850								
02	잔반통	500		550								
03	담금세정대	1,500	700	850								
04	2단벽선반	2,100	350	550								
05	식기세척기	650	700	1350								
06	건조대	1,200	700	850								
07	2단벽 선반	1,200	350	550								
08	다단식선반	700	700	1800								
09	냉장실	3,700	1,950	2,400								
10	냉장실선반	1,350	500	1,600								
11	냉장실선반	1,850	500	1,600								
12	냉동실	2,200	1,950	2,400								
13	냉동실선반	1,950	500	1,600								
14	작업대	1,400	800	850								
15	가스그리들	600	700	850								
16	가스3구 레인지	900	700	850								
17	배기후드/휠타	1,800	1,600	850								
18	가스다화구 레인지	1,500	700	850								
19	2조세정대	1,400	700	850								
20	냉장작업대	1,800	700	850								
21	작업대	1,800	700	850								
22	접시보온고	1,500	700	850								
23	찬반드냉장고	1,200	700	850								
24	2단벽선반	1,500	350	550								
25	작업대	1,350	450	850								
26	가스낮은 레인지3구	1,800	700	450								
27	배기후드	3,800	850	600								
28	작업대	900	700	850								
29	생선구이기			923								
30	가스자동밥솥	150용										
31	1조세정대	700	700	850								
32	작업대	1,600	700	850								
33	골절기	HBS-250후지										
34	육절기	HS-300후지										
35	2단벽선반	2,300	350	550								

캐더링 주방

1. 주방 면적 : 약 40평
2. 식수 인원 : 2000명분
3. 설계 특징 :
   ① 급식위생을 고려하여 세척실을 분리하여 설계하였다.
   ② 배식 컨베이어를 설치하여 배식준비가 편하다.
4. 설계보완점 :
   ① 조리작업을 할 수 있는 공간이 더 필요하다.
   ② 냉장실과 냉동실이 좀더 크게 설치할 공간이 필요하다.

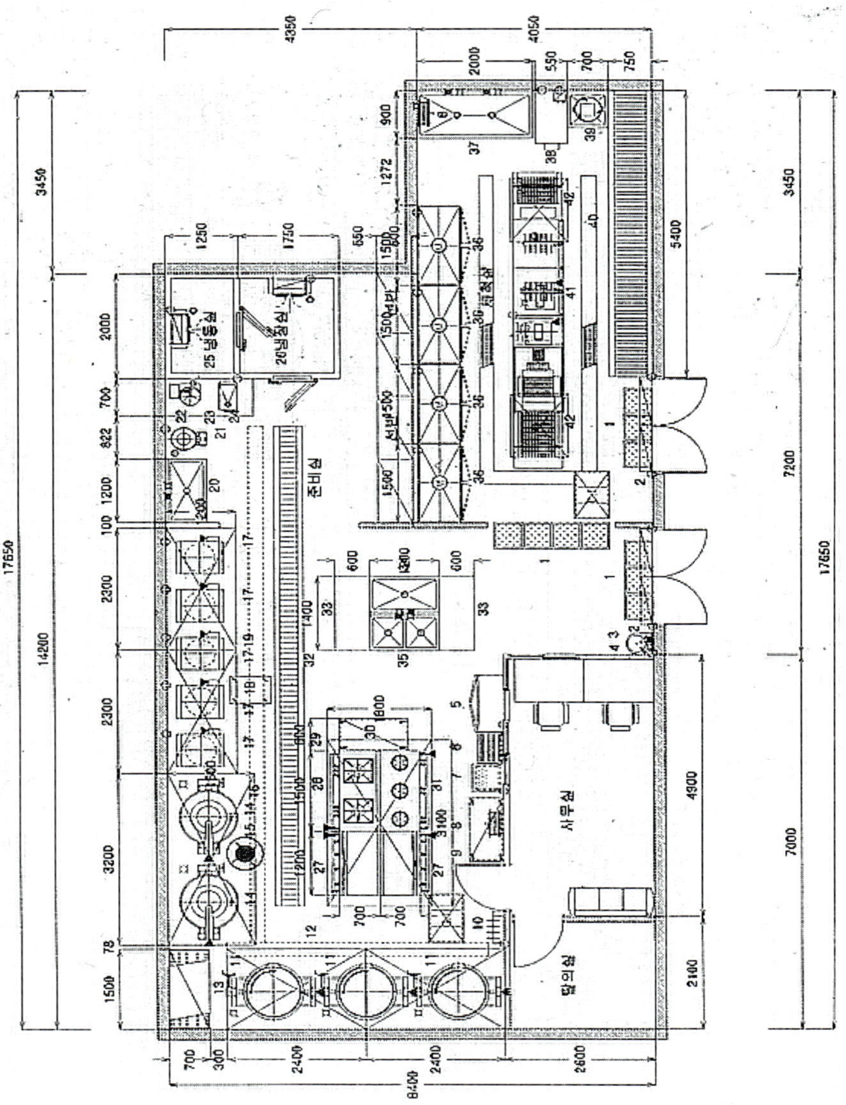

그림 4-12 캐더링 주방 배치도

번호	품 명	규 격			배 관			가 스		전 기		
		가로	세로	높이	냉수	온수	배수	구경	소비량	공급방식	전압	전력량
01	발판소독기	500	500	20								
02	에커커튼	900	200	200						1	220	0.1*4
03	손세정대	450	500	850	15	15	50					
04	손소독기									1	220	0.1
05	칼도마소독기	1,050	450	1,350						1	220	1
06	고무장갑소독기									1	220	1
07	행주소독기									1	220	1
08	자동워터릴			15M	15							
09	이동작업대	1,200	600	850								
10	장화소독기									1	220	1
11	가스회전식 국솥			600용	15			25	33,000*3			
12	배기후드	2,400	1,500	600						1	220	1
13	다단식 선반	1,500	700	1 850								
14	가스 볶음솥, 튀김솥				15			25	33,000*2			
15	튀김운반카											
16	배기후드	3,200	1,500	600						1	220	1
17	가스다단식 취사기			150용				20	24,700*5	1	220	0.1*5
18	밥솥 운반카											
19	배기후드	2,300	1,200	600					1	220	0.5	
20	1조싱크	1,200	700	850	15	15	50					
21	구근탈피기			MP30	15		50		1	220	1.5	
22	야채절단기								1	220	0.5	
23	기계작업대	1,500	700	850								
24	양념민찌기									1	220	0.7
25	냉동실	2,000	1,250	2,400			50			1	220	1.5
26	냉장실	2,000	1,750	2,400			50			1	220	1.5
27	가스부침기	1,200	700	850				25	16,000*2			
28	낮은 레인지	1,500	700	450				25	39,600			
29	배기후드	3,100	1,800	600						1	220	0.5
30	이동작업대	1,200	600	850								
31	3구 레인지	1,500	700	850				25	35,000			
32	콘베이어 시스템				15		50			3	380	3
33	작업대	1,400	600	850								
34	1조싱크	1,200	700	850	15	15	50					
35	2조싱크	1,200	700	850	15	15	50					
36	식기소독장	1,500	700	1,900						1	220	7*4
37	1조싱크	2,000	800	850	15	15	50					
38	잔반 탈수기	550	1,000	1,000			50			1	220	1
39	잔반처리대/균절기	700	700	850						1	220	4
40	퇴식콘베이어	5,000	700	850	15		50			1	220	2
41	식기세척기/2탱크 드라이	5,600	870	1,800		20	100	20	70,000	3N	380	40
42	배기후드	1,200	1,000	600						1	220	0.5*2

참고 문헌

국내 문헌

1. 강무근 · 우문호 · 김헌철, "주방관리론", 교문사, 2002년.
2. 강인희, "한국의 맛", 대한교과서, 1997년.
3. 고상동 · 임경환 · 금경호, "호텔레스토랑 식음료 경영실무", 백산출판사, 2001, p.231.
4. 김기영 · 추상용 · 채영철, "식음료 서비스 실무론", 대왕사, 1999.
5. 김기영, "호텔주방관리론", 백산출판사, 2000년.
6. 김기영 · 염진철 · 조우제, "외식산업 관리론", 현학사, 2004년.
7. 김동기, "현대마케팅 원론, 박영사, 1976년.
8. 김연화 · 장병주, 식음료 "경영 · 서비스 관리론", 기문사, 2004년.
9. 김충호, "호텔 경영관리", 형설출판사, 1990년.
10. 김태희 · 장혜자 · 윤지현 옮김(Birchfield Sparrowe 지음), "식음료 서비스 시설 개론", · 시그마 프레스(주), 2004년.
11. 김화순, "거래후 서비스 품질이 재구매 및 구전효과에 미치는 영향", 청주대학교 박사학위논문, 2001년.
12. 김혜영, "최신 단체급식", 효일, 2001년.
13. 金子佐一郎, "원가관리", 東京:企業經營協會, 1960年.
14. 나정기, "메뉴 분석에 관한 연구", 한국관광학회 관광학연구 제16호, 1992년.
15. 나정기, "호텔식음료 원가관리", 백산출판사, 1994년.
16. 나정기, "메뉴 관리의 이해", 백산출판사, 2006년.
17. 남택영, "호텔식음료 서비스 실무경영", 학문사, 2001년.
18. 박병열 · 김대경, "호텔식당경영 관리론", 기전연구사, 1994년.
19. 박병열 · 임붕영, "외식산업 주방관리론", 대왕사, 1999년.
20. 박병학, "기본 일본요리", 형설출판사, 2000년.
21. 박성부 · 이정실, "호텔식음료 관리론", 기문사, 1998, pp.201-202.
22. 박영배 · 나영선 · 권동극, "호텔외식산업 식음료관리론", 백산출판사, 2000년.
23. 신재영 · 박기용, "외식산업개론", 대왕사, 2003년.
24. 오정환, "호텔케이터링", 기문사, 1994년.
25. 원융희, "외식산업론", 대왕사, 1993년.
26. 원융희 · 고재윤, "최신 식음료실무론", 백산출판사, 1998, p.293.

27. 유택용 · 황지희, "일본요리", 효일, 2003년.
28. 이권복, "현대주방관리론", 문지사, 1997년.
29. 이권복, "호텔&외식산업 기물관리론", 문지사, 2000년.
30. 이애주, "식음료 관리론", 일신사, 2000년.
31. 이정자, "호텔메뉴의 가격결정에 관한 연구", 관광학 제5호, 1982년.
32. 이정자, "호텔식음료 원가관리", 형설출판사, 1994년.
33. 이정자, "메뉴 관리", 기문사, 1995년.
34. 이춘섭 옮김(J.파네로&M.젤니크 지음), "인체공학과 실내공간", 미진사, 1996.
35. 임경인, "식당경영 원론", 대왕사, 1994년.
36. 정청송, "레스토랑 경영관리", 기전연구사, 1997년.
37. 조병소, "호텔기업의 효율적인 식음료 원가관리 활용방법", 1995년.
38. 조소윤, "호텔관리회계", 논문자료사, 1993년.
39. 조소윤, "호텔관리회계론", 기문사, 1995년.
40. 최수근, "기초주방실무론", 대왕사, 2005년.
41. 한국 외식사업연구소, "외식사업경영론", 백산출판사, 1995년.
42. 한삭명, "최신주방시설관리론", 석학당, 2005년.
43. 한석우, "디자이너를 위한 인간공학", 조형사, 1994년.
44. 황춘기, "호텔커피의 메뉴 관리에 관한 연구", 세종대학교 석사논문, 1995년.
45. 황춘기, "테마파크 서비스 품질이 고객만족과 재방문에 미치는 영향", 한국조리학회 Vol. 11, 2005년.
46. 호텔롯데, "조리직무교재", 1990년.
47. 홍기윤, "최신외식산업 개론", 대왕사, 2003년.

■ 외국 문헌

1. Donald E. Lundberg. "Hotel and Restaurant Business", CBI. Inc. 1976.
2. Edward A. Kazarlan, "*Food Service Facilifies Planning*", Westport, Connedticut : The Avl Puvlishing Co, 1975.
3. Eric B. Orken, "An Integrated Menu-Pricing System, Cornell Hotel and Restaurant Administration Quarterly", 1978.
4. Jack D. Ninemeier, "*Principles of Food and Beverage Operations*", AH&MA, 1984.
5. JAMES KEISER, "*Controlling and Analyging Costs in Food Service Operations.*"
6. June Payne-Palacio, "Introduction to Foodservice", Macmillan, 1994.
7. Mahmood A. Khan, "Menus and Menu Planning," *VNR'S Encyclopedia of Hospitality and Tourism*, New York: VNR, 1993.
8. Peter Dukas, "Planning Profits in the Food and Lodgin Industry", Boston Massaehusetfe : CBI. Inc 1976.

색 인

가

나

다

라

마

바

사

아

자

색 인

저자소개

황춘기 을지대학교(외식조리학과)
나영아 을지대학교(외식조리학과)
김덕한 대덕대학(호텔외식과)
김현덕 대구미래대학(호텔조리과)
안 홍 대구보건대학(호텔조리음료계열)
양신철 경민대학(호텔조리과)
이재신 한국관광대학(호텔제과제빵과)
정수식 동원대학(호텔조리과)
정진우 영산대학교(식품조리학부)
하대중 구미1대학(호텔조리계열) 〈가나다순〉

NEW CUISINE MANAGEMENT ARGUMENT

new 주방관리론

2008년 3월 10일 초 판 발행
2010년 9월 1일 개정판 발행
2014년 2월 20일 개정2판 발행

저 자 황춘기 / 나영아 / 김덕한 / 김현덕
안 홍 / 양신철 / 이재신 / 정수식
정진우 / 하대중

발행인 조 병 오

발행처 지구문화사 JIGU PUBLISHING Co.

경기도 파주시 회동길 209
파주출판문화정보산업단지
영업부 (031) 955-7566 · 7577
편집부 (031) 955-7731~3
FAX (031) 955-7730

등록번호 1979년 7월 13일 제 59 호

ISBN 978-89-7006-522-9 정가 20,000 원